计算机技术入门丛书

Python

编程入门50例

易建勋　何斯铄　编著

U0360526

清华大学出版社

北　京

内 容 简 介

本书精选了 50 个典型案例,遵循"案例→模仿→改进→创新"的模式,讲解 Python 程序设计的基本方法和技巧。基础案例包括程序结构、标准函数、异常处理等;应用案例包括图形绘制、文本处理、图形用户界面、网络爬虫、语音合成、人工智能、游戏开发等。配套资源包括视频讲解、动画演示、案例代码、软件资源等,内容丰富、全面实用。

本书适合 Python 程序设计的初学者,也可供一般理工科专业的学生学习使用,还可作为程序设计和软件开发人员的参考书。

版权所有,侵权必究。举报:010-62782989,beiqinquan@tup.tsinghua.edu.cn。

图书在版编目 (CIP) 数据

Python 编程入门 50 例 / 易建勋,何斯铄编著. -- 北京:清华大学出版社,2025.3.
(计算机技术入门丛书). -- ISBN 978-7-302-68507-4

Ⅰ. TP312.8

中国国家版本馆 CIP 数据核字第 2025WT0241 号

责任编辑:闫红梅 薛 阳
封面设计:文 静
责任校对:郝美丽
责任印制:刘海龙

出版发行:清华大学出版社
网 址:https://www.tup.com.cn, https://www.wqxuetang.com
地 址:北京清华大学学研大厦 A 座 邮 编:100084
社 总 机:010-83470000 邮 购:010-62786544
投稿与读者服务:010-62776969, c-service@tup.tsinghua.edu.cn
质量反馈:010-62772015, zhiliang@tup.tsinghua.edu.cn
印 装 者:三河市龙大印装有限公司
经 销:全国新华书店
开 本:185mm×260mm 印 张:16 字 数:390 千字
版 次:2025 年 4 月第 1 版 印 次:2025 年 4 月第 1 次印刷
印 数:1～1500
定 价:59.00 元

产品编号:106994-01

前 言
PREFACE

本书旨在帮助没有编程基础的读者在较短时间内自学 Python 编程。

本书特色

本书内容力求简单易懂,重点在于程序案例的编写和调试。书中精选了 50 个典型程序案例,希望通过"**案例→模仿→改进→创新**"的模式,使没有编程基础的读者在短时间内掌握 Python 程序设计。

考虑到读者的学习时间有限,本书按"**一例一课一练习**"的原则编写,最大限度地压缩了程序设计语法的理论。读者的学习重点应当集中在程序案例。

主要内容

第 1~9 章是程序设计基础,按由浅到深的原则编写,介绍了程序设计的基本概念。书中的示例程序(如【例 x-x】)说明程序设计的语法和基本方法,不要求读者进行程序编写和调试;而书中的案例程序(如"案例 x:⋯⋯")要求读者编写程序并上机实践。

第 1、2 章是本书的难点。第 1 章主讲实践操作;第 2 章偏重编程概念。第 1 章的内容是建立一个编程的基本环境,初学者可通过扫描书中二维码观看视频讲解和动画演示来学习第 1 章的内容。第 2 章介绍编程的基本概念和语法规范,读者可先观其大略,后续章节中会反复讨论和应用。

第 10~18 章按 Python 的应用领域编写,读者可以选择性学习,以达到巩固和熟练掌握程序设计方法的目的。

书中"课程扩展"的内容是介绍一些更加深入的知识,以扩大读者的知识面。

本书虽然遵循简单易懂的写作原则,但是并没有回避一些常用专业术语和专业概念,这些术语和概念也是一个完整的程序设计的组成部分。当然,书中也尽量用通俗化的语言和案例来解释这些基本概念和术语。学习编程语言虽然比学习一门外语简单,但是学习毕竟不是一个轻松愉快的过程,需要读者付出一定的时间和精力。

学习建议

程序设计和写作文非常相似,它们都属于思维创作,作品都是一种固化的思维。**作文和编程都需要进行阅读和写作两项专业训练**。哈佛大学语言学家斯蒂芬·平克(Steven Pinker)指出:"写作之难,在于把网状的思考用树状结构体现在线性展开的语句里。"因此,**学习程序设计要多阅读优秀的源程序,多练习编写程序,多思考如何用程序去解决实际问题**。

学习编程是一个实践性很强的过程,读者如果只看书,不动手编写和调试程序,是不可能学会编程的。本书案例 1~案例 23 的代码量大约为 500 行,这 500 行基础代码需要读者动手输入和调试运行,这是掌握 Python 程序设计最简单和最快捷的方法。根据作者的经验,通过这 500 行左右的代码训练,读者可以理解程序的基本概念、掌握编程的基本方法。案例 24～案例 50 为选择性加强练习,代码量大约为 1100 行,读者可以选择其中一些案例进行编程练习。如果读者的代码练习总量达到 1000 行,就可以接近熟练掌握程序设计的程度。本书的 50 个案例代码约 1600 行,涉及 Python 应用的大部分领域。读者可以参照和修改这些程序案例,尝试用这些案例解决实际问题。

代码约定

（1）读者在编写和调试书中案例程序时,不必输入程序案例中的注释。

（2）程序注释中,凡有"导入标准模块"的,说明模块由 Python 自带,不需要安装软件包;凡注释有"导入第三方包"的,需要按照书中说明安装相应的软件包。

（3）本书部分程序案例调用了一些数据资源（如文件、图片、数据集等）,这些程序运行前,需要在清华大学出版社官方网站下载本书提供的"例题素材"文件,下载后解压缩文件,然后将得到的所有文件复制到硬盘 D:\test 目录中。读者也可自行准备与案例素材大致相同的数据资源。

（4）为了区分程序语句与程序输出信息,本书对程序行和语法规则都标注了行号,而程序输出信息则未标注行号,以示区别。

（5）书中对案例程序都给出了主要英文单词或缩写字符的中文释义,目的是便于初学者更好地理解程序,但是部分英文单词在程序中的语义与日常语义有所差异。

（6）本书案例程序均在以下环境中调试通过:操作系统为中文简体 Windows 10（64位）;Python 版本为 3.12-64 位版;程序编辑和调试环境为 Python IDLE。

读者反馈

非常欢迎读者的反馈意见,它有助于我们编写出对读者真正有帮助的书籍。如果您对书中某个问题存有疑问或不解,请联系我们,我们会尽力为您做出解答。您的反馈可以发送邮件到清华大学出版社客服邮箱:c-service@tup.tsinghua.edu.cn。

本书配套资源包括程序单词说明、动画视频、例题素材、习题代码、Python 程序运行演示、Python 汉化包、Python 软件包、程序 280 例、共享代码、共享软件、官方指南、数据资源、图片资源、文本编码、音频资源等。读者可以登录清华大学出版社官方网站下载。

致谢

本书由易建勋（长沙理工大学）、何斯铄（湖南农业大学）编著。尽管我们非常认真和努力,但由于水平有限,书中难免有疏漏之处,恳请各位读者给予批评指正。

易建勋
2025 年 1 月 20 日

目 录
CONTENTS

第 1 章

编程环境

编程环境是程序设计、运行时需要的基本硬件和软件。硬件环境为普通的台式计算机或者笔记本计算机；软件环境包括操作系统、程序语言软件、用户数据文件和图片素材等。硬件设备的操作比较简单，正常开机即可；软件的使用比较复杂，它包括操作系统的使用，程序语言软件的下载、安装和使用，以及第三方软件包的安装和使用等。

1.1 程序语言——Python 语言特点

Python 语言由荷兰计算科学家范·罗苏姆（Guido van Rossum）于 1989 年发明。Python 是一种开放源程序代码（以下简称开源）的程序设计语言。

1. Python 语言的优点

（1）程序排错简单。Python 程序采用 REPL（Read-Eval-Print Loop，读取—求值—输出循环）执行方式，这种执行方式属于探索性编程，程序将一句一句地执行。如果执行语句时存在错误，运行中的程序就会异常退出，待修正程序错误后，再次执行程序即可，这种程序执行方式最大的优点是很容易精确定位程序中的错误。

（2）动态数据类型。动态数据类型不需要在程序开始处定义变量的数据类型和数据长度，变量赋值后就定义了它的数据类型。Python 解释器可以自动识别赋值变量的数据类型，并且自动分配数据的存储长度。这大大简化了程序设计工作。

（3）成熟的计算生态系统。计算生态系统指丰富的软件开发库和工具软件，以及广泛的应用领域和成熟的技术社区。Python 中大量的函数将程序的复杂性封装简化了，调用这些函数可以大大降低编程难度。Python 官网（https://pypi.org/）提供的开源软件项目达52.8 万个，共有 1071 万个程序模块（截至 2024 年 4 月）。Python 还简化了面向对象的程序设计方法，提供了图形用户界面编程、二维图形绘制、正则表达式、嵌入式数据库、网络编程接口等标准程序模块。

（4）开源软件。Python 软件包都是开源免费的，这避免了软件使用中的版权问题。Python 应用程序采用源代码的形式发布，这对学习和改进程序有很大的帮助。例如，在GitHub（开源软件仓库）人工智能项目中，90％的代码都是基于 Python 而构建，虽然底层代码会有 C、C++等语言，但封装、接口、使用、维护等主要依靠 Python 来实现。

2. Python 语言的缺点

Python 是一种解释性程序设计语言，它的缺点是占用硬件和软件资源较多。Python 不适用于系统底层编程，如操作系统的底层编程；如工业控制系统的底层编程。

1.2　常用名词——编程的基本概念

程序设计中会反复出现以下名词和概念（按名词拼音首字母排序）。

【API】API(Application Program Interface，应用程序接口)是函数调用的方法（见图 1-1）。API 包括函数调用格式、返回值、函数功能、函数使用说明等。

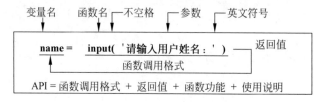

图 1-1　函数 API 示例

【GUI】GUI(Graphical User Interface，图形用户界面)是指程序运行后输出的图形窗口（见图 1-2），用户通过鼠标或触摸屏等设备，可对窗口、图标、按钮等进行操作。

图 1-2　程序输出的字符界面（左）和图形用户界面（右）

【UTF-8】UTF-8 是 Unicode 国际组织规定的字符编码标准，它对全球 140 多个国家的语言符号进行了编码，Python 程序和数据默认采用 UTF-8 编码。

【变量】变量是程序中动态变化的数据，这些数据可以是整数、小数、字符串、逻辑值等，而变量名就是这些变化的数据的名称（见图 1-3）。用变量进行运算时，Python 系统会自动将具体值代入变量名中参与运算。变量是程序中最重要的基本元素。

【表达式】表达式由操作数和运算符组成（见图 1-3）。操作数可以是值（如数值、字符串、逻辑值），也可以是变量（如 x、a、b）；运算符有算术运算符（如＋、－、＼、/）、逻辑运算符（如 and、or）、关系运算符（如()、<、＝＝）等。表达式是程序的基本组成元素。

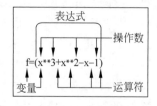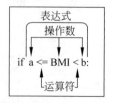

图 1-3　程序中的变量和表达式

【操作系统】操作系统是操作和管理计算机的大型软件。

【程序】程序是一连串说明如何运算的指令,指令是计算机能够执行的操作,运算是计算机对二进制数的处理过程。程序是人和计算机互相交流的语言。

【程序解释器】计算机硬件设备并不能理解程序语句中的字母和数字,而程序解释器的功能是采用一些文法规则,将程序语句翻译为计算机能执行的二进制机器码。常用的程序解释器有 Python 程序解释器、浏览器、虚拟机等。

【程序设计】程序设计是指编写解决特定问题的程序代码。程序设计过程包括问题分析、程序编写、程序调试、测试预期效果等步骤。

【代码】在程序设计领域,程序与代码几乎就是同义词,程序是一个功能完整的代码集合,而代码是程序中的一个片段或者全部。

【函数】程序中的函数是具有特定功能的、可以被其他程序调用的一段代码。函数大大降低了程序设计难度,是 Python 程序的基本组成部分。

【镜像网站】一些大型网站为了减轻海量用户访问的压力,往往在很多国家和地区设置一个与源网站内容基本相同的网站,这些网站称为镜像网站。

【路径】路径是计算机中文件保存位置的一段说明性语句。

【默认值】默认值是程序或函数预先设置好的运行参数。如果函数调用时没有指定参数,则函数按默认值运行;如果函数调用时指定了参数,则按指定参数运行。

【软件】软件由多个程序、数据文件、其他文档等组成,常用软件有操作系统、商业软件、程序语言等。软件可以为用户提供某种服务,如淘宝软件提供的购物功能。

【软件包】很多软件为了方便用户从网络下载和上传,往往将很多文件压缩为一个文件,这个压缩后的文件就称为"软件包"。软件包在使用时需要先进行解压缩处理。

【算法】算法是对问题解决方案准确而完整的描述。或者简单地说,算法是程序实现的步骤。算法可以用文字、伪代码、流程图等方式进行描述,用程序实现。程序设计的过程是:"实际问题→数学模型→算法步骤→程序设计→运行结果"。

【文件】文件是计算机保存数据的一种形式,有程序文件、数据文件、图片文件、执行文件、目录文件等多种形式(见图 1-4)。不同文件的数据存储格式不同。

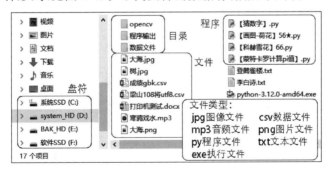

图 1-4　盘符、目录和文件

【依赖】如果在安装 A 软件包时,需要同时安装 B 软件包,则称 B 为 A 的依赖包。如安装软件包 Pandas 时,需要同时安装依赖包 NumPy。

【语法】语法是程序语言对语句的规定书写方法。语法错误将导致程序异常退出。

【资源】程序中需要用到的数据、文件、图片、音频等称为资源。

【字符串】字符串是用引号引起来的符号,它包括字母、数字、符号、汉字等。

1.3　编程环境——创建文件目录

本书在中文简体 Windows 10 操作系统环境下,讨论 Python 程序的设计和运行。

1. Windows 系统桌面

计算机开机后,Windows 系统会自动开始运行。Windows 10 系统启动后的桌面环境如图 1-5 所示,它主要由桌面、快捷图标、开始、任务栏等组成。

视频讲解

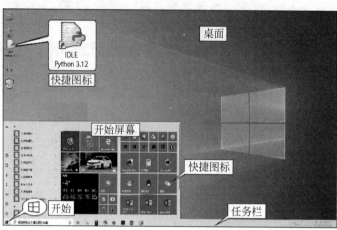

图 1-5　Windows 10 桌面

2. 创建文件目录

计算机中的文件成千上万,因此需要创建不同的目录(相当于房间),将文件分门别类地存放在不同目录中。因此,学习创建文件目录是很重要的工作。

【例 1-1】　在 D 盘中创建 Python 目录,用于安装 Python 软件包;在 D 盘创建 test 目录,用于存放后续编写的 Python 源程序;在 D 盘创建"网络下载"目录,用于存放一些临时文件。具体操作步骤如图 1-6 所示。

动画演示

(a) 选择D盘　　(b) 在目录区空白处右击　　(c) 选择"新建"　(d) 选择"文件夹"

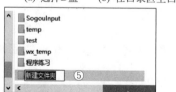

(e) 自动生成"新建文件夹"目录　　　　(f) 将目录名修改为Python

图 1-6　在 D 盘创建 Python 目录

（1）如图1-5所示，单击桌面左下角的"开始"菜单→"Windows 系统"→"文件资源管理器"。

（2）如图1-6所示，在窗口左边选择D盘①→在窗口右边空白处右击②→选择"新建"命令③→单击"文件夹"菜单④→出现"新建文件夹"⑤，在"新建文件夹"上右击，选择"重命名"→将文件夹名称修改为Python⑥。

（3）按以上方法，在D盘创建test目录，用于保存Python程序。

（4）按以上方法，在D盘创建"网络下载"目录，用于保存文件（见图1-7）。

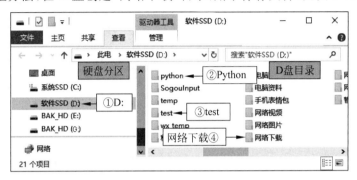

图1-7 在D盘创建其他目录

3. 课程扩展：设置文件显示属性

【例1-2】 在默认状态下，文件资源管理器显示的目录和文件很不方便查看，可以进行以下设置。

（1）单击"开始"菜单→选择"Windows 系统"目录→单击"文件资源管理器"。

（2）如图1-8所示，如果看不到"导航窗口"，可单击窗口右上角的∧折叠和展开图标①，然后再选择"查看"标签②，这时即可看到导航窗口。

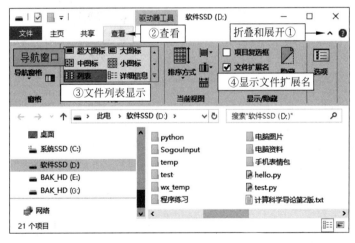

动画演示

图1-8 设置文件显示属性

（3）如图1-8所示，在导航窗口单击"列表"③，目录和文件将按列表显示。

（4）如图1-8所示，在导航窗口勾选"文件扩展名"④，显示文件扩展名。

4. 课程练习

练习 1-1：在 D 盘下创建 Python、test、"网络下载"目录。

练习 1-2：在"文件资源管理器"中设置"列表"显示，并显示"文件扩展名"。

1.4　编程环境——安装 Python 软件包

视频讲解

动画演示

学习 Python 程序设计前，需要先安装 Python 软件包。官方 Python 软件包有以下软件：Python 程序解释器(CPython)＋程序编辑器(IDLE)＋程序调试窗口(Python shell)＋标准函数库＋工具软件(pip)＋程序案例＋使用文档等。好消息是 Python 官网提供了免费的 Python 软件包；坏消息是读者必须自己下载和安装 Python 软件包。

1. Python 软件下载

【例 1-3】　在 Python 官网下载 Python 软件包，操作如下。

（1）打开浏览器软件，在地址栏输入 Python 官方网址 https://www.python.org/（见图 1-9①），或者在清华大学出版社官方网站下载本书提供的学习资源软件包。

（2）如图 1-9 所示，在网站首页单击 Downloads②→Windows 菜单③。

图 1-9　Python 官网首页

（3）如图 1-10 所示，选择软件包版本，我们选择的是 Python 3.12.0-Oct.2，2023。注意，Python 有不同版本，如 embeddable 是嵌入式版本(适用工业控制使用)；Windows Installer(安装版)。找到 Download Windows installer(64-bit)版本，在超链接文字上右击①，在弹出菜单的"链接另存为"上单击②。

注意：不要选择版本太新的 Python 软件包，很多第三方软件(如 WordCloud 等)不会很快推出与 Python 新版本匹配的软件包，这容易在安装第三方软件包时出现错误。

（4）弹出菜单窗口如图 1-11 所示，在窗口左边选择 D 盘①，在窗口右边选择保存目录，如"网络下载"，单击"保存"按钮③，这时系统自动开始下载软件包。

几分钟后(软件包大小为 25.2MB，下载时间与网络速度有关)，我们可以在"D:\网络下载"目录下查看软件包 python-3.12.0-amd64.exe 是否下载成功。

图 1-10 Python 官网下载页面

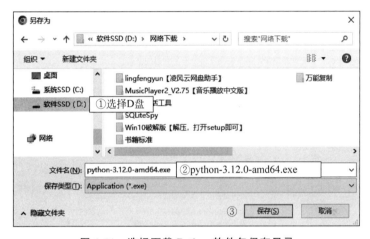

图 1-11 选择下载 Python 软件包保存目录

视频讲解

动画演示

2．Python 软件包安装

【例 1-4】 在 D 盘安装 Python 软件包的操作如下。

注意：系统中已安装 Python 时，重复安装需要先卸载已有的 Python 版本，再重新安装。

（1）打开"文件资源管理器"，如图 1-12 所示，在"D:\网络下载"①目录找到下载好的 python-3.12.0-amd64.exe 文件②。

（2）如图 1-12 所示，双击文件名②，将弹出 Python 安装向导对话框。

图 1-12 选择 Python 安装软件包

（3）如图 1-13 所示，勾选 Add python. exe to PATH 添加路径①。

图 1-13　Python 自定义安装

（4）如图 1-13 所示，单击 Customize installation（自定义安装②）。弹出窗口如图 1-14 所示，不要修改窗口中已经勾选的项目，单击 Next①按钮，进入下一步安装。

图 1-14　Python 默认安装项目

（5）弹出窗口如图 1-15 所示，勾选第一项 Install Python 3.12 for all users（①，所有用户），这时选项 Precompile standard library（预编译库，预编译后的程序运行速度更快）会自动选中。然后在 Customize install location（定义安装路径）栏目下，将安装路径修改为 D:\Python②；然后单击 Install 按钮③，进入安装过程。

（6）如图 1-16 所示，Python 开始安装，注意不要单击 Cancel（取消）按钮。

（7）安装进度条到达底部后，就会出现图 1-17 所示窗口，它表示 Python 已经正常安装完成，这时单击 Close 按钮①，关闭安装窗口即可。

3. 检查 Python 安装是否成功

（1）按 Win+R 组合键，在弹出的"运行"窗口（见图 1-18）中输入 cmd 后按 Enter 键。

（2）弹出窗口如图 1-19 所示，在窗口中输入 python 后按 Enter 键（见图 1-19）。如果显示如图 1-19 所示的信息，说明 Python 已经安装成功。

图 1-15　修改 Python 安装参数

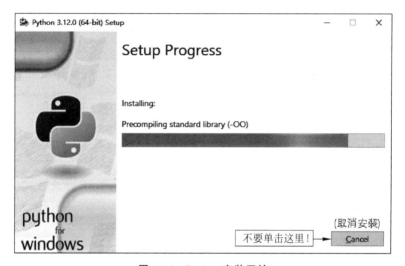

图 1-16　Python 安装开始

图 1-17　Python 安装完成窗口

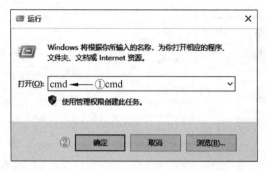

图 1-18 　"运行"窗口

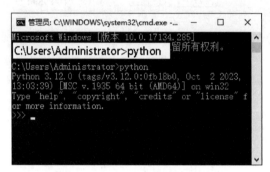

图 1-19 　测试 Python 安装是否成功

说明：Python 汉化参见附录 E。

4. 课程练习

练习 1-3：参照例 1-3，下载 Python 软件包，保存在 D:\Python 目录中。

练习 1-4：参照例 1-4，安装 Python 软件包。

1.5　编程环境——创建快捷图标

安装 Python 软件包后，就可以使用 Python 进行编程了，如果每次都需要通过"开始"菜单来启动 Python，操作起来会很麻烦。利用 Windows 系统提供的"快捷图标"进行操作，可以大大简化操作过程。可以在"任务栏"、"开始屏幕"、"桌面"创建快捷图标。这样，启动 Python 编程环境就变得非常方便了。

动画演示

1. 在"任务栏"创建 Python 快捷图标

【例 1-5】　如图 1-20 所示，在"任务栏"创建 Python 快捷图标。

（1）单击 Windows 系统左下角的"开始"菜单①。

（2）用鼠标按住"下拉条"向下拖动②，拖到 Python 3.12 处。

（3）单击 Python 3.12 的符号▼③，打开折叠目录。

（4）在打开的目录中，将光标移到 IDLE (Python 3.12 64-bit)处④右击，在弹出的菜单中，将光标移到"更多"⑤，再移到"固定到任务栏"处⑥单击，这时 Python 快捷图标就固定到"任务栏"中了。

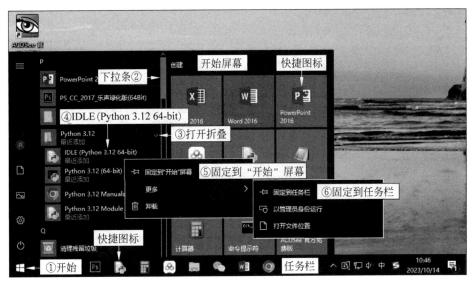

图 1-20　在"开始屏幕"创建快捷图标和在"任务栏"创建快捷图标

（5）在"任务栏"中选中建好的 Python 快捷图标，用鼠标左键按住图标不放，左右移动鼠标后松开，就可以调整快捷图标在"任务栏"中的位置了。

（6）在"任务栏"单击 Python 快捷图标，可以快速启动 Python IDLE 编程环境。

2. 在"开始屏幕"创建 Python 快捷图标

【例 1-6】　在"开始屏幕"创建 Python 快捷图标的方法如下。

（1）如图 1-20 所示，执行步骤①→②→③。

动画演示

（2）如图 1-20 所示，在打开的目录中，将光标移到 IDLE（Python 3.12 64-bit）处右击，在弹出的菜单中，将光标移到"固定到开始屏幕"后右击，这时 Python 快捷图标就固定到"开始屏幕"中了。

（3）在"开始屏幕"中选中建立好的 Python 图标，用鼠标左键按住图标不放，移动鼠标到合适位置后松开，Python 图标在"开始屏幕"中的位置就调整好了。

（4）单击 Python 图标，就可以快速启动 Python IDLE 编程环境。

3. 在 Windows"桌面"创建 Python 快捷图标

【例 1-7】　在 Windows"桌面"创建 Python 快捷图标的方法如下。

（1）如图 1-21 所示，单击 Windows 系统左下角的"开始"按钮①。

动画演示

（2）如图 1-21 所示，在"开始屏幕"中选中 Python 快捷图标②，按住鼠标左键不放，拖动快捷图标到桌面，然后松开鼠标，Python 快捷图标就在桌面创建好了。

4. 课程练习

练习 1-5：如图 1-22 所示，在"任务栏"创建 Python 快捷图标、"文件资源管理器"快捷图标、"记事本"快捷图标。

练习 1-6：如图 1-22 所示，在"开始屏幕"创建 Python 快捷图标、"文件资源管理器"快捷图标、"命令提示符"快捷图标。

图 1-21　在桌面创建 Python 快捷图标

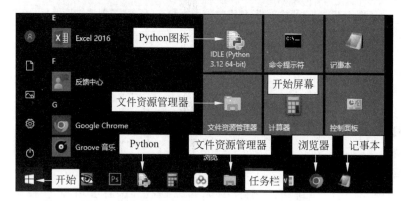

图 1-22　在"开始屏幕"和"任务栏"创建快捷图标

1.6　编程环境——Python shell

1. Python shell 窗口

Python shell 是 Python 解释器的工作界面，在窗口的命令行中输入一条 Python 命令，按 Enter 键后就可以立即获得程序运行结果。启动 Python shell 窗口的过程如下。

【例 1-8】　在"任务栏"中，找到 IDLE(Python 3.12 64-bit)快捷图标，单击快捷图标即可启动 Python shell 窗口(见图 1-23)。

动画演示

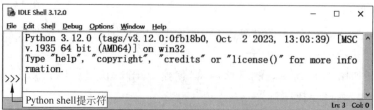

图 1-23　Python shell 窗口(即 Python 解释器工作窗口)

2. 在 Python shell 窗口下编程

在 Python shell 窗口下可以编写和运行简单的 Python 程序,对一些程序模块中的关键语句进行调试时,也采用 shell 窗口编程。

【例 1-9】　在 Python shell 窗口中运行 Python 程序,程序如下。

>>>	print('Hello World! 你好,世界!')	# 在 Python shell 下输入命令,按 Enter 键执行
	Hello World! 你好,世界!	# 输出命令运行结果
>>>	'Hello World! 你好,世界!'	# Python shell 自带打印功能,无须 print()函数
	'Hello World! 你好,世界!'	# 输出与上面语句略有不同,字符串带有单引号

3. 课程扩展:为什么 print()不向打印机输出

为什么 print()语句不是向打印机输出,而是向屏幕输出? 因为在 1950—1970 年,计算机的输出设备主要是电传打字机。1954 年第一个高级程序语言 FORTRAN 设计时,用 print()语句向电传打字机输出,之后的程序语言都继承了这个传统语句。1970 年以后,显示器逐步成为了主要的输出设备。由于使用打字机输出速度慢,而且浪费纸张,这时 print()语句就改为了向屏幕打印输出。为了保持程序语言的兼容性,print()语句没有作改变。如果文件信息需要向打印机输出,可参见案例 23。

4. 课程扩展:shell 是什么

计算科学中,shell(壳,用来区别软件内核)是软件为用户提供的操作界面,它用于接收用户命令,然后调用软件内核程序进行处理。如本书用到的 Windows shell、Python shell 等。在 Python shell 环境下编程非常不方便,因此它主要用于程序调试。

5. 课程练习

练习 1-7:编辑和运行例 1-9 程序,熟悉 Python shell 环境。

1.7　编程环境——Python IDLE

程序设计需要程序编写器、程序调试器、程序执行器等,Python 将这些功能都集成在 IDLE(Integrated Development and Learning Environment,集成开发和学习环境)中,将它与 Python 语言捆绑在一起,免费提供给用户。本书程序都在 IDLE 中编写和调试。

1. 程序案例:在 Python IDLE 中编写程序

【例 1-10】　编写程序,输出字符串"Hello World!",操作步骤如下。

(1) 在"任务栏"单击 Python IDLE 图标,启动 Python shell。

(2) 如图 1-24 所示,在窗口单击 File(文件)→New File(新建程序)。

(3) 进入 IDLE 程序编辑窗口(见图 1-25)。

(4) 在 IDLE 窗口中,编写以下程序(见图 1-26),符号 # 后的注释无须输入。

动画演示

1	# E01010.py	## 号为注释符;包括程序名,功能,作者,日期等版权信息
2	print('Hello World! ')	# 打印输出字符串'Hello World!'
3	print('你好,世界! ')	# 注意,命令和符号为英文字符,字符串信息中英文不限

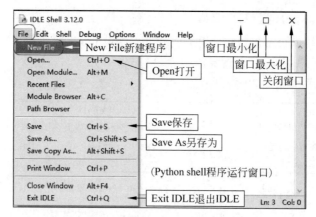

图 1-24　在 Python shell 窗口创建程序

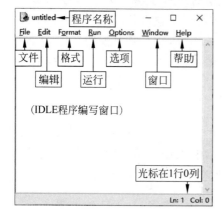

图 1-25　Python IDLE 编程窗口

图 1-26　在 IDLE 窗口中编程

（5）如图 1-24 所示，单击 IDLE 菜单中 File（文件）→Save As（另存为）。

（6）弹出窗口如图 1-27 所示，选择程序保存目录①（如 D:\test 目录），对程序进行命名②（如 E0110.py）→单击"保存"按钮③。

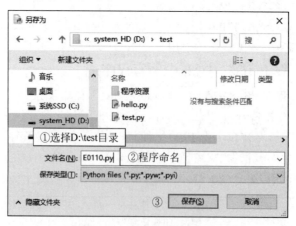

图 1-27　保存 Python 源程序

（7）如图 1-28 所示，单击菜单中的 Run(运行)→Run Module(运行程序)运行程序；或者在 IDLE 窗口中，直接按快捷键 F5 运行程序。

（8）Python shell 窗口会显示程序运行结果（见图 1-29）。

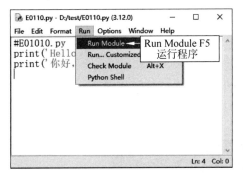

图 1-28　在 IDLE 窗口运行程序

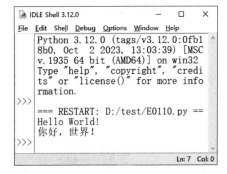

图 1-29　程序运行结果

2. 程序设计：在 Python IDLE 中编写图形界面程序

【例 1-11】　编写图形用户界面程序 hello. py（见图 1-30），程序如下。

图 1-30　图形用户界面程序输出

1	import tkinter as tk	＃ 导入模块—GUI
2		
3	win = tk. Tk()	＃ 定义窗口
4	win. title('测试')	＃ 定义窗口标题
5	win. geometry('200x120 + 500 + 400')	＃ 定义窗口大小,单位:像素
6	lab = tk. Label(win, font = ('Times 15'), fg = 'blue', text = 'Hello World!')	＃ 定义标签 1
7	lab. place(x = 40, y = 10)	＃ 标签 1 坐标布局
8	lab2 = tk. Label(win, font = ('黑体 15'), fg = 'red', text = '你好,Python')	＃ 定义标签 2
9	lab2. place(x = 40, y = 35)	＃ 标签 2 坐标布局
10	but = tk. Button(win, text = '退出', command = win. destroy)	＃ 定义"退出"按钮
11	but. place(x = 80, y = 80)	＃ "退出"按钮布局
12	win. mainloop()	＃ 事件循环
>>>		＃ 程序输出见图 1-30

3. 课程练习

练习 1-8：编写和运行例 1-10 程序，熟悉 IDLE 编程环境。

练习 1-9：编写和运行例 1-11 程序，了解 Python 的 GUI 程序设计。

1.8 编程环境——Windows shell

1. Windows shell 窗口启动

Python 软件包的安装、升级、卸载等都需要用到 Windows shell 窗口。

【例 1-12】 启动 Windows shell 窗口,操作步骤如下。

在 Windows 桌面左下角单击"开始"→"Windows 系统"→"命令提示符";这时会弹出 Windows shell 窗口,并显示相关信息(见图 1-31)。

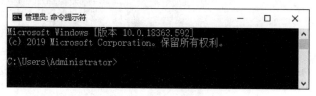

图 1-31 Windows shell 窗口

说明:shell 是操作系统内核的外壳。shell 能够接收用户输入的命令,然后交由操作系统内核执行,处理完毕后再将结果通过 shell 窗口反馈给用户。

2. Windows shell 窗口的常见操作

【例 1-13】 Windows shell 窗口常见操作如下。

1	C:\Users\Administrator > d:[CR]	# 进入 D 盘分区,[CR]为 Enter 键符号
2	D:\> cd\python[CR]	# 进入 D 盘下 python 目录(cd 后面用"\"或"空格"均可)
3	D:\Python > cd lib[CR]	# 进入 python 目录的下级子目录 lib
4	D:\Python\Lib > dir[CR]	# 查看 D:\python\lib 目录下所有文件
	…	# 显示目录下文件(输出略,<DIR>表示子目录)
5	D:\Python\Lib > cd.. [CR]	# 退出本级目录 lib,进入上级目录 python
	D:\Python >	# 显示当前路径

说明 1:提示信息"C:\Users\Administrator >"为操作者所在的当前目录(即路径)。其中 C:是盘符;\Users 是存放所有用户数据的目录;Administrator 表示操作者是系统管理员;>是提示符。

说明 2:Python 程序也可以在 Windows shell 窗口下运行。

说明 3:注意 Windows shell 提示符为">",Python shell 提示符为">>>",两者千万不要混淆。

1.9 编程环境——第三方软件安装

1. 第三方软件包安装网站

软件包是解决各种实际问题的函数库。通常将用户开发的程序称为第一方软件,Python 标准函数库称为第二方软件,其他团队提供的开源软件包称为第三方软件。

免费提供 Python 软件包的开源网站如表 1-1 所示。

表 1-1　Python 软件包的开源网站

网 站 名 称	网址（URL）	说　　明
PyPI	https://pypi.org	国外 Python 官方网站
加州大学欧文分校	https://www.lfd.uci.edu/~gohlke/pythonlibs/	国外离线包下载网站
清华大学镜像网站	https://pypi.tuna.tsinghua.edu.cn/simple	国内镜像网站
阿里云镜像网站	https://mirrors.aliyun.com/pypi/simple	国内镜像网站
腾讯镜像网站	http://mirrors.cloud.tencent.com/pypi/simple	国内镜像网站

说明 1：官方网站速度慢或者无法连接时，可选择国内镜像网站安装软件包。

说明 2：本书所有第三方软件包，均在清华大学镜像网站安装。

2. 软件包管理命令

Python 自带的工具软件 pip 提供了软件包的下载、安装、升级、查看、卸载等功能。pip 可以在线（有网络连接）或离线（无网络连接）安装软件包，而且会将相关的依赖软件包也一起下载和安装。常用的 pip 命令和参数如表 1-2 所示。

表 1-2　常用的 pip 命令和参数

命 令 格 式	命 令 说 明
pip -help	查看 pip 使用信息
pip install 软件包名	从官方网站安装软件包
pip install 软件包名 -i 镜像网名	参数-i 表示从镜像网站安装软件包
pip install 软件包名＝＝版本号	参数＝＝表示安装指定版本软件包
pip install 软件包名 --upgrade	参数--upgrade 表示升级软件包
pip uninstall 软件包名 -y	卸载本机已安装的软件包，参数-y 为确认卸载
pip list	查看当前已经安装的所有软件包和版本号
pip list-o	参数-o 表示查看当前可升级的软件包
pip debug --verbose	参数--verbose 表示查看 Python 支持的软件包版本

视频讲解

动画演示

3. 软件包官方网站在线安装方法

【例 1-14】　用 pip 命令在线安装第三方软件包 NumPy（科学计算包），步骤如下。

在 Windows 桌面单击"开始"→"Windows 系统"→"命令提示符"；弹出窗口如图 1-32 所示，在 Windows shell 命令提示符后输入以下命令。

```
1  > pip install numpy          # 版本 1.26.1(输出略)
```

注意：Windows shell 命令提示符"＞"不需要输入。

科学计算软件包 NumPy 的下载和安装过程如图 1-32 所示。

关于 Python 第三方软件包的查看、卸载、安装指定版本、升级等的命令如下。

```
1  > pip uninstall numpy           # 卸载 numpy 软件包(输出略)
2  > pip install numpy == 1.18.2   # 安装指定的 numpy 1.18.2 版(输出略)
3  > pip install numpy -- upgrade  # 升级 numpy 软件包(输出略)
4  > pip install matplotlib        # 安装 matplotlib 3.8.0 版绘图软件包(输出略)
5  > pip list                      # 查看已经安装的全部软件包(输出略)
6  > python - m site               # 查看 pip 默认安装路径(输出略)
```

说明：安装一些大型软件包时，pip 会自动安装与之配套的依赖软件包。

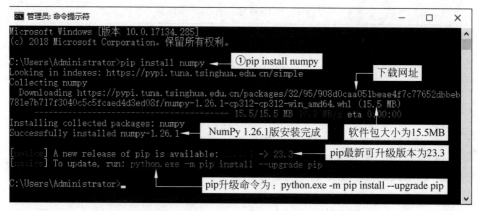

图 1-32   软件包 NumPy 的下载和安装过程

4. 工具软件 pip 升级方法

【例 1-15】 安装软件包时，经常会提示 pip 版本升级。版本差别不大时，可以不予理睬。pip 版本过高或过低都可能导致部分软件包无法安装。pip 版本升级命令如下。

```
1  > python.exe — m pip install -- upgrade pip      # 版本 23.3,参数 - m 为手工安装(输出略)
```

5. 设置软件包镜像网站

在 Python 官网安装第三方软件包时，由于网络带宽、网络限制等原因，经常导致安装失败。可以将清华大学镜像网站设为长期默认安装网站（很重要），镜像网站的软件包安装命令与官网完全相同，而且软件包下载和安装速度非常快。

【例 1-16】 临时使用国内"豆瓣"镜像网站安装 Pandas 软件包，命令如下。

```
1  > pip install - i http://pypi.douban.com/simple  pandas      # (输出略)
```

【例 1-17】 将清华大学镜像网站设为软件包默认安装网站。

```
1  > pip config set global.index - url https://pypi.tuna.tsinghua.edu.cn/simple
```

【例 1-18】 在清华大学镜像网站安装图像处理软件包 Pillow（也称为 PIL）。

```
1  > pip install  Pillow       # 在清华大学镜像网站安装 Pillow 软件包,版本 10.1.0(输出略)
```

【例 1-19】 将已安装的 Python 软件包目录保存到"d:\test\软件包清单.txt"文件中。

```
1  > pip freeze -- all > d:\test\Python 软件包清单.txt      # 输出安装软件包的目录清单
```

6. 课程练习

练习 1-10：参考例 1-17，将清华大学镜像网站设置为默认下载和安装网站。

练习 1-11：参考例 1-14、例 1-18，安装 NumPy、Matplotlib、PIL 软件包。

1.10   程序异常——跟踪出错的程序

对自然语言来说，语法错误并不是一个严重问题。例如，自然语言中出现标点符号错误或者字母错误时，通常不会影响我们对语句含义的理解。而程序语言则没有这么"宽容"，程序有任何语法错误,Python 都会自动结束程序,并且抛出异常信息。

程序错误在程序设计领域有一个专门的名词,称为"bug"(虫子)。程序员排除程序错误的过程称为"捉虫"。

【例1-20】 在 Python shell 中编程,检查它们的输出(见图1-33)。

动画演示

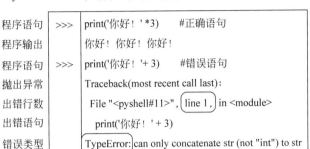

程序语句	>>>	print('你好! ' *3)　　　#正确语句
程序输出		你好! 你好! 你好!
程序语句	>>>	print('你好! '+ 3)　　　#错误语句
抛出异常		Traceback(most recent call last):
出错行数		File "<pyshell#11>", line 1, in <module>
出错语句		print('你好! ' + 3)
错误类型		TypeError:can only concatenate str (not "int") to str

图1-33　Python 程序异常信息

例1-20 程序中,为什么程序"'你好!' * 3"运行正常,而程序"'你好!'+3"在运行时就出错了呢? 这是因为 Python 语法规定,"'你好!' * 3"表示 3 个重复的字符串,相当于流行短语"重要的事情说三遍";而"'你好!'+3"为字符串+数值,它既不符合 Python 语法(数据类型错误),也没有实际意义,于是 Python 解释器就会抛出异常信息。同样,字符串乘小数、字符串减法、字符串除法等,都会导致程序异常退出。

如图1-33 所示,程序错误类型有 TypeError(数据类型错误)、NameError(变量名错误)、SyntaxError(语法错误)、ValueError(数值错误)、IndexError(索引号错误)等。

程序运行时间太长时,可以多按几次组合键 Ctrl+C,强行退出正在运行的程序。程序异常退出对程序、操作系统、计算机没有影响,重新运行即可。

学习程序设计的初级阶段,可能会经常遇到程序异常退出,需要花很多时间来调试这些程序,找出语法错误。随着编程经验增多,所编写的程序中简单的语法错误将大大减少,并且能更快地找到程序中的错误。

全世界没有不出错的程序员,只是不同人编写的程序出错的多少不同而已。

第 2 章

基本语法

程序语言包含一套完整的词汇和语法规范。程序词汇包括程序指令(保留字)、运算符号、控制符号等;语法规范包括语句书写格式、变量命名方法、语句缩进方式、函数调用方法等。没有编程经验的读者对本章内容或许难以理解,但不必过于担心,程序语法知识贯穿了全书始终,在后续程序案例中也会反复学习本章的语法规则。

2.1 语法——程序语句书写格式

1. 保留字

保留字是程序语言的指令,如 import、if、for、def、return、and、True、None 等。Python 3.12 的保留字包括 35 个英文单词,这些单词被 Python 保留使用,编程人员不允许用它们作变量名或函数名。Python 保留字和语义参见附录 A。

注意,保留字和关键字是不同的概念,不要混淆。关键字是一个多义词,如关键字参数、信息查询关键字、数据库关键字、常量关键字、文本主题关键字等。保留字的语义单一,而且极少变化。

2. PEP8 程序规范

2001 年,Python 官方组织发布了 PEP8(Python Enhancement Proposal,Python 增强建议书)规范,对代码的行长、续行、缩进、空行、注释等提出了一系列的规范化书写原则。以下是 PEP8 规定的一些主要语法内容。

1) 长语句续行

(1) 推荐程序语句每行长度不超过 79 个字符,这样程序阅读起来更加方便。

(2) 可以从长语句中逗号处断开语句,这时不需要使用续行符(如例 2-1)。

(3) 可以用续行符(\)断开语句,但是续行符必须在语句结尾(如例 2-2)。

(4) 圆括号()、方括号[ ]、花括号{ }内侧断开语句时,不需要续行符(如例 2-1)。

(5) 不允许用续行符将保留字、变量名、函数名、运算符等分割成两部分。

(6) 当语句被续行符分割成多行时,后续行无须遵守缩进规则,后续行空格的数量不影响语句正确性。但是编程习惯上,后续行一般比本语句开头缩进 4 个空格(如例 2-2)。

【例 2-1】 续行 1 程序片段如下。

```
1   plt.pie(
2       x = edu,
3       labeldistance = 1.15,
4       radius = 1.5,
5       counterclock = False,
6       frame = 1
7       )
```

【例 2-2】 续行 2 程序片段如下。

```
1   plt.pie(x = edu, labeldistance = 1.15,\
2       radius = 1.5, counterclock = False,\
3       frame = 1)
```

2）空格

（1）不允许用空格将保留字、变量名、函数名、运算符等分割成两部分。

（2）保留字前后都要留一个空格（如例 2-3），否则程序解释器无法辨别保留字。

（3）向前紧跟原则。逗号、分号、右括号等应紧跟前面字符，不要留空格，可以在这些符号后面留空格。如 print(x , y)为正确格式，print (x ,y)为错误格式。

（4）运算符两侧可以有空格（如 a ＋ b）或者没有空格（如 a＋b），但是不能用空格将双目运算符（如>=）分割为两部分。如 a >= b 为正确格式，a > =b 为错误格式。

（5）函数名后应紧跟左括号。如 add(a, b)为正确格式，add　(a, b)为错误格式。

【例 2-3】 一行导入多个模块时，可以用英文逗号分隔不同模块，程序如下。

```
>>>   import sys, time, random, math          # 导入多个标准模块时,用逗号分隔
>>>   from pandas import Series, DataFrame     # 导入同一模块中的多个函数
```

3）空行

空行的作用是分隔不同的语句块，适当的空行可以使程序结构更加清晰。

4）一行多句

Python 虽然不推荐一行多个语句，但是一些简单语句允许采用一行多句。

【例 2-4】 简单语句中，可以用英文分号分隔不同语句，程序如下。

```
>>>   a = 2; b = 3                          # 简单赋值语句用分号分隔
>>>   print(a); print(b); print(a + b)      # 简单输出语句用分号分隔
```

【例 2-5】 列表推导式、异常处理等只有一行时，可以不换行，程序片段如下。

```
>>>   s = [i * i for i in lst]             # 列表推导式只有一行,可以不换行
```

5）注释

（1）单行注释符为 #（见例 2-5）；多行注释采用双三个英文单引号（见例 3-7）。

（2）好注释可以提供代码没有的额外信息，如语句意图、参数意义、警告信息等。

（3）在 Python IDLE 窗口中，拖动选中要注释的代码块；然后按组合键 Alt＋3 可以将代码块整体注释；按组合键 Alt＋4 可以取消代码块的注释。

6）其他

（1）括号和引号分隔符必须成对使用，如()、[ ]、{ }、''、""、""""。

（2）程序语句中，除字符串外，其他符号全为英文。原则是引号内的符号随意（如'Python,你好。'）；引号外的符号全为英文（如例2-3、例2-4中的逗号、分号等）。

2.2 变量——保存计算的中间值

1. 标识符

标识符是表示程序元素的名称。标识符包括变量名、函数名、类名、方法名、文件名等。Python 内置标准函数的标识符包括 input、print、int、len、help、open、range 等，它们虽然不是保留字，但是为了避免引起程序混乱，不推荐使用这些内置函数名作标识符。

2. 常量

常量指程序中不会变化的数据（如 pi）。Python 不能定义常量关键字，常量仅有 True（真）、False(假)、None(空)等；或者说 Python 语言没有常量的概念。

3. 变量的功能

程序需要在计算机内存中临时保存一些计算值，程序用"变量"称呼这些值。变量就是程序中变化的数据，这些数据可以是整数、小数、字符串、逻辑值、字符编码等，而变量名就是这些变化的数据的名称。变量的固定值称为字面量，如 a＝1314 时，1314 就称为字面量。对表达式中的变量名，程序语句执行前，Python 解释器会用实际数据的值取代变量名，使变量名成为一个具体值（操作数）。

4. 变量名与内存地址

程序每定义一个变量名，计算机就会分配一块内存区域存储这个变量的值（包括空值）。变量名与内存地址存在一一对应的关系（见图2-1）。假设变量 a＝2，b＝3，则语句 c＝a＋b 的语义是将 a、b 内存地址单元中的数据取出来，将它们相加后，再将结果保存到 c 的内存地址单元中。用变量名代表内存地址是因为内存地址不容易记忆，变量名容易记忆；内存地址由操作系统动态分配，地址会随时变化，而变量名不会变化。程序执行时，程序解释器会将变量名转换为内存地址。

【例 2-6】 变量名与内存地址的对应关系（见图 2-1）。

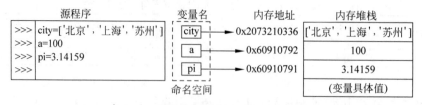

图 2-1　变量名与内存地址的对应关系

Python 不需要在程序头部声明变量的数据类型，变量赋值后就决定了变量的数据类型。给变量赋值时，操作系统就会为这个值（数据）分配内存空间，然后让变量名指向这个值（见图 2-1）；当程序中变量值改变时，操作系统会为新值分配另一个内存空间，然后继续让变量名指向新值;或者说数据值变化时,变量名不变,内存地址会改变。

5. 变量名常用命名方法

程序中的变量如何命名?专家们意见不一。变量命名的基本原则为:好的变量名不需要注释即可明白其含义,变量命名要尽量统一。常用的变量命名方法如图 2-2 所示。

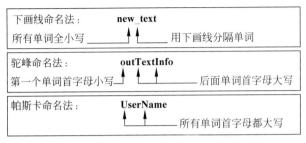

图 2-2 常用的变量命名方法

(1) 下画线命名法。Python 标准 PEP8 建议变量名、函数名等采用"全小写+下画线"命名,如 my_list、new_text、read_csv()等。缺点是变量名太长。

(2) 驼峰命名法。第一个单词首字母小写,后面单词的首字母大写,如 myList、outTextInfo、outPrint()等。

(3) 帕斯卡命名法。所有单词首字母大写,如 MyList、UserName、Info()等。

(4) 单词缩写法。取单词的前 3、4 个字母。如 but(button,按钮)、def(define,定义)、err(error,错误)、lab(label,标签)、tup(tuple,元组)、win(window,窗口)等。

(5) 元音字母剔除法。除首字母外,去掉元音字母,保留辅音的第一个字母。如 as(alias,别名)、bg(background,背景)、img(image,图像)、lst(list,列表)等。

(6) 全大写法。对一些特殊变量,可以采用全大写命名形式。如 RGB(色彩显示模型)、KEY_UP(键盘上的"↑"键)等。

6. 应当避免的变量名

(1) 变量名应唯一,不能使用连字符(-)、小数点和空格。

(2) 变量名不能以数字开头,如 2x 是错误变量名。但是可以在变量名尾部使用数字,如 x2 是正确变量名。注意,l 在变量名开头为字母,如 lst、lab;在名称尾部可能为数字 1,如 lst1(列表 1)、lab1(标签 1),也可能为字母,如 all(所有)、wall(墙)等。

(3) Python 程序对大小写敏感,如 A 与 a 是不同的变量名。

(4) 不要使用单个 o(与 0 混淆)、l(与 1 混淆)、I(与 1 混淆)作变量名。

(5) 变量名除字母、数字和下画线外,不要使用其他符号(如 * 、% 、~等)。

7. 课程扩展:汉字作变量名

Python 在字符串、数据库、文件中,使用汉字没有任何问题。但是变量名和函数名能不能使用汉字(如:工资=2000),取决于程序解释器是否支持 Unicode(国际统一码)字符集,如 Windows 和 Python 对 Unicode 字符集的支持很好,因此变量名和函数名使用汉字完全没有问题。但是,Python 程序中经常会使用第三方软件包,这些软件包不一定支持汉字变量名。因此,出于对程序兼容性的考虑,不建议采用汉字作变量名。

【例2-7】 变量名、表达式采用汉字的案例,程序如下。

```
>>> 基本工资 = 5000            # 赋值语句,用汉字作变量名
>>> 补贴 = 2000
>>> 工资 = 基本工资 + 补贴       # 赋值语句,用汉字作表达式
>>> 工资                      # 用汉字变量名查看变量值
7000
```

2.3 表达式——运算的基本元素

1. 表达式

表达式由操作数和运算符组成,用来计算求值。操作数可以是具体值(整数、浮点数、字符串等)、变量、函数等;运算符是可选部分,常用运算符有算术运算符、逻辑运算符(如 and)、关系运算符(如()、<=)等。表达式的值为 Python 支持的各种数据类型。

表达式是程序的基本组成元素。对表达式进行求值运算时,Python 解释器会自动将具体值(数值、字符、逻辑值等)代入变量中,然后再对表达式进行计算求值。

【例2-8】 如图 2-3 所示,赋值语句 z＝x＋y 中,x＋y 是表达式,x、y 是操作数,＋号是运算符。程序语句执行时,Python 解释器会将变量 x、y 内存单元中的具体值代入表达式中,然后再进行表达式计算,最后将计算结果保存到变量 z 表示的内存单元中。

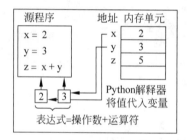 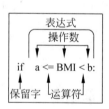

图 2-3　表达式计算过程

2. 算术表达式书写规则

(1) 程序中的算术表达式必须按行书写,较长的算术表达式可以续行书写。

(2) 计算类表达式运算顺序为从左到右;赋值类表达式运算顺序为从右到左。

(3) 表达式中,圆括号的运算优先级最高;多层圆括号遵循由里向外的原则。

(4) 数学代数式与程序算术表达式之间的转换方法如表 2-1 所示。

表 2-1　数学代数式与程序算术表达式之间的转换方法

数学代数式	程序表达式	程序表达式说明
$a＋b＝c$	c = a + b	程序语言不允许 a+b=c 这种赋值方法
$2×3,4ab$	2 * 3,4 * a * b	乘法用 * 表示,不能省略
$5÷8$	5/8	除法用/表示,分子在/前,分母在/后
$S＝πR^2$	s= pi * r ** 2	符号 π 用读音表示,指数运算用 ** 表示
$\log_{10}(d＋1),A_0$	log10(d+1),A0	程序不支持下标,下标可表示为数字符号

续表

数学代数式	程序表达式	程序表达式说明
$\pi \approx 3.14$	3.14＜pi＜3.15	所有程序语言都不支持约等于
$\dfrac{(12+8)\times 3^2}{25\times 6+6}$	((12＋8) * 3 ** 2) / (25 * 6＋6)	分式可以用除法加括号表示 圆括号可以嵌套使用,不能使用[ ]或{ }
$x=\sqrt{a+b}$	x = math.sqrt(a+b)	高级数学运算需要专用函数和规定格式

2.4 运算类型——方法多多益善

1. Python 支持的运算类型

Python 运算类型比较丰富,如四则运算(＋、－、*、/)、整除运算(//)、指数运算(**)、模运算(%)、关系运算(==、!=、>、<、<=、>=)、赋值运算(=、:=、+=、-=、*=)、逻辑运算(and、or、not、^)等。参见附录 C。

2. 赋值运算

赋值运算或许是使程序设计初学者最困惑的一种运算,因为它使用了大家熟悉的等于符号(＝),但是含义却完全不同,甚至还会出现 a＝a＋1 这样的赋值语句。

【例 2-9】 赋值运算与比较运算的区别。

赋值符号(＝)不是左边等于右边的意思,它表示把右边的值用左边的变量名表示,专业的说法就是将值赋给变量。如 a＝500 表示将 500 赋值给变量 a。判断是否相等的符号是“==”(两个等号),如“a == 500”表示“a 等于 500”是否成立。如图 2-4 所示,赋值运算在存储单元(DRAM)中操作,而比较运算在运算单元(ALU)中操作。

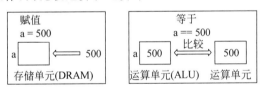

图 2-4 赋值运算与比较运算的区别

如图 2-5 所示,语句“a＝a＋20”不是数学代数式,它是一个赋值语句。它表示将 a 内存单元里的内容(500)取出来后送到运算单元,这个值在运算单元中加上 20 后,再将运算的结果存回到 a 内存单元中,这时 a 内存单元的内容会自动更新为 520。

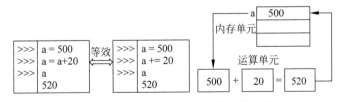

图 2-5 赋值语句“a＝a＋20”的运算过程

为了避免使用“a＝a＋1”这样令人困惑的语句,Python 允许将“a＝a＋1”语句写为“a＋＝1”(注意是＋＝,不是＝＋,等于符号在右),Python 还支持－＝、*＝、/＝、%＝等运算。

3. 算术运算

【例2-10】　常用算术运算程序如下。

>>>	x = 5; y = 3	# 变量赋值,一行有多个简单语句时,语句之间用分号分隔
>>>	x + y	# 符号 + 为加法运算(输出为 8);加法也可用于字符串连接
>>>	x - y	# 符号 - 为减法运算(输出为 2)
>>>	x * y	# 符号 * 为乘法运算(输出为 15);乘法也可用于字符串重复
>>>	x / y	# 符号/为除法运算,商转为浮点数(输出为 1.6666666666666667)
>>>	x//y	# 符号//为整除运算,返回 x 除以 y 的商,余数舍去(输出为 1)
>>>	x % y	# 符号 % 为模运算,返回 x 除以 y 的余数,商舍去(输出为 2)
>>>	x ** y	# 符号 ** 为指数运算,返回 x 的 y 次方,相当于 x^y(输出为 125)
>>>	x += 1	# 符号 += 为自加运算,与 x = x + 1 等效
>>>	x -= 1	# 符号 -= 为自减运算,与 x = x - 1 等效
>>>	- x	# - x 为变量,与 x * (- 1)等效(输出为 - 5)

4. 算术表达式的运算顺序

算术表达式一般遵循以下优先顺序。

(1)算术表达式中,圆括号()优先级最高,其他次之。多层圆括号遵循由里向外的优先顺序;多个平级圆括号遵循从左到右的优先顺序。

(2)方括号[ ]在 Python 中表示列表数据类型,花括号{ }在 Python 中表示字典数据类型,它们不能用于表示运算优先顺序。

(3)表达式中有多个不同运算符时,最好采用多层圆括号确定运算顺序。

(4)运算符优先级相同时,计算类表达式遵循左侧优先的原则(乘方除外),即计算表达式从左到右。如算术表达式 x－y＋z 中,先执行 x－y 运算,再执行＋z 运算。

(5)乘方运算、赋值运算、按位取反、正负号等遵循右侧优先的原则,即赋值表达式从右到左。如赋值表达式 x＝y＝0 中,先执行 y＝0 运算,再执行 x＝y 运算。

5. 模运算

模运算是求整数 n 除以整数 p 后的余数,而不考虑商(求余运算)。模运算用％表示。模运算在程序设计领域应用广泛,如整数除法检查、数据传输错误校验、加密算法等都涉及模运算。模运算应用参见例 6-17 和案例 24。

【例2-11】　7 ％ 3 ＝1,7 除以 3 商为 2,余数为 1,丢弃商,余数 1 为模运算结果。

【例2-12】　今天是星期二,问 100 天后是星期几?程序如下。

>>>	(2 + 100) % 7	# 符号 % 为模运算(求余运算)
	4	# 100 天后是星期四

6. 关系运算

关系运算(也称为比较运算)用于表达式之间的关系比较,关系运算结果为逻辑值的 True(真)或 False(假)。关系运算常用于程序中的条件选择。

【例2-13】　设 a＝10,b＝20,Python 常用关系运算程序如下。

>>>	a = 10; b = 20	# 变量赋值
>>>	a == b	# 符号 == 为等于比较符,返回 a 等于 b 的逻辑值

>>>	False	♯ 10 == 20 为假
>>>	a != b	♯ 符号!= 为不等于,返回 a 不等于 b 的逻辑值
	True	♯ 10!= 20 为真
>>>	a > b	♯ 符号>为大于,返回 a 大于 b 的逻辑值
	False	♯ 10 > 20 为假
>>>	a < b	♯ 符号<为小于,返回 a 小于 b 的逻辑值
	True	♯ 10 < 20 为真
>>>	a >= b	♯ 符号>= 为大于或等于,返回 a 大于或等于 b 的逻辑值
	False	♯ 10 >= 20 为假
>>>	a <= b	♯ 符号<= 为小于或等于,返回 a 小于或等于 b 的逻辑值
	True	♯ 10 <= 20 为真

说明：关系运算符必须在两个数字或两个字符之间。

7. 逻辑运算

基本逻辑运算有 and(与)、or(或)、not(非),运算规则如表 2-2 所示。

表 2-2　逻辑运算规则

and(与运算)	**or(或运算)**	**not(非运算)**
False and False＝False (0×0＝0)	False or False＝False　(0+0＝0)	not False＝True　(not 0＝1)
False and True＝False (0×1＝0)	False or True＝True　(0+1＝1)	not True＝False　(not 1＝0)
True and False＝False (1×0＝0)	True or False＝True　(1+0＝1)	—
True and True＝True (1×1＝1)	True or True＝True　(1+1＝1)	—

（1）与运算是逻辑乘法,规则为"全真为真,否则为假",即运算符左边和右边表达式的值都为 True(真)时,结果为 True,否则结果为 False(假)。

（2）或运算是逻辑加法,规则为"全假为假,否则为真",即运算符左边和右边表达式的值只要有一个为 True(真)时,结果为 True,否则结果为 False(假)。

（3）非运算规则为"逻辑值取反",即"遇真变假,遇假变真"。

【例 2-14】 逻辑运算简单案例,程序如下。

>>>	a = True; b = False	♯ 变量赋值
>>>	a or b	♯ 逻辑或运算(等效于 1 + 0 = 1)
	True	
>>>	a and b	♯ 逻辑与运算(等效于 0 × 1 = 0)
	False	
>>>	not a	♯ 逻辑非运算(a 取反)
	False	
>>>	x = 6; y = 20	♯ 变量赋值
>>>	y > x > 0	♯ 关系运算(等效于 20 > 6 > 0,三元运算)
	True	
>>>	x > y and y > 0	♯ 逻辑与运算(等效于 6 > 20 and 20 > 0,结果为假)
	False	

8. 课程扩展：逻辑运算的特点

（1）逻辑运算是一种二进制数的位运算,按逻辑运算规则逐位运算即可。

（2）逻辑运算可以用 1 表示逻辑真(True),用 0 表示逻辑假(False)。

（3）逻辑运算中，二进制数不同位之间没有任何关系，没有进位或借位问题。

（4）操作数是长度相同的正二进制整数。长度不同时，较短的数前面加 0 补齐。

2.5 标准函数——简化程序设计

1. 数学函数与程序函数

数学中函数的定义为"如果对集合 M 中的任意元素 x，总有集合 N 中确定的元素 y 与之对应，则称在集合 M 上定义一个函数，记为 f，元素 x 称为自变量，元素 y 称为因变量"。数学中的函数用于描述一个量随另一个量的变化而变化的规律。

如图 2-6 所示，数学函数与程序函数的相同点在于，给函数一些输入值（自变量），函数执行后会返回一个输出值（因变量）。程序函数与数学函数的不同点在于，数学函数由数学代数式组成，而程序函数由一段具有特定功能的程序代码组成。

2. 函数的 API

如图 2-7 所示，Python 的函数类型有内置标准函数、导入标准函数、自定义函数、第三方软件包函数。如图 2-8 所示，函数的 API（应用程序接口）包括函数调用格式（函数名、参数）、函数返回值、函数功能和函数使用说明。有些函数的 API 非常简单（如内置标准函数），有些函数的 API 非常复杂（如图形界面函数）。对编程人员来说，并不需要了解函数内部的程序代码，这大大降低了程序设计的难度。Python 提供了 75 个内置标准函数（参见附录 D）及数千个导入标准函数，还有海量的第三方软件包函数。

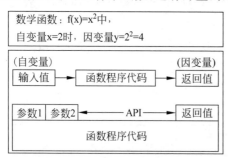

图 2-6　数学函数与程序函数的区别

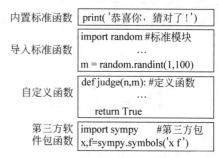

图 2-7　Python 函数类型示例

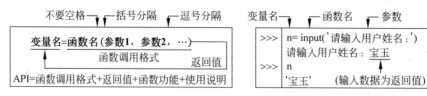

图 2-8　Python 函数 API 和函数调用示例

据估计，全球大约有 1000 多亿行代码，一些功能相同的程序被重复编写了成千上万次，这是极大的思维浪费。专家们呼吁"请不要再发明相同的车轮子了"。设计新程序时直接使用成熟的函数库代码，既简化了程序设计，又提高了程序质量。

3. 内置标准函数的调用方法

函数调用采用"对象命名"形式,如"a＝math. sqrt(2)"程序语句中,a 是对象名；math 是数学模块名；sqrt()是数学模块中的函数名；括号内的 2 为函数的参数(开方数)。

案例1：程序结构和缩进规范

1. 程序案例：猜数字游戏

【例2-15】 猜数字游戏。计算机生成 1～100 之间的随机整数,玩家输入一个猜测的数字。如果玩家输入的数字与计算机生成的随机数相同,则提示玩家赢,并且程序结束；如果玩家猜测的数字错误,则提示玩家输入的数字是大了还是小了,继续让玩家输入下一个数字,直到玩家猜对计算机生成的随机数后,程序退出。

2. 程序设计：猜数字游戏

猜数字游戏程序和结构如图 2-9 所示,它包含了程序的基本结构和基本元素。程序的编写和运行方法参见 1.7 节的内容,程序注释不需要输入。

1	# E0215【猜数字】	# 注释 (程序开始)
2	import random	# 导入标准模块
3		
4	def judge(n, m):	# 自定义函数开始
5	if n < m:	# 条件选择开始
6	print('你猜的数太小了')	# 输出
7	return False	# 选择结束, 函数返回
8	elif n > m:	# 条件选择
9	print('你猜的数太大了')	# 输出
10	return False	# 选择结束, 函数返回
11	else:	# 条件选择
12	print('恭喜你，猜对了！')	# 输出
13	return True	# 选择结束, 函数返回
14		
15	m = random.randint(1, 100)	# 赋值 (随机数)
16	flg = False	# 赋值 (逻辑值)
17	count = 0	# 赋值 (计数器)
18	while flg == False:	# 循环开始
19	n = int(input('请输入1-100的整数: '))	
20	flg = judge(n, m)	# 赋值 (函数调用)
21	count += 1	# 计数 (循环结束)
22	print(f'总共猜了{count}次')	# 输出 (程序结束)
>>>	请输入1-100的整数:	# 程序输出

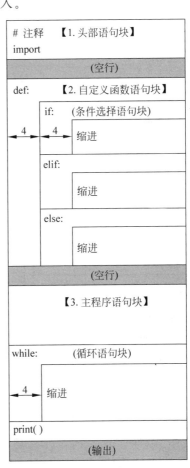

图 2-9 猜数字游戏程序和结构

3. 程序的基本构成

Python 程序由头部语句块、自定义函数语句块、主程序语句块三部分构成。一个语句块就是一个程序的逻辑结构,程序由不同的逻辑块组成。

(1) 头部语句块。头部语句块主要有注释语句和模块导入语句,只有数行的简单程序可能没有头部语句块。注释语句包括程序的汉字编码、程序名称、作者、日期、版本、程序功能、程序参数等。导入语句主要包括标准模块导入、第三方软件包导入等。模块导入方法在 4.1 节"导入语句——软件包加载"中详细介绍。

(2) 自定义函数语句块。自定义函数是程序的主要组成部分,自定义函数以"def 函数名(参数):"开始,以"return 返回值"语句结束,函数内语句块必须遵循缩进规则。函数定义方法在第 8 章中详细介绍。

(3) 主程序语句块。主程序语句可以在自定义函数语句前面,也可以在自定义函数语句后面,它由赋值语句(参见 4.2 节)、函数调用语句(参见 2.5 节)、条件选择语句(参见 5.1 节)、循环语句(参见 6.4 节)、输入输出语句(参见 4.3 节)等组成。

4. 程序的基本元素

例 2-15 程序的基本组成元素如表 2-3 所示。

表 2-3　程序的基本组成元素

程 序 组 成	元 素 说 明
保留字	import、def、if、elif、else、return、while
变量名	N 玩家输入值、m 计算机生成随机数、flg 标识、count 计数器、judge 判断
逻辑值	True(用户猜对时逻辑值)、False(用户猜错时逻辑值)
运算类型	关系运算:<、>、==;算术运算:+=(自加运算,与 count=count+1 等效)
表达式	n<m(n 小于 m)、n>m(n 大于 m)、flg == False(flg 等于 False 时)
自定义函数	函数定义:def judge(n, m)。函数返回:return False。函数调用:judge(n, m)
标准函数	print()打印、random. randint()随机数、int()取整数、input()输入
程序语句	注释,导入,赋值,输入,打印输出,选择,循环,函数定义—返回—调用
缩进语句	def、if、elif、else、while(行尾为冒号的语句,下行需要缩进)
程序结构	顺序(15~17 行),选择(5~13 行),循环(18~21 行),函数(4~13 行)

5. 程序的缩进规范

缩进表示代码行向右收缩或向左前进。例如书写汉语时习惯在每段文字前面空两格,这称为首行缩进。Python 同样通过缩进来确定程序逻辑块的开始和结束。Python 的缩进方式是用空格将程序行前面对齐,表明程序行属于哪个语句块。

Python 强制要求程序使用一致的缩进方式。对 Python 解释器而言,代码行的缩进具有语法和逻辑意义,一旦缩进错误,将引发程序异常。其他程序语言也要求代码按一定规则进行换行和缩进,但是这些要求只是为了方便程序的阅读或修改。其他程序语言对缩进格式没有强制性要求,代码缩进不规范也不会引发程序错误。

(1) Python 中,控制语句 if、while、for、break、try、pass 等往往与后面的语句有极强的关联性,它们一起构成一个程序逻辑。如例 2-15 程序中,第 4~13 行、18~21 行、5~13 行等,它们都属于不同的程序逻辑块。程序逻辑块的首行无须缩进(如例 2-15 中的第 4

行),但是下一行需要缩进(如例 2-15 中的第 5 行)。增加缩进表示进入程序逻辑块,减少缩进表示返回到上一个程序逻辑块。

(2) Python 用冒号(:)标记程序逻辑块,凡是以冒号(:)结尾的语句,下一行都需要缩进。如例 2-15 程序中,程序第 4、5、8、11、18 行结尾都有冒号,因此下一行语句需要缩进。程序第 4、18 行为程序逻辑块的开始,本行无须缩进。

(3) Python 规定用 4 个空格表示一个缩进级别。第一个缩进级别是 4 个空格,第二个缩进级别就是 8 个空格,以此类推。缩进级别决定了程序的逻辑块结构。如例 2-15 程序中,程序第 5 行属于 def 逻辑块,需要缩进 4 个空格;程序第 6 行属于 if 语句块,因此它比程序第 5 行又缩进了 4 个空格,比程序第 4 行缩进了 8 个空格。

(4) 同一逻辑结构的程序块,必须采用相同的缩进空格数量。如例 2-15 中,程序第 19～21 行属于同一个逻辑块,它们的缩进量必须保持一致。

(5) Python 的程序缩进是针对程序逻辑块而言的,其他程序语句本身没有缩进要求。程序注释语句、导入语句、输入/输出语句、赋值语句等都没有缩进要求。如例 2-15 程序中,程序第 1、2、15、16、17、22 行等无须缩进。

(6) 用空格键(Spacebar)而不用 Tab 键缩进,因为 Tab 键不一定是 4 个空格。

(7) 长语句(如列表、字典、表达式等)在第 2 行续行时,不需要遵循以上缩进规范。但是习惯上比上一行缩进 4 个空格,参见例 2-1、例 2-2、例 3-7 等。

6. 程序单词

count,计数器(变量名)	def,定义函数(保留字)	elif,否则(保留字)
else,否则(保留字)	False,逻辑假(保留字)	flg,标识(变量名)
if,如果(保留字)	import,导入(保留字)	input,输入(函数名)
int,整数(函数名)	judge,判断(自定义函数名)	m,随机数(变量名)
n,玩家输入数(变量名)	print,打印(函数名)	random,随机数(模块名)
randint,随机数(函数名)	return,返回(保留字)	True,逻辑真(保留字)
while,循环(保留字)		

7. 课程扩展：玩家猜测数字的算法

(1) 顺序查找算法。例 2-15 程序中,玩家按 1,2,3,4,…顺序输入数字,最快 1 次可以猜中,最多 99 次可以猜中。顺序查找算法也称为枚举算法。

(2) 二分查找算法。对排序后的序列,玩家每次输入的数为最大数除 2,然后根据程序提示猜测下一个数,这样查找速度非常快。如例 2-15 程序中,假设生成的随机数为 34(玩家不知道),按二分算法猜测的数为 100//2=50,太大→50//2=25,太小→25+(25//2)=37,太大→37-(12//2)=31,太小→31+(6//2)=34,正确(符号"//"为整除)。

8. 编程练习

练习 2-1:编写和调试例 2-15 的程序,理解程序的基本结构。

练习 2-2:注释掉例 2-15 中程序第 17、21、22 行,运行程序时会出现什么情况?

练习 2-3:在例 2-15 程序中,将程序中的 n 修改为"玩家",m 修改为"电脑",judge 修改为"判断",flg 修改为"标识",count 修改为"计数器",然后运行程序。

第 3 章

数据类型

早期计算机主要用来处理各种数值计算问题。但是,计算机能处理的信息远不止数值,还可以处理文本、图形、音频、视频等各种数据。为了解决这些数据之间的转换、存储和计算,需要将不同数据定义为不同的数据类型。

3.1 数据类型——主要类型和特征

1. Python 的基本数据类型

Python 中的数据类型根据运算方法大体分为五种,一是数值类,如整数、浮点数、复数;二是字符串类,如字母、符号、汉字等;三是布尔类;四是混合类,包括数值和字符串,如列表、元组、集合、布尔值;五是字节类,主要用于二进制字节文件。Python 主要数据类型如表 3-1 所示。

表 3-1 Python 主要数据类型

数据类型	名称	说　　明	示　　例
int	整数	精度无限制,整数有效位可达数万位	0、50、−56789 等
float	浮点数	精度无限制,默认 16 位,精度可扩展	3.1415927、5.0 等
complex	复数	注意,复数的虚数部分用"j"表示	3+2.7j
str	字符	由字符组成的不可修改元素,无长度限制	'hello'、'提示信息'等
list	列表	多种类型的可修改元素,最多 5.3 亿个元素	[4.0, '名称', True]
tuple	元组	多种类型的不可修改元素	(4.0, '名称', True)
dict	字典	由"键值对"(用:分隔)组成的有序元素	{'姓名':'张飞', '年龄':30}
set	集合	无序且不重复的元素集合	{4.0, '名称', True}
bool	布尔值	逻辑运算的值为 True(真)或 False(假)	a > b and b > c
bytes	字节码	由二进制字节组成的不可修改元素	b'\xe5\xa5\xbd'

2. 数据类型定义

Python 中变量的数据类型不需要在程序头部预先定义,变量赋值就是变量定义过程。如果变量没有赋值,则 Python 认为该变量不存在。

【例 3-1】 不同数据类型混用将造成程序运行错误,程序如下。

```
>>>  x = 123                                    # 变量 x 赋值为数字
>>>  y = '456'                                  # 变量 y 赋值为字符串
>>>  x + y                                      # 不同数据类型混合运算
     Traceback (most recent call last):…        # 抛出异常信息(输出略)
>>>  x + z                                      # 变量 z 没有赋值,Python 认为该变量不存在
     Traceback (most recent call last):…        # 抛出异常信息(输出略)
```

3. 课程扩展:数据类型的特点

Python 主要数据类型的特点如表 3-2 所示。

表 3-2 Python 主要数据类型的特点

数据操作	字 符 串	列 表	元 组	字 典
数据定义	s1='开卷有益'	c1=[1,2,3,4,5]	t1=(1,2,3,4,5)	d1={'a':1, 'b':2, 'c':3}
数据类型混用	不可	可以	可以	可以
元素索引号	有	有	有	无
访问单个元素	s2=s1[2]	c2=c1[2]	t2=t1[2]	d2=d1['a']
访问多个元素	s3=s1[0:2]	c3=c1[0:2]	t3=t1[0:2]	不可(需要循环语句)
修改元素	不可	c1[0]=8	不可	d1['c']=8
添加元素	不可	c1.insert(0, 'ID')	不可	d1['d']=10
删除元素	不可	c1.remove('ID')	不可	del d1['c']

4. 课程扩展:实际问题的数据分类

程序设计中会遇到很多实际问题,它们无法用程序语言定义的数据类型进行表示,如学生的性别、成绩的优良中差、地区的东南西北等。这些数据不便于程序处理,我们需要对这些数据进行合适的分类,根据不同的数据类型选用相应的处理方法。

(1)定类数据。定类数据是指按照事物的某种属性对数据进行分类或分组。定类数据只能表示数据类别的差异,不能比较各类数据之间的大小,数据之间没有顺序或等级关系。定类数据只能计算数据频率,不能进行数据大小比较。例如,在统计男生和女生占总人数的比例时,可以将男生编码为 1,女生编码为 2,这里的 1、2 只表示数据类别不同,没有次序关系,这样就可以在程序中计算男生或女生的比例。其他应用案例如地区类型分为东部、中部、西部等。定类数据的应用参见案例 9,程序中用数字 1 表示选择"认罪",数字 2 表示选择"不认罪";也可以参见案例 33,程序中用数字 1、2 表示平声,用数字 3、4 表示仄声。

(2)定序数据。定序是对事物之间等级或顺序差别的一种测度,用数字表示个体在某个有序状态中所处的位置。定序数据可以比较优劣或排序。定序数据不仅含有类别信息,还包含了次序信息。定序数据只能排序和比较,不能进行算术运算。例如,调查者对某事物的态度有同意、不同意、不发表意见等,可以通过程序计算同意的人数和比例,也可以对这些数据进行排序;学历数据可以分为小学、初中、高中、本科、研究生等;企业产品的销售额可以分为盈利、持平、亏损等。定序数据的应用参见案例 5。

3.2　数值——整数和浮点数的运算

1. 整数

Python 中的整数包括正整数和负整数,Python 支持大整数运算。32 位 Python 版本默认最大整数为 $2^{31}-1=2\,147\,483\,647$；64 位 Python 版本为 $2^{63}-1=9\,223\,372\,036\,854\,775\,807$。当整数值域超出这个范围时,Python 会自动转换为大整数计算(任意精度),整数有效位可达数万位(受操作系统内存管理的限制)。

【例 3-2】　Python 默认最大整数如下所示,超过默认值时,Python 会自动扩大位数。

```
>>>  import sys                          # 导入标准模块
>>>  sys.maxsize                         # 查看最大整数默认值
     9223372036854775807
>>>  123 ** 100                          # 自动转为大整数运算( ** 为指数运算)
     9783880597 …                        # 输出一个 209 位有效数字的大整数(输出略)
```

2. 浮点数的概念

浮点数就是带小数点的实数。Python 中,浮点数默认精度为小数点后 16 位,采用浮点数精度设置函数时,精度仅受内存大小限制。整数与浮点数的存储方式和计算方式都不同,浮点数采用 IEEE 754 标准规定方法存储。在 CPU(中央处理单元)中,整数由算术逻辑单元(ALU)执行运算,浮点数由浮点处理单元(FPU)执行运算。

3. 科学记数法

科学记数法以紧凑格式表示非常大或者非常小的数字。科学记数法用字母 e 或者 E 作为幂的符号,以 10 为基数(底数),后面紧跟的数表示多少次幂(可正可负)。

【例 3-3】　数值 $6\,100\,000=6.1\times10^{6}$,科学记数法为 6.1e+06(e 后面最少两位)。

【例 3-4】　数值 $0.000\,006=6.0\times10^{-6}$,科学记数法为 6e-06。

【例 3-5】　Python 默认最大和最小浮点数以及浮点数除法运算的程序如下:

```
>>>  import sys                          # 导入标准模块
>>>  sys.float_info.min                  # 系统定义的初始最大浮点数有效位
     2.2250738585072014e-308             # 说明:2.2e-308 表示 2.2×10⁻³⁰⁸
>>>  25/7
     3.571485714285716                   # 除法运算时,Python 自动将运算结果转为浮点数
>>>  0.1 + 0.2                           # 数值二-十进制转换时会产生截断误差
     0.30000000000000004                 # 浮点数的精度为小数点后 16 位
>>>  a = 6.1e+06                         # 用科学记数法给变量赋值
>>>  a
     6100000.0
```

3.3　字符串——最常用的数据类型

1. 字符串定义

字符串是以单引号、双引号或三引号引起来的符号,字符串中的符号称为元素,元素可

以是数字、字母、汉字等。Python 对字符串长度没有限制。字符串定义方法如下。

(1) 字符串必须用引号引起来,单引号(见例 3-6)、双引号(见例 3-7)、三引号(见例 3-7)都行,但是引号必须成对使用。引号是一种分隔符,不是字符串的一部分。

(2) 字符串内部有单引号时,外部必须用双引号,否则将导致语句错误。

(3) 语句中有特殊字符(如%)时,可在字符串前加 r,使字符串保持原样。

【例 3-6】 字符串定义示例程序如下:

```
>>>   s1 = '与谁同坐,明月清风我。'          # 定义字符串(两个单引号为字符串定义符)
>>>   s1                                    # 打印字符串
      '与谁同坐,明月清风我。'
>>>   s2 = '与谁同坐,'  '明月清风我。'       # 字符串用空格分隔时,属于同一个字符串
>>>   s2                                    # 打印字符串
      '与谁同坐,明月清风我。'
>>>   s3 = '与谁同坐,', '明月清风我。'       # 字符串用逗号分隔时,自动转换为元组
>>>   s3                                    # 打印元组
      ('与谁同坐,', '明月清风我。')
```

【例 3-7】 长字符串的定义,程序如下:

```
>>>   URL = ['https://mp.csdn.net/mp_blog/'          # 变量名 URL 为网址
          'creation/editor/126873850']               # 引号前空格不影响正确性
>>>   URL                                             # 打印网址
      ['https://mp.csdn.net/mp_blog/creation/editor/126873850']
>>>   poetry = '''                                    # 用三引号定义字符串
      [宋] 苏轼《花影》                                 # 变量名 poetry 为诗歌
      重重叠叠上瑶台,
      几度呼童扫不开,
      刚被太阳收拾去,
      却教明月送将来。
      '''
>>>   path = r"path = /% '相对路径'../n"               # 引号外的 r 表示引号内
>>>   path                                            # 的字符串按原样输出
      "path = /% '相对路径'../n"
```

2. 字符串索引号

字符串有两种索引方式,一是正向索引号(或称为下标),从 0 开始,从左往右读取;二是起始索引号从 −1 开始,从右往左逆序读取。

【例 3-8】 字符串 s = '与谁同坐,明月清风我',索引号如图 3-1 所示。

正向索引号:	0	1	2	3	4	5	6	7	8	9
字符串元素:	与	谁	同	坐	,	明	月	清	风	我
反向索引号:	−10	−9	−8	−7	−6	−5	−4	−3	−2	−1

图 3-1 字符串中元素的索引号

3. 字符串切片方法

字符串切片就是读取字符串中的某些字符,字符串切片语法如下:

1	变量名[起始索引号:终止索引号:步长]

（1）括号[　]里的数字为索引号，没有冒号时表示读取单个元素。

（2）正向切片时，起始索引号为0；负向切片时，起始索引号为−1。

（3）正向切片时，终止索引号为右边最后一个字符的索引号。

（4）步长表示切片时每次跳过几个元素，没有步长参数时，表示逐个读取元素。如s[0：9:2]表示在索引号0～9的元素中，读取索引号为0、2、4、6、8的元素。正数步长表示从左往右切片，负数步长表示从右到左切片。

【例3-9】 字符串正向切片程序如下：

```
>>> s = '与谁同坐,明月清风我'
>>> s[:]          # 切片所有元素
'与谁同坐,明月清风我'
>>> s[0:4]        # 切片前面4个元素
'与谁同坐'
>>> s[4:]         # 切片索引号4后的元素
',明月清风我'
>>> s[::2]        # 切片步长为2的元素
'与同,月风'
>>> s[4:2]        # 起点大于终点,越界错误
''                # 输出为空
```

【例3-10】 字符串反向切片程序如下：

```
>>> s = '与谁同坐,明月清风我'
>>> s[-3:]        # 切片索引号-3起始的元素
'清风我'
>>> s[:-3]        # 切片起始到-3的元素
'与谁同坐,明月'
>>> s[-5:-3]      # 切片索引号-5到-3的元素
'明月'
>>> s[::-2]       # 切片步长为-2的元素
'我清明坐谁'
>>> s[-4:-6]      # 起大于终,越界错误
''                # 输出为空
```

字符串切片时，只是读取了字符串的一部分，并没有改变源字符串，因为字符串是不可改变的。但是可以将切片的字符赋值给一个新的变量，形成新字符串。

4. 字符串切片函数：split()

函数split()可以对字符串切片，并以列表的形式返回，函数语法如下：

1	split('切分符', 切分次数)[n]

（1）参数“'切分符'”为空格、逗号、换行符等。不带参数时默认以空格进行切分。

（2）参数“切分次数”为可选参数，默认为−1，即对整个字符串进行切分。

（3）参数“[n]”为切分第n个字符，正数从左向右切分，负数时从右向左切分。

（4）返回值：函数返回切分后的字符串列表（注意：切分不会改变源字符串）。

【例 3-11】 对字符串"百度 www. baidu. com"进行各种切分,程序如下:

```
>>>  s = '百度 www.baidu.com'           # 定义字符串变量
>>>  s.split(' ')                       # 空格切分符(默认),对字符串按空格切分
     ['百度', 'www.baidu.com']           # 切分为两个元素
>>>  s.split('.')                       # 点切分符,对字符串按点切分
     ['百度 www', 'baidu', 'com']        # 切分为 3 个元素,'百度 www'为同一个元素
>>>  s.split('.', 3)[1]                 # 点切分符,切分 3 次,[1]为切片左起第 2 个元素
     'baidu'
>>>  s.split('.')[-2]                   # 点切分符,全部切分,[-2]为切片右起第 2 个元素
     'baidu'
>>>  s.split()[1]                       # 空切分符,全部切分,[1]为切片左起第 2 个元素
     'www.baidu.com'
```

5. 字符串连接函数: join()

函数 join()用于两个字符串的连接,它是函数 split()的逆方法,语法如下:

```
1    newstr ='分隔符'.join('字符串')
```

(1) 参数"'分隔符'"为字符串合并时,用于分隔的符号,如空格、点号、冒号等。

(2) 参数"序列"为合并操作的源字符串,如字符串、列表、元组、字典等。

(3) 返回值 newstr 为连接后带分隔符的新字符串。

【例 3-12】 对字符串进行连接(生成新字符串),程序如下:

```
>>>  s1 = '青山相待,'                    # 定义字符串
>>>  s2 = '白云相爱。'                    # 定义字符串
>>>  s1 + s2                            # 字符串连接
     '青山相待,白云相爱。'
>>>  path = 'D:\\test\\资源\\'           # 定义字符串
>>>  print(path + ''.join('琴诗.txt'))   # 合并字符串,分隔符''为两个单引号
     D:\test\资源\琴诗.txt
>>>  URL = ['www','baidu','com']        # 定义字符串
>>>  '.'.join(URL)                      # 用点号(.)进行字符串分隔
     'www.baidu.com'
```

6. 删除首尾字符函数: strip()

【例 3-13】 s1＝'7. 删除首尾指定字符\n',将字符串"7."删除,程序如下:

```
>>>  s1 = '7.删除首尾指定字符\n'          # 为字符串变量 s1 赋值
>>>  s2 = s1.strip('7. ')               # 删除字符串 s1 中的"'7.'"
>>>  s3 = s2.strip('\n')                # 删除字符串尾部的换行符"'\n'"
```

说明: 函数 strip()不能删除字符串中间的空格或字符。

7. 字符串长度计算函数: len()

【例 3-14】 字符串长度计算,程序如下:

```
>>>  s = '故乡一望一心酸'                  # 为字符串变量 s 赋值
>>>  len(s)                             # 计算字符串长度
     7
```

3.4　列表——功能强大的数据类型

列表是一种功能强大的数据类型,列表中元素的数据类型可以相同或不相同,元素可以是数字、字符串、元组、字典等,或者它们的混合体。32 位 Python 中列表元素最多为 $2^{29} = 536\ 870\ 912$ 个,而且每个元素的大小没有限制。

1. 列表的索引号

列表中每个元素都有一个索引号,索引号在 C、Java 等语言中称为数组下标。元素可以通过索引号进行访问(读写)或遍历(顺序访问其中每个元素)。索引分为正向索引和反向索引。正向索引中,第 1 个元素索引号为 0,第 2 个元素索引号为 1,其余以此类推;反向索引中,最后 1 个元素索引号为 -1,其余以此类推。

【例 3-15】 列表 lst=['枯藤', '老树', '昏鸦', '小桥流水人家'],索引号如图 3-2 所示。

正向索引号:	0	1	2	3
列表元素:	'枯藤'	'老树'	'昏鸦'	'小桥流水人家'
反向索引号:	-4	-3	-2	-1

图 3-2　列表中元素的索引号

2. 定义列表

列表中的元素用方括号[ ]括起来,元素之间以英文逗号分隔。列表元素可以是 Python 支持的任意数据类型,如数字、字符串、布尔值、列表、元组、字典等。

列表定义和输出语法如下:

```
1  列表名 = [元素 1, 元素 2, 元素 3, …,元素 n]    # 定义列表
2  列表名[索引号]                              # 对已定义列表,按索引号输出列表
3  列表名[起始索引号:终止索引号]                # 按起始和终止索引号输出列表
```

【例 3-16】 列表元素以逗号分隔,每个逗号之间为同一个元素,程序如下:

```
>>>  lst1 = ['枯藤', '老树', '昏鸦', '小桥流水人家']    # 定义列表
>>>  lst1                                          # 打印列表
     ['枯藤', '老树', '昏鸦', '小桥流水人家']
>>>  lst2 = ['枯藤'  '老树'  '昏鸦', '小桥流水人家']    # 元素用空格分隔时属于同一元素
>>>  lst2                                          # 打印列表
     ['枯藤老树昏鸦', '小桥流水人家']
>>>  lst3 = ['枯藤', '老树', '昏鸦'], ['小桥流水人家']  # 列表嵌套定义时,将转换为元组
>>>  lst3                                          # 打印元组
     (['枯藤', '老树', '昏鸦'], ['小桥流水人家'])
>>>  lst4 = ['圆周率', 3.14159, 520, True]          # 列表中元素的数据类型可以混用
>>>  lst4                                          # 打印列表
     ['圆周率', 3.14159, 520, True]
```

3. 列表切片语法

列表切片是指按指定顺序读取列表中某些元素,得到一个新列表,语法如下:

```
1  列表名[切片起始索引号:切片终止索引号:步长]
```

列表切片通过冒号和数字的组合来访问列表中的元素。

(1) 列表名为要进行切片的源列表。

(2) 方括号[ ]里的数字为索引号,冒号为分隔符。第一个冒号前面的数字表示起始索引号(默认为0);第一个冒号后面的数字表示终止索引号(默认为最后一个元素);第二个冒号后面的数字表示步长(默认为1)。没有冒号则表示对列表中的单个元素进行访问。

(3) 正向切片时,起始索引号为0;负向切片时,起始索引号为-1。

(4) 正向切片时,终止索引号为右边最后一个字符的索引号;负向切片时,终止索引号为左边最后一个字符的索引号。

(5) 步长表示切片时每次跳过几个元素,没有步长参数时,表示逐个读取元素(即步长默认值为1)。如 lst[0:3:2]表示在索引号为0~3的元素中,读取索引号为0、2的元素。正数步长表示从左往右切片,负数步长表示从右到左切片。

(6) 切片遵循"左闭右开"原则,即切片结果不包括"终止索引号"的元素。正向切片时,元素"起始索引号"要小于"终止索引号",否则将输出空列表。

注意:列表定义与列表切片是不同的操作,它们的区别如图3-3所示。

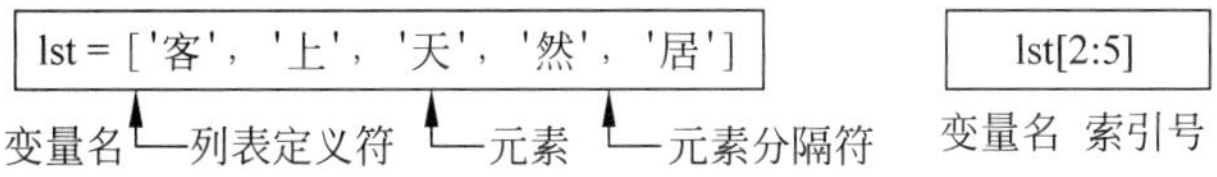

图3-3　列表定义(左)和列表切片(右)的区别

4. 程序设计:列表切片

【例3-17】　lst=['宝玉', '黛玉', '宝钗', '晴雯', '王熙凤', '袭人'],列表切片如下:

```
>>> lst = ['宝玉', '黛玉', '宝钗', '晴雯', '王熙凤', '袭人']   # 定义列表(符号[ ]为列表定义符)
>>> lst[:]                                              # 切片全部元素
    ['宝玉', '黛玉', '宝钗', '晴雯', '王熙凤', '袭人']
>>> lst[3:]                                             # 切片自索引号3起,至尾部
                                                        # 止,步长默认为1
    ['晴雯', '王熙凤', '袭人']
>>> lst[3]                                              # 只切片索引号为3的元素
    ['晴雯']
>>> lst[1:4]                                            # 切片自索引号1起,至索引号4
                                                        # 止,步长默认为1
    ['黛玉', '宝钗', '晴雯']
>>> lst[1:4:2]                                          # 切片自索引号1起,至索引号4
                                                        # 止,步长为2
    ['黛玉', '晴雯']
>>> lst[::2]                                            # 切片自索引号0起,至尾部
                                                        # 止,步长为2
    ['宝玉', '宝钗', '王熙凤']
>>> lst[::-1]                                           # 全部元素逆序输出
    ['袭人', '王熙凤', '晴雯', '宝钗', '黛玉', '宝玉']
>>> lst[-2:-5]                                          # 切片自索引号-2起,至索引号
                                                        # -5止,越界错误
    []                                                  # 输出为空
```

```
>>> lst[-5:-2]                                    # 切片自索引号-5起,至索引号
                                                  # -2止
    ['黛玉', '宝钗', '晴雯']
```

注意:切片时,如果偏移量越界(索引号超出列表最大长度),Python仍然按照最大长度处理。如切片索引号大于列表的最大长度(越界)时,Python仍然会按照最大索引号处理。

5. 在列表中添加元素

向列表中添加或从中删除元素时,Python会对列表自动进行存储大小和索引号顺序调整。为了提高程序运行效率,应当尽量从列表尾部进行元素添加或删除操作。

向列表中添加元素的函数有 append()、extend()和 insert(),语法如下:

```
1   列表名.append(元素)                            # 在列表尾部添加1个元素
2   列表名.extend([元素列表])                       # 在列表尾部添加多个元素
3   列表名.insert(索引号, 元素)                      # 在列表指定位置插入元素或列表
```

【例 3-18】 用函数 append()在列表末尾添加一个元素,程序如下:

```
>>> lst = ['宝玉', '黛玉', '宝钗']                  # 定义列表lst(列表有3个元素)
>>> lst.append('晴雯')                            # 在列表尾部添加1个元素'晴雯'
>>> lst                                          # 输出列表lst
    ['宝玉', '黛玉', '宝钗', '晴雯']                 # 列表添加元素时,列表会自动扩展
```

【例 3-19】 用函数 extend()在列表末尾添加多个元素,程序如下:

```
>>> lst = ['官', '君莫想']                         # 定义列表lst
>>> lst.extend(['钱', '君莫想'])                   # 在列表尾部添加元素'钱'和'君莫想'
>>> lst
    ['官', '君莫想', '钱', '君莫想']
```

【例 3-20】 用函数 insert()在列表指定位置插入元素,程序如下:

```
>>> lst = ['日日', '无事事', '亦茫茫']              # 定义列表lst
>>> lst.insert(2, '忙忙')                         # 在列表索引号2的位置添加元素'忙忙'
>>> lst                                          # 输出列表
    ['日日', '无事事', '忙忙', '亦茫茫']
```

说明:插入元素时,若索引号为-1,则在最后一个元素之后插入。

6. 多个列表的连接

【例 3-21】 用加法(+)连接列表,程序如下:

```
>>> lst1 = ['寒蝉凄切', '对长亭晚']                 # 定义列表lst1
>>> lst2 = ['骤雨初歇']                            # 定义列表lst2
>>> lst1 + lst2                                  # lst1和lst2连接
    ['寒蝉凄切', '对长亭晚', '骤雨初歇']              # 输出列表
```

7. 列表的嵌套

【例 3-22】 列表嵌套即在列表里再定义列表,程序如下:

```
>>> lst1 = ['孙悟空', '猪八戒', '沙和尚']            # 为列表lst1赋值
>>> lst2 = [1000, 700, 300]                      # 为列表lst2赋值
```

```
>>>  lst3 = [lst1, lst2]                    # 连接列表 lst1 和 lst2,形成嵌套列表 lst3
>>>  lst3                                    # 输出嵌套列表 lst3
     [['孙悟空', '猪八戒', '沙和尚'], [1000,
     700, 300]]
```

8. 判断列表

【例 3-23】 利用布尔函数判断列表是否为"空",程序如下:

```
>>>  lst = ['比人心', '山未险']              # 定义列表 lst
>>>  bool(lst)                               # 利用布尔函数,判断列表是否为空
     True                                    # True 表示列表不为空,False 表示列表为空
```

【例 3-24】 利用 index()函数判断元素在列表中的位置,程序如下:

```
>>>  lst = ['情', '深', '深', '雨', '蒙', '蒙']    # 定义列表 lst
>>>  lst.index('蒙')                         # 查找字符串中元素"'蒙'"的索引号
     4                                       # 找到的第 1 个元素(索引号为 4)
>>>  lst.count('深')                         # 统计字符串中元素"'深'"出现的次数
     2
```

9. 修改列表中元素

修改列表元素的语法如下:

```
1    变量名[元素索引号] = 修改内容
```

【例 3-25】 在列表 lst 中,将元素"栏杆"修改为"阑干",程序如下:

```
>>>  lst = ['把吴钩看了', '栏杆拍遍', '无人会', '登临意']    # 定义列表 lst
>>>  lst[1] = '阑干拍遍'                                      # 修改索引号为 1 的元素值
>>>  lst
     ['把吴钩看了', '阑干拍遍', '无人会', '登临意']           # 修改列表中元素
```

读取、删除、修改列表时,容易出现越界错误。列表切片时不提示越界错误。提示偏移量越界的操作有 lst[偏移量]、del lst[偏移量]、lst. remove(值)、lst. pop(偏移量),如果偏移量越界,这些操作都会报错。

10. 删除列表元素

删除列表中指定索引号的元素,可以使用函数 pop(),语法如下:

```
1    列表名.pop(元素索引号)                  # 语法 1
2    del 列表名[元素索引号]                   # 语法 2
```

【例 3-26】 删除列表中指定位置元素的函数有 pop()、del,程序如下:

```
>>>  lst = ['天不教人客梦安', '昨夜春寒', '今夜春寒']    # 定义列表 lst
>>>  lst.pop(2)                                          # 删除列表中索引号为 2 的元素
     '今夜春寒'
>>>  lst
     ['天不教人客梦安', '昨夜春寒']
>>>  del lst[1]                                          # 删除列表中索引号为 1 的元素
>>>  lst
     ['天不教人客梦安']
```

3.5　元组——不可修改的数据类型

1. 元组定义语法

元组也是一种数据存储容器。元组与列表的区别在于元组中的元素不能修改,而列表中的元素可以修改;元组和列表的定义符号不一样,元组使用圆括号定义,而列表使用方括号定义。元组定义语法如下:

```
1    元组名 = (元素 1, 元素 2, 元素 3, …, 元素 n)
```

2. 元组定义案例

【例 3-27】　定义元组的简单示例,程序如下:

```
>>>    tup1 = ('春', '风', '吹', '又', '生')      # 定义元组 tup1(左右两个圆括号为元组定义符)
>>>    tup1                                    # 输出元组
('春', '风', '吹', '又', '生')
>>>    tup2 = (12, 34, 56, 78)                  # 定义元组
>>>    tup2                                    # 输出元组
(12, 34, 56, 78)
```

元组只有一个元素时,必须在元素后面增加一个逗号(见例 3-28)。如果没有逗号,Python 会假定这只是一对额外的圆括号,不会定义一个元组。

在不引起语法错误的情况下,可以用逗号分隔的一组值定义元组(见例 3-28 第 2 行)。也就是说,在没有歧义的情况下,元组可以没有括号。

【例 3-28】　元组的特殊定义方法,程序如下:

```
>>>    tup1 = (0,)                  # 元组为单个元素时,必须加逗号以防出错
>>>    tup2 = 1, 2, 3, 4, 5         # 定义元组时,可以省略圆括号()
>>>    tup2                         # 输出元组
(1, 2, 3, 4, 5)
```

3. 元组切片方法

元组切片方式与列表相同,元组索引号也与列表相同。元组访问语法如下:

```
1    元组名[索引号]
```

【例 3-29】　切片访问元组中的某个元素,程序如下:

```
>>>    tup1 = ('月', '是', '故', '乡', '明')     # 定义元组 tup1
>>>    tup1[2]                                  # 访问元组中第 3 个元素(元组可读不可写)
'故'
>>>    tup2 = (1, 2, 3, 4, 5)                   # 定义元组 tup2
>>>    tup2[2]                                  # 访问元组中第 3 个元素
3
```

3.6 字典——键值对数据类型

1. 字典的特征

字典是 Python 中一种重要的数据结构。字典中每个元素分为两部分,前半部分称为"键"(key),后半部分称为"值"(value)。例如{'姓名':'张飞'}元素中,"姓名"称为"键","张飞"称为"值",它们一起称为"键值对"。字典是"键值对"元素的集合。字典类似于表格中的一行(记录),"键"相当于表格的字段名称;"值"相当于表格单元格中的值。

列表、元组、字典都是有序对象集合。它们之间的区别在于字典中的元素通过"键"进行查找,而列表中的元素通过索引号进行查找。

2. 字典定义语法

字典中每个"键值对"(key-value)用冒号":"分隔,每个"键值对"之间用逗号(,)分隔,整个字典包含在花括号{ }中(见图 3-4)。字典定义语法如下:

1	字典名 = {键1:值1, 键2:值2, …, 键k:值v}

字典中,键可以是字符串、数字、元组等数据类型。键不能重复,如果键有重复,最后一个键值对会替换前面的键值对;值可以重复;键和值的数据类型没有限制。

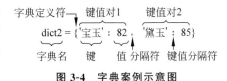

图 3-4 字典案例示意图

3. 字典定义案例

【例 3-30】 定义字典的各种方法示例,程序如下:

>>>	dict1 = {'姓名':'张飞', '战斗力':1000}	# "'姓名'"是键,"'张飞'"是值,它们是键值对
>>>	dict2 = {'宝玉':82, '黛玉':85}	# 同一字典中,键不能重复,值允许重复
>>>	dict2['宝钗'] = 88	# 在字典 dict2 中添加一个键值对{'宝钗':88}
>>>	dict3 = {(80, 90):'优良', 60:'及格'}	# 键也可以是元组,如(80, 90)

可以通过字典中的"键"查找字典中的"值"。

4. 访问字典元素

字典中元素虽然是有序的(Python 3.6 以后的版本),但是字典中的元素没有索引号,因此访问字典中的元素可以由键查找值。字典访问语法如下:

1	字典名[键名]

【例 3-31】 在字典中读取人物身高信息,程序如下:

>>>	people = {'姓名':'张飞', '性别':'男', '身高':'180cm'}	
>>>	people['身高']	# 访问字典,由键查找值
	'180cm'	

5. 修改字典中的元素

修改字典是指添加新键值对、修改或删除已有键值对。

【例 3-32】 向字典中添加新内容,程序如下:

1	dict1 = {'姓名':'关云长', '年龄':40, '战斗力':'一级'}	# 定义字典
2	dict1['年龄'] = 48	# 修改字典条目
3	dict1['宝贝'] = '赤兔马'	# 尾部新增键值对
4	print('字典:', dict1)	# 输出字典
>>>	字典:{'姓名': '关云长', '年龄': 48, '战斗力': '一级', '宝贝': '赤兔马'}	# 程序输出

6. 程序设计:成绩统计序列输出

【例 3-33】 某班成绩如表 3-3 所示,用字典数据类型输出学生成绩。

表 3-3 某班考试成绩(部分)

姓名	语文	数学
周小碧	85	92
秦天际	76	55
韩织烟	92	88

输出学生成绩程序如下:

1	students = [	# 定义列表
2	{'姓名': '周小碧', '语文': 85, '数学': 92},	# 定义字典
3	{'姓名': '秦天际', '语文': 76, '数学': 55},	
4	{'姓名': '韩织烟', '语文': 92, '数学': 88},	
5	]	
6	print('考试成绩如下:', students)	# 打印输出
>>>	考试成绩如下:[{'姓名': '周小碧', '语文': 85, …	# 程序输出(略)

说明:平均成绩计算参见案例 6。

第 4 章

程序结构：顺序执行

顺序结构是依次执行的语句块，它相当于自然语言中的陈述语句。顺序结构程序在执行完第 1 条语句指定的操作后，接着执行第 2 条语句，直到所有语句执行完成。常见的顺序语句有导入语句、赋值语句、输入/输出语句等。

4.1 导入语句——软件包加载

1. Python 程序模块和软件包

Python 中库—包—模块—函数之间的关系如图 4-1 所示。

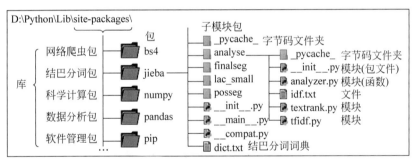

图 4-1　Python 中库—包—模块—函数之间的关系

（1）函数。Python 程序主要由函数构成，函数是可重复使用的代码块。面向对象编程中，函数也称为方法。

（2）模块。Python 中，一个程序就是一个模块，程序名也是模块名。每个模块可由一个或多个函数组成。Python 源文件扩展名为 py，字节码文件扩展名为 pyc。

（3）包。包是一个分层次的目录。包的调用采用"对象命名"形式，如调用数学模块中的开方函数时，写为 math. sqrt()，它表示调用 math 模块中的 sqrt()函数。

（4）库。多个软件包就形成了一个程序库。包和库都是一种目录结构，它们没有本质区别，因此包和库的名称经常混用。

2. 模块导入的意义

模块导入就是将软件包、模块、函数等程序加载到计算机内存中，方便程序快速调用。

Python标准库模块繁多,如果将全部模块都导入内存,会占用很多系统资源,导致程序运行效率很低。Python对模块和函数采用"加载常用函数,其他需要再导入"的原则。所有函数都通过API(应用程序接口)调用,本书提供了一些常用函数的调用案例,标准函数的调用方法可以参考Python使用指南(https://docs.python.org/3/library/index.html)。

常用内置标准函数(如print()、input()、int()等共计75个)在Python启动时已经导入内存,无须再次导入;Python标准函数模块(如math、random、time等)都需要先导入再调用;第三方软件包中所有模块和函数都需要先安装,再导入和调用。

3. 模块绝对路径导入:import

模块绝对路径导入语法如下:

```
1   import 模块名              # 绝对路径导入,导入软件包或模块
2   import 模块名 as 别名        # 绝对路径导入,别名用于简化调用
```

(1) 以上"模块名"包括函数库名称、软件包名称、程序模块名称等。

(2) 同一模块多次导入时,Python只执行一次,从而防止同一模块的多次执行。

(3) 绝对路径导入时,调用时采用对象命名形式,如"对象名.函数名()"。

(4) 模块有哪些函数? 函数如何调用? 这些问题必须查阅软件包用户指南。

(5) 如果当前目录下存在与导入模块同名的py文件,就会将导入模块屏蔽。

模块绝对路径导入和调用案例如图4-2所示。

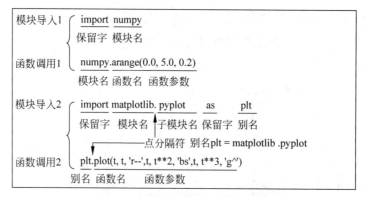

图 4-2　模块绝对路径导入和调用案例

图4-2中,"模块导入1"导入了模块中所有函数,函数调用时采用"模块名.函数名(参数)";"模块导入2"也导入了模块中的所有函数,函数调用时采用"别名.函数名(参数)"即可,这大大简化了函数调用时长模块名的书写。

【例4-1】 导入第三方软件包Matplotlib中的画图子模块pyplot。

```
1   import matplotlib.pyplot        # 导入第三方软件包
```

语句执行D:\Python\Lib\site-packages\matplotlib\pyplot.py程序(见图4-3),其中D:\Python\Lib\site-packages\是软件包安装位置,这个路径在Python安装时已经设置好,无须重复说明;matplotlib是软件包名(子目录);pyplot是画图子模块名(程序)。

4. 函数相对路径导入:from…import

函数相对路径导入语法如下:

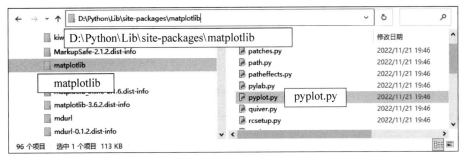

图 4-3 软件包路径案例

| 1 | `from 模块名 import 函数名` | # 函数相对路径导入,导入指定函数 |
| 2 | `from 模块名 import *` | # 导入模块中所有函数和变量(慎用) |

相对路径导入时,"模块名"是软件包中的模块(程序)或者子模块,"函数名"是模块中定义的函数、类、公共变量(如 pi)等,它可以一次导入多个函数。

相对路径导入时,函数调用直接采用"函数名()"的形式,无须使用"模块名.函数名()"的格式。相对路径导入使用方便,但缺点一是搞不清楚函数来自哪个模块;二是容易造成同一程序中同名函数问题。常用相对路径导入和调用方法如图 4-4 所示。

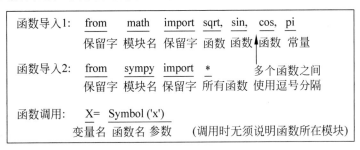

图 4-4 常用相对路径导入和调用方法

图 4-4 中,"函数导入 1"只导入了模块中部分函数;"函数导入 2"则导入了模块中的所有函数。它们的函数调用方法都相同,直接采用"函数名(参数)"即可。

【例 4-2】 导入标准库数学模块中的开方函数,程序如下。

>>>	`from math import sqrt`	# 导入 math 模块中的 sqrt 函数
>>>	`sqrt(2)`	# 调用函数对 2 进行开方运算(不需要写模块名 math)
	`1.4142135623730951`	

【例 4-3】 用"from…import"导入模块中的几个函数,而不是导入所有函数。

| 1 | `from math import sqrt, sin, cos, pi` | # 导入数学模块中的函数和常量 |

案例分析:语句导入了 math 模块中的 sqrt(开方)、sin(正弦)、cos(余弦)三个函数,以及 math 模块中定义的常量 pi(圆周率,3.141592653589793)。

5. 函数相对路径导入：from…import *

语句 from…import * 将一个模块中所有函数都导入进来。这种导入方式容易导致变量重名、函数重名等问题,应谨慎使用 from…import * 语句。

【例 4-4】 用"from math import ＊"导入模块中函数和变量。

```
>>> from math import *           # 导入标准模块
>>> pi                           # 查看数学模块定义的常量 pi(调用无须模块名)
    3.141592653589793
>>> sqrt(2)                      # 对数值 2 进行开平方运算(调用无须模块名)
    1.4142135623730951
```

4.2 赋值语句——变量的赋值

1. 变量赋值语法

将值传送给变量的过程称为赋值。赋值语句中的"值"可以是数字或字符串,也可以是表达式、函数等。赋值语句就是把等号(＝)右边的值或表达式,赋予等号左边的变量名,这个变量名就代表了变量的值。赋值语句语法如下:

```
1  变量名 = 值或者表达式
```

Python 是动态程序语言,不需要预先声明变量类型和变量长度,变量值和数据类型在首次赋值时产生。Python 程序中,常见的赋值语句如图 4-5 所示。

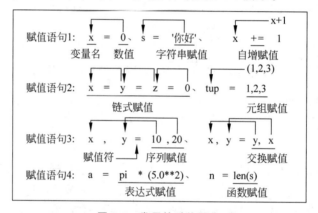

图 4-5 常用的赋值语句

Python 赋值语句不允许嵌套,不允许引用没有赋值的变量,不允许连续赋值,不允许不同数据类型用运算符赋值,试图这样做将触发程序异常。

2. 变量赋值:常用方法

【例 4-5】 错误的变量赋值方法将导致程序异常退出,错误程序如下:

```
>>> x = (y = 0)              # 异常输出略,不允许语句嵌套赋值;正确:x = y = 0
>>> print(w)                 # 异常输出略,不允许引用没有赋值的变量;正确:print('w')
>>> x = 2, y = 5             # 异常输出略,一行多句时不能用逗号分隔;正确:x = 2; y = 5
>>> s = '日期' + 2024        # 异常输出略,不允许数据类型混用;正确:s = '日期' + '2024'
>>> 2 + 3 = c                # 异常输出略,不允许赋值语句顺序颠倒;正确:c = 2 + 3
```

【例 4-6】 正确的变量赋值方法,程序如下:

```
>>> path = 'd:\test\资源\'    # 字符串赋值
```

```
>>>  pi = 3.14159                       # 浮点数赋值
>>>  s = pi * (5.0 ** 2)                 # 表达式赋值
>>>  lst = ['张飞', '程序设计', 60]       # 列表赋值
>>>  b = True                            # 布尔值赋值
```

【例4-7】 一个变量名可以通过重复赋值,定义为不同的数据类型。程序如下:

```
>>>  ai = 1314                           # 变量名 ai 赋值为整数
>>>  ai = '一生一世'                      # 变量名 ai 重新赋值为字符串
```

3. 变量赋值：特殊方法

【例4-8】 序列赋值实际上是给元组赋值,因此可以赋多个值,程序如下:

```
>>>  T = 1, 2, 3                         # 值没有括号时为元组,多个值(1,2,3)为一个元组
>>>  T                                   # 输出元组
(1, 2, 3)
>>>  x, y, z = T                         # 元组 T 中的值顺序赋给多个变量
>>>  T, x, y, z                          # 输出元组
((1, 2, 3), 1, 2, 3)                     # 程序输出:T = (1, 2, 3),x = 1,y = 2,z = 3
```

【例4-9】 变量链式赋值方法,程序如下:

```
>>>  x = y = k = 0                       # 链式赋值,赋值从右到左:k = 0,y = k,x = y
>>>  x, y, k                             # 输出元组
(0, 0, 0)
>>>  n = 10; s = '字符'                   # 一行多句,语句之间用分号分隔
```

【例4-10】 变量增量赋值方法,程序如下:

```
>>>  x = 1                               # x = 1(语义:将 1 赋值给变量名 x)
>>>  x += 1                              # x = 2(语义:先将 x + 1,后赋值给 x;等价于 x = x + 1)
>>>  x * = 3                             # x = 6(语义:先将 x * 3,后赋值给 x;等价于 x = 2 * 3)
>>>  x -= 1                              # x = 5(语义:先将 x - 1,后赋值给 x;等价于 x = x - 1)
>>>  s = '世界,'                         # s = '世界,'(语义:字符串赋值给变量名 s)
>>>  s += '你好!'                        # s = '世界,你好!'(语义:字符串连接)
>>>  s * = 2                             # s = '世界,你好!世界,你好!'(语义:字符串重复)
```

【例4-11】 变量交换赋值方法,变量交换在排序算法中应用很多。程序如下:

```
>>>  x, y = 10, 20                       # 变量赋值(x = 10,y = 20)
>>>  x; y                                # 分号分隔时,输出为独立数据
10
20
>>>  x, y                                # 逗号分隔时,输出为元组
(10, 20)
>>>  x, y = y, x                         # 变量值交换,x←y,y←x
>>>  x, y                                # 逗号分隔时,输出为元组
(20, 10)
```

4.3　输入语句——从键盘读取数据

1. 函数 input()语法

输入是用户向程序提交需要的数据,输出是程序将运行结果告诉用户,通常将输入/输出简称为 I/O(Input/Output,输入/输出)。Python 输入/输出方式有字符串输入/输出、图形用户界面操作输入/输出、文件输入/输出、网络数据输入/输出等。字符串输入/输出函数为 input()和 print()。字符串输入语句如图 4-6 所示。

```
输入语句1:    s  =     input('请输入产品名称:')
            变量名  函数名      参数

输入语句2:    x2  =   int    (input('请输入一个整数:'))
            变量名  函数名  函数名      参数
```

图 4-6　字符串输入语句

函数 input()是一个内置标准函数,函数 input()的功能是从键盘读取输入数据,并返回一个字符串。如果希望输入数据为整数,需要用函数 int()将输入的字符串转换为整数;如果希望输入数据为浮点数(实数),需要用函数 float()将字符串转换为浮点数。

2. 程序设计:函数 input()读取键盘数据

【例 4-12】　用函数 input()读入键盘输入数据,程序如下:

```
>>>  x1 = input('请输入一个整数:')          # 从键盘读取字符串,赋值给变量 x1
     请输入一个整数:105                     # 变量 x1 = '105',注意,105 是字符串
>>>  x2 = int(input('请输入一个整数:'))      # 将输入字符串转换为整数,赋值给 x2
     请输入一个整数:105                     # 变量 x2 = 105,注意,105 已转换为整数
>>>  x3 = float(input('请输入浮点数:'))      # 将输入字符串转换为浮点数,赋值给 x3
     请输入浮点数:88.66                     # 变量 x3 = 88.66
```

内置标准函数可以嵌套使用,即函数中包含另外一个函数。如 int(input(…))、float(input(…))等。其他函数的嵌套使用需要谨慎,因为它会涉及复杂的作用域问题(参见 8.3 节)。

3. 程序设计:函数 eval()读取键盘表达式和数据

内置标准函数 eval()可以从键盘读取表达式和数据,并对表达式进行计算。函数 eval()应用参见案例 35 和案例 37 等。

【例 4-13】　用函数 eval()从键盘读取表达式并进行计算,程序如下:

```
>>>  a = 5.0; b = 10.0                     # 为变量赋值(注意,带小数点时为浮点数)
>>>  x = eval(input('请输入计算表达式:'))    # 从键盘读取表达式
     请输入计算表达式:(a * 520)/(b + a)       # 输入表达式,注意变量均为数值型
>>>  x                                     # 输出变量
     173.33333333333334
```

4.4　输出语句——信息打印到屏幕

1. 函数 print() 语法

函数 print() 是一个内置标准打印函数，它不是向打印机输出数据，而是向屏幕输出数据。如图 4-7 所示，函数 print() 有多种参数，它可以用来控制输出格式。如设置提示字符串、增加空格符、不换行打印、格式控制等。

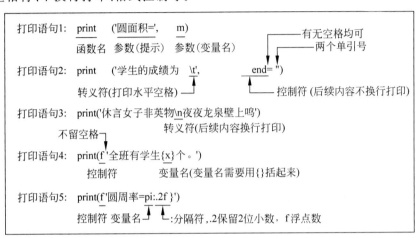

图 4-7　常用输出语句

2. 打印输出：通用格式

【例 4-14】　函数 print() 的打印输出方法，程序如下：

```
>>>  m = 5201314                              # 变量赋值
>>>  print('圆面积 = ', m)                     # 打印提示信息和变量值
     圆面积 = 5201314
>>>  print('学号\t 姓名\t 成绩')               # 用转义字符'\t'表示控制输出空格
     学号    姓名    成绩                      # 注意,"\t"和"\n"只在引号内才起作用
>>>  print('休言女子非英物\n 夜夜龙泉壁上鸣')   # 用转义字符"\n"表示换行输出
     休言女子非英物
     夜夜龙泉壁上鸣
```

Python shell 交互环境内置了打印功能，没有 print() 函数也可以打印输出。

【例 4-15】　Python shell 交互环境下打印输出，程序如下：

```
>>>  '程序' + '设计'                  # Python shell 窗口自带打印功能,无须 print()函数
     '程序设计'                       # 也可以打印变量值,或表达式计算结果
>>>  5200000 + 1314                  # 数字表达式输出时,自带打印功能
     5201314
```

3. 打印输出：特殊格式

【例 4-16】　Python 3.6 以上版本的 print() 函数新增了 f 参数，它调用函数 s. format() 对字符串进行格式化输出，它可以将花括号内的变量替换为具体值，程序如下：

>>>	x = 100; y = 60; s = '优良'		# 变量赋值
>>>	print(f'考试学生有{x}个,成绩{s}的有{y}个。')		# 参数"f"为字符串格式化输出
	考试学生有 100 个,成绩优良的有 60 个。		
>>>	print(f'浮点数 1/3 的 4 位小数为{1/3:.4f}。')		# 符号":.4f"为输出 4 位小数
	浮点数 1/3 的 4 位小数为 0.3333。		

4. 转义字符:格式控制符号

转义字符(简称转义符)用"\字符"表示,斜杠后的字符不是它原来的意义,而是转换了功能的符号。如"\n"不表示字符 n,而是表示输出空行。常用转义符如表 4-1 所示。

表 4-1　Python 语言的常用转义符

转　义　符	说　　明	转　义　符	说　　明	转　义　符	说　　明
\(用在行尾)	续行符	\0	一个空格	\b	退格
\\	反斜杠符号	\t	多个空格	\f	换页
\'	单引号	\n	换行	\v	纵向制表符
\"	双引号	\r	回车	\xhh	十六进制编码值

注意:转义符只在字符串中才有效;不要将转义符与路径分隔符混淆。

【例 4-17】 转义符示例程序如下:

>>>	print('君子豹变,\n 其文蔚也。')		# 转义符"\n"表示换行输出
	君子豹变,		
	其文蔚也。		
>>>	print('d:\\test')		# 第 1 个"\"为转义符,第 2 个"\"为路径分隔符
	d:\test		
>>>	print('宝玉对\"林姑娘\"一往情深。')		# 转义符"\"表示双引号
	宝玉对"林姑娘"一往情深。		

【例 4-18】 用模运算求年份生肖,程序如下:

1	year = int(input('输入年份【如 2020】:'))		# 输入数据
2	varlist = ['申猴', '酉鸡', '戌狗', '亥猪', '子鼠', '丑牛',		# 定义生肖列表
3	'寅虎', '卯兔', '辰龙', '巳蛇', '午马', '未羊']		
4	print(f'{year}年属相是{varlist[year % 12]}')		# 参数 f 是控制格式;模运算求生肖
>>>	输入年份【如 2020】:2024		# 程序输出
	2024 年属相是辰龙		

案例 2:符号计算——代数式计算

1. 符号计算

数学计算包括数值计算和符号计算两种形式。数值计算中,计算机处理的对象和得到的结果都是数值;而符号计算中,计算机处理的对象和得到的结果都是符号。这里的符号是指数学符号,也可以是数值,但它与纯数值处理方法有较大的区别。简单地说,数值计算是近似计算;而符号计算是精确计算。

典型的符号计算有表达式化简、因式分解、表达式变换、不等式运算、表达式求值、一元或多元微分、求解线性或非线性方程、求解微分方程或差分方程、求极限、求函数的定积分和不定积分、泰勒展开和无穷级数展开、级数求和、矩阵计算等。

2. 软件包 SymPy 安装

软件包 SymPy(Python 下的符号数学计算)是一个功能齐全的符号计算软件,它全部用 Python 语言编写,它支持符号计算、高精度计算、模式匹配、绘图、解方程、微积分、组合数学、离散数学、几何学、概率统计、物理学等方面的功能。

【例 4-19】 在 Windows shell 窗口下,安装 SymPy 符号计算软件包。

```
1   > pip install sympy                          # 版本 1.12(输出略)
```

说明:安装软件包 SymPy 时,需要先安装软件包 NumPy(参见例 1-14)。

3. 符号定义函数：symbols()

大部分数学代数式不能在 Python 中正常使用,因为它不符合 Python 的语法规则。例如代数式 f(x, y)＝(x＋y)×exp(x)×cos(y)就不能在 Python 中运行,因为变量 x,y 没有赋值。软件包 SymPy 的解决方法是将变量定义为一个符号,然后再进行后续计算。

软件包 SymPy 中的 Symbol()函数可以定义符号变量,语法如下:

```
1   sympy.Symbol('符号1  符号2  …')              # 注意,有多个符号时,分隔符为空格
```

函数中的符号一般用 x、y、z 等表示;定义多个符号时,符号之间用空格分隔。

例如,在 x ＝ sympy. Symbol('x')语句中,变量 x 表示一个抽象的数学符号 x,符号 x 可以是整数、实数、复数、函数,或者其他形式。

4. 表达式化简函数：simplify()

对代数式化简前,首先需要将代数式转换为符合程序规范的算术表达式。代数式化简也称为表达式化简,表达式化简后更加便于后续的运算。

软件包 SymPy 中的 simplify()函数可以化简表达式,它具有合并同类项、通分、约分等功能,语法如下:

```
1   sympy.simplify(需要简化的表达式)
```

【例 4-20】 对代数式 $\dfrac{x^3+x^2-x-1}{x^2+2x+1}$ 进行化简,程序如下:

```
1     import sympy                                    # 导入第三方包
2     x, f = sympy.symbols('x f')                     # 定义符号(x 与 f 之间为空格)
3     f = (x ** 3 + x ** 2 - x - 1)/(x ** 2 + 2 * x + 1)  # 表达式赋值
4     f2 = sympy.simplify(f)                          # 符号表达式化简
5     print(f2)                                       # 输出符号值
>>>   x - 1                                           # 程序输出
```

案例分析:符号计算之前,首先需要将代数式转换为符合程序规范的算术表达式(参见2.3 节)。本例转换后的表达式为(x ** 3 ＋ x ** 2 － x － 1)/(x ** 2 ＋ 2 * x ＋ 1)。

5. 表达式展开函数：expand()

软件包 SymPy 中的 expand()函数可以对复杂的代数式进行展开,语法如下:

```
1   sympy.expand(表达式)
```

【例 4-21】 用函数 expand() 将代数式 $(x_1 + 1)^2$ 展开,程序如下:

```
>>>   import sympy                              # 导入第三方包
>>>   x, x1 = sympy.symbols('x x1')            # 定义符号
>>>   sympy.expand((x1 + 1) ** 2)              # 符号表达式化简
      x1 ** 2 + 2 * x1 + 1
```

6. 方程求解函数:linsolve()

软件包 SymPy 中的 linsolve() 函数可以对方程组求解。函数语法如下:

```
1   sympy.linsolve([表达式1, 表达式2, …], [x, y, z, …])
```

第一个参数是方程的表达式,它要求右端等于 0,第二个参数是符号变量。

【例 4-22】 用函数 linsolve() 求解以下三元一次方程组。

$$\begin{cases} x+y+z = 12 \\ x+2y+5z = 22 \\ x = 4y \end{cases}$$
方程组转换
为规定格式:
$$\begin{cases} x+y+z-12 = 0 \\ x+2y+5z-22 = 0 \\ x-4y = 0 \end{cases}$$

代数方程符号计算程序如下:

```
>>>   import sympy                                                # 导入第三方包
>>>   x,y,z = sympy.symbols('x y z')                             # 定义符号 x,y,z
>>>   sympy.linsolve([x + y + z - 12, x + 2 * y + 5 * z - 22, x - 4 * y],   # 求解方程组
      [x,y,z])
      {(8, 2, 2)}                                                 # 解为:x = 8,y = 2,z = 2
```

用 SymPy 的 solve() 函数可以对代数方程求解。

```
1   sympy.solve([表达式1, 表达式2, …], [x, y, z, …])
```

第一个参数是方程的表达式,它要求右端等于 0,第二个参数是符号变量。

【例 4-23】 已知 $x+y=0.2$,$x+3y=1$;求代数式 $x^2+4xy+4y^2$ 的值,程序如下:

```
1   import sympy                                    # 导入第三方包
2   x, y = sympy.symbols('x y')                     # 定义符号 x,y(未知数)
3   a = sympy.solve([x + y - 0.2, x + 3 * y - 1], [x, y])   # 求解方程组已知条件
4   x, y = a[x], a[y]                               # 为变量赋值
5   re = x ** 2 + 4 * x * y + 4 * y ** 2           # 变量值代入符号表达式
6   print(re)
>>> 0.360000000000000                              # 程序输出
```

7. 不等式求解函数:solve()

可以用函数 solve() 求解不等式。实际应用中,一般希望找出待求解的符号(如>或<),满足方程式的取值范围(如 x>0),solve() 函数只能求出一个符号的取值范围。

【例 4-24】 求解不等式 $x^2+x<10$,程序如下:

```
1   import sympy                      # 导入第三方包
2   x = sympy.symbols('x')           # 定义符号 x
3   f1 = x ** 2 + x < 10             # 不等式方程赋值
```

4	f2 = sympy.solve(f1, x)	# 求解不等式
5	print(f2)	
>>>	(x < -1/2 + sqrt(41)/2) & (-sqrt(41)/2 - 1/2 < x)	# 程序输出

8. 图形绘制函数：plot()

【例 4-25】 代数式 $f(x) = x^2$ 中，变量 x 的取值范围为[-2，2]，用 plot 函数绘制 2D 图形(见图 4-8)，程序如下：

1	import sympy	# 导入第三方包
2	from sympy.abc import x	# 导入第三方包—符号定义
3	sympy.plot(x ** 2, (x, -2, 2))	# 绘制 2D 图形
>>>		# 程序输出见图 4-8

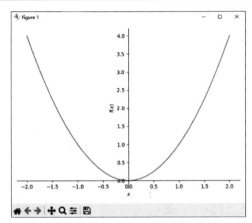

图 4-8　程序输出的图形

程序第 2 行，语句"from sympy.abc import x"为导入软件包 SymPy 中内置的符号 x。

程序第 3 行，语句"sympy.plot(x ** 2, (x, -2, 2))"为绘制图形，参数"x ** 2"为算术表达式；参数"(x, -2, 2)"为三个元素的元组数据，它指定变量的取值区间，本程序中指定在 x 轴 -2 到 2 区间内取值并绘图。

程序单词：abc(符号定义)，expand(展开)，install(安装)，linsolve(线性方程求解)，plot(画图)，print(打印)，simplify(化简)，solve(求解)，sqrt(开平方)，symbol(符号)，sympy(符号计算软件包)，varlist(变量)，year(年)。

程序说明：SymPy 的绘图能力一般，绘图多采用专业软件包 Matplotlib。

9. 编程练习

练习 4-1：参考例 4-19 的程序，安装 SymPy 符号计算软件包。

练习 4-2：编写和调试例 4-20～例 4-25 的程序。

案例3：应用——图形二维码生成

1. 二维码应用

二维码是手机上流行的一种扫码方式，广泛用于商品付款、产品宣传、身份验证等领域。大部分二维码是黑白相间的图形，码点按规律分布在二维平面图上。二维码利用二进制数与几何图形的对应关系表示信息。常见的二维码有 QR Code（Quick Response Code，快速响应编码）等，二维码的生成比较麻烦，于是有专家编写了生成二维码的软件包 qrcode，我们只需要调用现成的软件包，就可以简单快速地生成二维码图形。

【例 4-26】　Python 标准函数库没有提供二维码模块，可以在 Windows shell 窗口下，通过清华大学镜像网站安装 qrcode 二维码识别软件包。

```
1   > pip install qrcode                      # 版本 7.4.2(输出略)
```

2. 程序设计：网址二维码

【例 4-27】　生成二维码，手机扫描后自动连接百度网站，程序如下：

```
1   import qrcode                              # 导入第三方包
2   img = qrcode.make('https://www.baidu.com/')   # 生成百度网址的二维码
3   img.save('d:\\test\\out 二维码 1.jpg')         # 保存二维码图片
4   img.show()                                 # 显示二维码图片
>>>                                            # 程序输出见图 4-9
```

运行以上程序后，计算机屏幕会显示如图 4-9 所示的二维码图片；用手机微信扫描二维码图片，手机就会自动登录百度网站。

图 4-9　生成的二维码和二维码手机扫描方法

【例 4-28】　设计有文字提示的二维码（见图 4-10），程序如下：

```
1    import qrcode                                        # 导入第三方包
2    from PIL import Image, ImageDraw, ImageFont          # 导入第三方包
3
4    qr = qrcode.QRCode(                                  # 创建二维码对象
5        version = None,                                  # 二维码大小为默认值
6        error_correction = qrcode.constants.ERROR_CORRECT_L,  # 容错系数为 L(低)
7        box_size = 10,                                   # 点的像素个数
8        border = 4                                       # 外围边框的距离
9    )
10   qr.add_data('https://www.baidu.com')                # 传输二维码数据
11   qr.make(fit = True)                                  # 生成二维码矩阵数据
12   img = qr.make_image(fill_color = 'black', back_color = 'white')  # 数据转换成图片
13   draw = ImageDraw.Draw(img)                          # 在图片中绘制文字
14   font = ImageFont.truetype('c:\\windows\\font\\simhei.ttf', 20)  # 加载字库,设置大小
15   text = '扫描二维码,访问百度首页'                      # 添加提示文字
16   draw.text((50, 300), text, font = font)             # 文字 xy 坐标和字体
17   img.show()                                           # 显示图片
>>>                                                       # 程序输出见图4-10
```

扫描二维码，访问百度首页

图 4-10 带文字的二维码

程序第 4~8 行，参数设置如下：

1	version = None 二维码大小默认值，取值为 1~40 的整数，version = 1 时，为 21×21 矩阵。
2	error_correction = qrcode.constants.ERROR_CORRECT_L 为二维码容错系数，选择如下： 参数 ERROR_CORRECT_L 为纠正 7% 以下的错误； 参数 ERROR_CORRECT_M(默认)为纠正 15% 以下的错误； 参数 ERROR_CORRECT_Q 为纠正 25% 以下的错误； 参数 ERROR_CORRECT_H 为纠正 30% 以下的错误。 说明：二维码容错系数越大，二维码允许的残缺率越大。二维码数据主要保存在图片四个角上，在中间放一个小图片，对二维码识别影响不大，但是图片太大会导致二维码识别困难。
3	box_size = 8 为控制二维码每个点(方块)中包含的像素个数。
4	border = 4 表示二维码距图像外围边框的距离，默认为 4，相关标准规定最小为 4。

3. 程序设计：文字二维码

【例 4-29】 扫描二维码时，在手机上显示"Hello，Python."文字，程序如下：

```
1   import qrcode                          # 导入第三方包
2
3   img = qrcode.make('Hello, Python.')    # 生成文字信息的二维码
4   img.save('d:\\test\\out 二维码 2.gif')   # 保存二维码图片
5   img.show()                             # 显示二维码图片
>>>                                        # 程序输出(略)
```

运行以上程序，计算机屏幕会显示二维码图片；用手机版微信扫描二维码图片，就会在扫描的手机上显示文字。

4. 程序设计：图片二维码

【例 4-30】 将图片(见图 4-11)嵌入二维码中，手机扫描后自动连接百度网站。本例使用的图片素材为"狐狸.jpg"(图片分辨率为 283×286 像素，保存在"D:\test\资源\"目录中，读者也可以在网络中自行下载图片)。

案例分析：在二维码中插入图片时需要考虑以下问题。

(1)因为需要插入图片，因此需要图像处理软件包 PIL 的支持。

(2)需要计算插入图片的位置，设置图片与二维码大小的

图 4-11 狐狸.jpg 图片

比例关系。

（3）二维码中插入图片后,部分区域会被图片屏蔽,这会降低二维码的识别率,因此需要提高二维码的容错系数。

```
1    from PIL import Image                                    # 导入第三方包
2    import qrcode                                            # 导入第三方包
3
4    qr = qrcode.QRCode(version = 5, error_correction = qrcode.constants.ERROR_CORRECT_H,
5        box_size = 8, border = 4)                            # 定义二维码的参数
6    qr.add_data('https://www.baidu.com/')                    # 传入数据,数据为百度网址
7    qr.make(fit = True)                                      # 生成合适尺寸的最小二维码图片
8    img = qr.make_image(fill_color = 'blue', back_color = 'white')  # 生成二维码,前景蓝色,背景白色
9    img = img.convert('RGBA')                                # 二维码转换为彩色透明背景图
10   logo = Image.open('d:\\test\\资源\\狐狸.jpg')           # 读入二维码中间的 logo 图片文件
11   img_w, img_h = img.size                                  # 获取 logo 图片的宽和高
12   factor = 4                                               # 设置 logo 图片宽和高为二维码宽和高的1/4
13   size_w = int(img_w/factor)                               # 计算并取整 logo 图片宽度
14   size_h = int(img_h/factor)                               # 计算并取整 logo 图片高度
15   logo_w, logo_h = logo.size                               # 图片尺寸赋值
16   if logo_w > size_w or logo_h > size_h:                   # 判断 logo 图片的宽度和高度
17       logo_w = size_w
18       logo_h = size_h
19   logo = logo.resize((logo_w, logo_h), Image.Resampling.LANCZOS).convert('RGBA')
20   w = int((img_w - logo_w)/2)                              # 计算图片居中的坐标 x、y
21   h = int((img_h - logo_h)/2)
22   img.paste(logo, (w, h), logo)                            # 粘贴 logo 图片到二维码中
23   img.show()                                               # 显示二维码图片
24   img.save('d:\\test\\out 二维码 3.gif')                   # 保存二维码图片
>>>                                                           # 程序输出见图4-12
```

图 4-12　带图片的二维码

5. 程序注释

程序第 1 行,图像处理软件包 PIL(Pillow)的安装方法参见例 1-17。

程序第 6 行,函数 qr.add_data()为添加要转换的文字到 data 参数。

程序第 7 行,函数 qr.make(fit = True)或者没有给出 version 参数时,将会调用 best_fit 方法来找到适合数据的二维码图片最小尺寸。

程序第 8 行,函数 qr.make_image()语法如下。

```
8    make_image(                     # 生成二维码函数
         fill_color = None,          # fill_color = None 前景黑色,fill_color = 'green'前景绿色
         back_color = None)          # back_color = None 背景白色,back_color = 'white'背景白色
```

程序第 16～18 行,这里是条件选择语句块,它的程序设计方法将在第 5 章中讨论。

程序第 19 行,可以在 Windows shell 下,用 pip list 命令查看 Pillow 的版本号。如果

Pillow 在 10.0 版本以下时,使用语句 logo = logo. resize((logo_w, logo_h), Image. ANTIALIAS). convert('RGBA')。

程序单词：ANTIALIAS(抗锯齿),back_color(背景色),border(边框),box_size(方框尺寸),constants(常数),convert(转换),correction(校正),error(错误),factor(调整系数),fill_color(前景色),fit(自适应),green(绿色),img/image(图像),logo(标志),make(制作),open(打开),paste(粘贴),PIL(图像处理软件包),qrcode(二维码模块),RGBA(红绿蓝透明),save(保存),show(显示),version(版本),white(白色)。

6. 编程练习

练习 4-3：参考例 4-26,安装二维码识别软件包 qrcode。

练习 4-4：编写和调试例 4-27、例 4-29、例 4-30 的程序。

练习 4-5：将例 4-29 程序第 3 行修改为 img = qrcode. make('你好,Python. '),运行程序并扫描二维码,检查它与源程序有什么区别。

练习 4-6：将例 4-30 程序第 12 行修改为 factor = 2,运行程序并扫描二维码,检查它与源程序有什么区别。

第 **5** 章

程序结构：选择执行

条件选择语句是判断某个条件是否成立,然后选择执行程序中的某些语句块。与顺序结构比较,选择语句使程序不再完全按照语句的先后顺序执行,而是根据某种条件是否成立来决定执行的路径,它体现了程序具有逻辑判断的基本智能。

5.1 选择——条件执行语句

1. 单条件选择结构语法

单条件选择语句的语法如下：

| 1 | if 条件表达式： | # 条件表达式只允许用关系运算符" == ";不允许用赋值运算符" = " |
| 2 | 　语句块 | # 如果条件表达式为 True,则执行语句块,执行完后结束 if 语句 |

2. 双条件选择结构语法

双条件选择语句结构如图 5-1 所示,双条件选择语句的语法如下：

1	if 条件表达式：	# 条件表达式只允许用关系运算符" == ";不允许用赋值运算符" = "
2	语句块 1	# 如果条件表达式为 True,则执行语句块 1,执行完后结束 if 语句
3	else：	# 否则
4	语句块 2	# 如果条件表达式为 False,则执行语句块 2,执行完后结束 if 语句

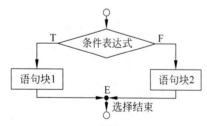

图 5-1 双条件选择语句结构

在 if 语句中,保留字 if 可以理解为"如果";条件表达式往往采用关系表达式(如 x>=60),条件表达式的值只能是 True(T)或者 False(F);语句结尾的冒号(:)可以理解为"则";保留字 else 可以理解为"否则"。

注意：if 语句的冒号(:)不可省略,if 语句块可以有多行,但是 if 语句块内部必须缩进 4 个空格,并且保持垂直对齐。

3. 条件选择语句执行方法

(1) 无论条件表达式的值为真(True)还是假(False),一次只能执行一个分支的语句块。简单地说,程序不能同时执行语句块 1 和语句块 2。

（2）无论执行哪一个语句块，都必须能脱离选择结构。

【例5-1】　双条件选择语句说明如图5-2所示。

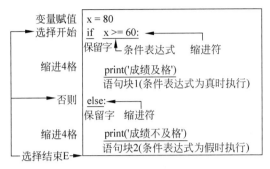

图5-2　双条件选择语句说明

案例分析：Python根据条件表达式的值为True还是False，来决定怎样执行if语句中的代码。如果条件表达式的值为True，Python就执行if后的语句块1；如果条件表达式的值为False，Python将忽略语句块1，选择执行else后的语句块2。程序如下：

1	x = 80	# 变量赋值
2	if x >= 60:	# 如果条件表达式 x >= 60 为真，则执行语句3
3	print('成绩及格')	# 执行完本语句后，结束 if 语句(不执行语句4~5)
4	else:	# 否则，执行语句5(x >= 60 为假时，跳过语句3)
5	print('成绩不及格')	# 执行完本语句后，结束 if 语句
>>>	成绩及格	# 程序输出

双条件选择程序结构适用于二选一的应用场景，两个语句块中总有一个语句块会被执行。如果有多种选择的要求，应当采用多条件选择语句结构。

4. 多条件选择结构语法

当条件选择有多个项目时，可以使用多条件选择语句 if-elif。语句 elif 是 else if 的缩写，语句结构如图5-3和图5-4所示，多条件选择的语法如下：

1	if 条件表达式1:	# 判断条件1
2	语句块1	# 条件1为True，则执行语句块1，执行完后结束 if-elif 语句
3	elif 条件表达式2:	# 条件1不满足时，继续判断条件2
4	语句块2	# 条件2为True，则执行语句块2，执行完后结束 if-elif 语句
5	elif 条件表达式3:	# 条件2也不满足时，继续判断条件3
6	语句块3	# 条件3为True，则执行语句块3，执行完后结束 if-elif 语句
7	else:	# 条件1、2、3都不满足时(注意，此处没有条件表达式)
8	语句块4	# 执行语句块4，执行完后结束 if-elif 语句

5. 条件选择语句注意问题

（1）if、elif都需要写条件表达式，但是 else 不需要写条件表达式。

（2）else、elif 需要与 if 一起使用。

（3）if、elif、else 行尾都有英文冒号（:）。

（4）选择语句 if 从上往下判断，当表达式为 True 时，将该条件选择对应的语句块执行完后，忽略掉剩下的 elif 和 else 语句块，结束 if 语句，即一次只执行一个分支。

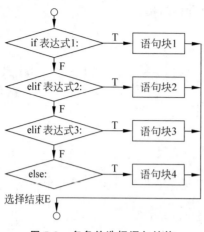

图5-3 多条件选择语句结构

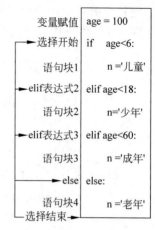

图5-4 多条件选择语句案例

（5）多条件语句要多注意条件之间的包含关系，以及变量取值的变化范围。

【例5-2】 用多条件选择语句实现"石头—剪刀—布"游戏，程序如下：

1	import random	# 导入标准模块
2		
3	player = int(input('【1 = 石头, 2 = 剪刀, 3 = 布】请出拳:'))	# 玩家输入 1～3 的整数
4	computer = random.randint(1, 3)	# 程序生成 1～3 的随机数
5	if ((player == 1 and computer == 2) or	# 如果玩家为 1,程序为 2
6	(player == 2 and computer == 3) or	# 或者玩家为 2,程序为 3
7	(player == 3 and computer == 1)):	# 或者玩家为 3,程序为 1
8	print('你赢了,好厉害啊!')	# 打印玩家胜利
9	elif player == computer:	# 否则,玩家与程序相同时
10	print('欧耶!平局,再来一盘!')	# 打印平局
11	else:	# 否则
12	print('哦豁,你输了,还玩吗?')	# 打印玩家输
>>>	【1 = 石头, 2 = 剪刀, 3 = 布】请出拳:1 你赢了,好厉害啊!	# 程序输出

注意：函数 input() 返回值为字符串，需要用 int() 函数将其转换为整数。

5.2 选择——三元条件选择

1. 三元条件选择语法

三元运算是有 3 个操作数（左值、条件表达式值、右值）的程序语句。在简单条件判断程序中，经常采用三元运算进行条件赋值，三元条件选择语法如下：

1	a = 左值 if 条件表达式 else 右值

如图 5-5 所示，三元条件选择语句中，首先进行条件判断，条件表达式的值为真（True）时，将左值赋给变量；条件表达式的值为假（False）时，将右值赋给变量。

三元条件选择是单行语句，不是语句块；且语句行尾没有冒号，下一行语句无须缩进。

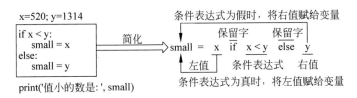

图 5-5　双条件选择与三元条件选择语句的比较

2. 三元条件选择程序设计

三元条件选择语句可以将双条件选择语句简化为一行,这方便了某些特殊应用。

【例 5-3】　双条件选择语句。

1	x = 520; y = 1314
2	if x < y:
3	small = x
4	else:
5	small = y
6	print('值小的数是:', small)
>>>	值小的数是: 520

【例 5-4】　三元条件选择语句。

1	x = 520; y = 1314
2	small = x if x < y else y
3	print('值小的数是:', small)
>>>	值小的数是: 520

【例 5-5】　用三元条件选择判断奇数和偶数,程序如下:

1	num = int(input('请输入一个整数:'))	
2	result = '偶数' if num % 2 == 0 else '奇数'	＃ 用三元运算判断奇数和偶数
3	print('您输入的是:', result)	
>>>	请输入一个整数:**28**	＃ 程序输出
	您输入的是: 偶数	

案例 4：双条件选择——一元二次方程求根

1. 一元二次方程求根方法

一元二次方程求根的方法很多,最常用的是公式法。一元二次方程都可以化为 $ax^2 +$ $bx+c=0(a \neq 0)$ 的形式,其中 x^2 是二次项,a 是二次项系数;bx 是一次项,b 是一次项系数; c 是常数项。它的求根公式如下:

$$x = \frac{-b \pm \sqrt{b^2 - 4ac}}{2a}$$

(5-1)

其中 b^2-4ac 称为一元二次方程根的判别式,用符号 Δ 表示。当 $\Delta<0$ 时,方程没有实数根 (实数范围内无解);当 $\Delta=0$ 时,方程有两个相等的实数根,它们是 $x=-b/(2a)$;当 $\Delta>0$ 时,方程有两个不等的实数根,这时只要把方程的三个系数代入公式(5-1)计算即可。

2. 程序设计：用公式法求解一元二次方程

【例5-6】 对方程 $44x^2+123x-54=0$ 求根。

案例分析：对一元二次方程编程求根时，需要考虑以下问题。

（1）代数式求解需要将代数式转换成程序规定的算术表达式，转换方法可以参考表 2-3。

（2）方程求根需要对有无实数根进行判断，因此需要用到 if 条件选择语句。

（3）解一元二次方程需要进行开方运算，因此需要导入 math 数学模块。

案例实现程序如下：

1	`import math`	# 导入标准模块
2		
3	`print('请输入方程 a＊x＊＊2＋b＊x＋c＝0 的系数:')`	# 打印提示信息
4	`a ＝ float(input('二次项系数 a ＝ '))`	# 将输入字符串转换为浮点数
5	`b ＝ float(input('一次项系数 b ＝ '))`	
6	`c ＝ float(input('常数项 c ＝ '))`	
7	`delta ＝ b＊b－4＊a＊c`	# 计算方程判别式 delta
8	`if delta＜0:`	# 如果判别式 delta 小于 0
9	`    print('方程无解')`	# 打印输出信息
10	`    exit()`	# 函数 exit()为退出程序
11	`else:`	# 否则
12	`    root1 ＝ (－b＋math.sqrt(delta))/(2＊a)`	# 计算方程根 1
13	`    root2 ＝ (－b－math.sqrt(delta))/(2＊a)`	# 计算方程根 2
14	`print(f'x1 ＝{root1:.2f}    x2 ＝{root2:.2f}')`	# "f"为格式化输出，":.2f"为保留 2 位 # 小数
>>>	请输入方程 a＊x＊＊2＋b＊x＋c＝0 的系数: 二次项系数 a ＝ **44** 一次项系数 b ＝ **123** 常数项 c ＝ **－54** x1＝0.39 x2＝－3.18	# 程序输出

程序第 14 行，打印语句中，参数 f 为格式化，花括号"{ }"中 root 为变量名，冒号为分隔符，参数".2f"为保留 2 位小数。具体语法参见 4.4 节。

3. 程序设计：用符号计算求解一元二次方程

【例5-7】 用符号计算对一元二次方程 $ax^2+bx-c=0$ 求根，程序如下：

1	`import sympy`	# 导入第三方包
2		
3	`print('请输入方程 a＊x＊＊2＋b＊x＋c＝0 的系数:')`	
4	`a ＝ float(input('输入二次项系数 a ＝ '))`	# 输入方程系数
5	`b ＝ float(input('输入一次项系数 b ＝ '))`	
6	`c ＝ float(input('输入常数项 c ＝ '))`	
7	`x ＝ sympy.symbols('x')`	# 定义符号 x
8	`equation ＝ sympy.Eq(a＊x＊＊2 ＋ b＊x ＋ c, 0)`	# 构造方程
9	`root ＝ sympy.solve(equation, x)`	# 求解方程
10	`print(f'x1 ＝ {root[0]};x2 ＝ {root[1]}')`	# 打印结果

```
>>>   请输入方程 a * x ** 2 + b * x + c = 0 的系数:           # 程序输出
      输入二次项系数 a = 44
      输入一次项系数 b = 123
      输入常数项 c = - 54
      x1 = - 3.18123904902659;x2 = 0.385784503572045
```

4. 程序设计: 判断闰年

【例 5-8】 输入一个年份数,判断它是否为闰年,程序如下:

```
1    year = int(input('请输入年份【如 2023】:'))
2    if  year % 400 == 0 or year % 4 == 0 and year % 100 != 0:      # 符号 % 为模运算
3        print('闰年')
4    else:
5        print('平年')
```

```
>>>   请输入年份【如 2023】:2000                              # 程序输出
      闰年
```

程序单词:delta(德尔塔,Δ),Eq(等于),equation(方程),exit(退出),float(字符串转浮点数),input(输入),math(数学模块),root(根),year(年)。

5. 编程练习

练习 5-1:编写和调试例 5-6 和例 5-7 的程序,掌握 if 语句的使用方法。

案例5: 多条件选择——BMI 指数计算

1. 程序案例: 计算 BMI 指数

BMI(Body Mass Index,体质指数)是国际上常用于衡量人体健康程度的指标(见表 5-1),BMI 值过高或过低都不利于身体健康。

表 5-1　BMI 指数参考标准

BMI 分类	WHO 标准	中国参考标准 NAT	相关疾病发病的危险性
体重过低	BMI$<$18.5	BMI$<$18.5	低(其他疾病危险性增加)
正常范围	18.5$\leqslant$BMI$<$25	18.5$\leqslant$BMI$<$24	平均水平
超重	BMI$\geqslant$25	BMI$\geqslant$24	增加
肥胖前期	25$\leqslant$BMI$<$30	24$\leqslant$BMI$<$28	增加
Ⅰ度肥胖	30$\leqslant$BMI$<$35	28$\leqslant$BMI$<$30	中度增加
Ⅱ度肥胖	35$\leqslant$BMI$<$40	30$\leqslant$BMI$<$40	严重增加
Ⅲ度肥胖	BMI$\geqslant$40.0	BMI$\geqslant$40.0	非常严重增加

BMI 指数计算方法为:BMI=体重(kg)/身高^2(m)。

【例 5-9】 设计程序,根据输入数据,判断 BMI 指标是否正常。

案例分析:编程实现 BMI 指数计算时,需要考虑以下问题:

(1)对表 5-1 进行简化和分类,使它更适合于程序处理(如多条件选择结构)。用专业术语来讲,就是创建表格形式的数学模型。分类结果如表 5-2 所示。

表 5-2　适合程序处理的 BMI 指标分类

BMI 指标	WHO 标准	NAT 标准
BMI＜18.5	偏瘦	偏瘦
18.5＜＝BMI＜24	正常	正常
24＜＝BMI＜25	正常	偏胖
25＜＝BMI＜28	偏胖	偏胖
28＜＝BMI＜30	偏胖	肥胖
BMI＞30	肥胖	肥胖

（2）根据表 5-2,利用多条件选择语句进行编程处理。

2. 程序设计:计算 BMI 指数

案例实现程序如下:

```
1   height = (eval(input('请输入您的身高(厘米):')))/100    # 输入数据
2   weight = eval(input('请输入您的体重(公斤):'))          # 输入数据
3   BMI = weight /((height ** 2)                          # 计算 BMI 值
4   print(f'您的 BMI 指数为:{BMI:.2f}')                    # 打印指数值(2 位小数)
5   who = nat = ''                                        # 变量初始化(为空)
6   if BMI < 18.5:                                        # BMI 指标判断
7       who, nat = '偏瘦', '偏瘦'                          # 指标赋值
8   elif 18.5 <= BMI < 24:                                # 多重判断
9       who, nat = '正常', '正常'
10  elif 24 <= BMI < 25:
11      who, nat = '正常', '偏胖'
12  elif 25 <= BMI < 28:
13      who, nat = '偏胖', '偏胖'
14  elif 28 <= BMI < 30:
15      who, nat = '偏胖', '肥胖'
16  else:
17      who, nat = '肥胖', '肥胖'
18  print(f'国际 BMI 标准:{who}; 国内 BMI 标准:{nat}')      # 打印结论
>>> 请输入您的身高(厘米):175                              # 程序输出
    请输入您的体重(公斤):76
    您的 BMI 指数为:24.82
    国际 BMI 标准:正常; 国内 BMI 标准:偏胖
```

程序单词:BMI(体质指数),eval(字符转数字),format(格式),height(身高),nat(国内标准值),weight(体重),who(国际标准值)。

3. 编程练习

练习 5-2:输入三角形三条边的长度,判断能否组成三角形。如果能够组成三角形,判断是普通三角形,还是直角三角形,还是等腰三角形。程序输出如下所示:

```
>>> 请输入三角形 a 边长度:12
    请输入三角形 b 边长度:23
    请输入三角形 c 边长度:45
    不能组成三角形
```

第 6 章

程序结构：循环执行

循环结构是一段反复执行某个功能的程序代码。循环结构的三个基本要素是循环变量（迭代变量）、循环体和循环终止条件。循环结构可以看作一个条件判断语句和一个跳转语句的组合，循环结构通过条件判断，决定是继续执行某个功能，还是退出循环。

6.1　用循环处理重复性操作

1. 循环与迭代的概念

在程序设计领域，循环与迭代是同义词，只是迭代更数学化、更严谨一些；而循环则更程序化、更通俗一些。迭代是重复执行代码的过程，本次迭代要依赖上次的处理结果，而且本次迭代的结果会作为下次迭代的初始状态（见图 6-1）。迭代中的数学关系式称为迭代模型，迭代过程中，利用迭代模型可以从变量原值推出一个新值。例如，用 for 语句循环计算 1～100 的累加和时（见图 6-2），利用函数生成 1～100 之间的整数，程序循环的过程就是迭代过程。简单地说，迭代利用循环结构进行处理。

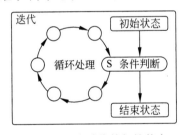

图 6-1　程序迭代的初始状态

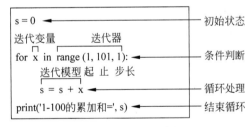

图 6-2　程序循环案例

2. 迭代的基本策略

利用迭代解决问题时，需要做好以下三方面的工作：

（1）确定迭代模型。在可以用迭代解决的问题中，至少存在一个直接或间接地不断由旧值递推出新值的变量，这个变量称为迭代变量。

（2）建立迭代模型。迭代模型是指从变量前一个值推出下一个值的基本公式。迭代模型是解决迭代问题的关键。

（3）迭代过程控制。不能让迭代过程无休止地重复执行（死循环）。迭代过程的控制分为两种情况：一是迭代次数是确定值时，可以构建一个固定次数的循环来实现对迭代过程的控制；二是迭代次数无法确定时，需要在程序循环体内设置迭代结束条件。

6.2　序列循环——列表循环的执行

计数循环有序列循环、迭代器循环、列表推导式三种形式。

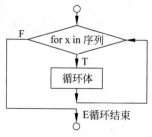

1. 序列循环结构和语法

序列可以是字符串、列表、元组、字典、集合等，迭代变量用于接收序列中取出的元素。序列循环的功能是将序列中的元素逐个取出，每循环一次，迭代变量会自动接收序列中的一个元素，这相当于给迭代变量循环赋值，序列为空后自动结束循环。序列循环结构如图 6-3 所示，语法如下：

图 6-3　序列循环结构

| 1 | for 迭代变量 in 序列: | # 将序列中每个元素逐个代入迭代变量 |
| 2 | 　　循环体 | # 注意缩进 4 个空格 |

说明：迭代变量是临时变量，它的命名比较自由，如 x、i、n、k、s、_（下画线）等。

2. 序列循环执行过程

（1）循环开始时，语句 for 内部计数器自动设置索引号为 0，并读取序列（如列表等）中的 0 号元素。函数自动进行条件判断，如果序列为空则自动结束循环。

（2）如果序列不为空，语句 for 读取指定元素，并将它拷贝到迭代变量中。

（3）接下来执行循环体内语句块，循环体执行完成后，一次循环执行完毕。

（4）语句 for 内部计数器将索引号自动加 1，继续访问下一个元素。

（5）语句 for 自动判断，如果序列中存在下一个元素，重复执行步骤（2）～（5）。

（6）如果序列中没有元素了（序列为空），程序会自动退出当前循环结构。

3. 程序设计：列表遍历输出

【例 6-1】　列表为['儿童', '少年', '青年', '成年']，逐个输出列表中的元素，程序说明如图 6-4 所示，程序如下：

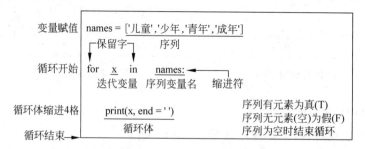

图 6-4　序列循环案例

| 1 | names = ['儿童', '少年', '青年', '成年'] | # 定义列表（序列） |
| 2 | for x in names: | # 列表 names 中的元素逐个代入迭代变量 x |

| 3 | print(x, end = ' ') | ♯ 执行循环体,参数"end = ' '"为输出不换行 |
| >>> | 儿童　少年　青年　成年 | ♯ 程序输出 |

6.3 序列循环——用函数生成序列

循环序列可以用列表、元组、字典等数据类型,也可以用函数来生成迭代变量。生成迭代变量的函数也称为迭代器,常用迭代函数有 range()、items()、zip()等。

1. 整数生成函数 range()

函数 range()可以生成顺序的整数(迭代变量),语法如下:

| 1 | range(起始值, 终止值, 步长) |

（1）参数"起始值"默认从 0 开始,默认值可以省略,如 range(5)表示序列为 0～5。

（2）参数"终止值"不包括本身,range()遵循"左闭右开"原则(取头不取尾)。

（3）参数"步长"为增量,默认为 1(可省略),如 range(5)与 range(0，5，1)等效。

（4）返回值：函数 range()返回一个顺序整数列表。

2. 迭代循环语法

函数 range()可以生成迭代变量,程序结构如图 6-5 所示,程序语法如下:

| 1 | for 迭代变量 in range(参数): | ♯ 将 range(参数)生成的元素逐个赋值给迭代变量 |
| 2 | 　　循环体 | ♯ 注意缩进 4 个空格 |

3. 程序设计：计算累加和

【例 6-2】　计算 $1+2+3+\cdots+100$ 的值,程序说明如图 6-6 所示,程序如下:

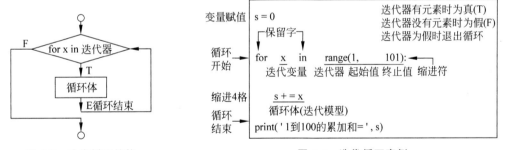

图 6-5　迭代循环结构　　　　　　图 6-6　迭代循环案例

1	s = 0	♯ 变量初始化
2	for x in range(1, 101):	♯ 计数循环,用函数生成迭代变量
3	s += x	♯ 迭代模型(与 s = s + x 等效)
4	print('1 到 100 的累加和 = ', s)	
>>>	1 到 100 的累加和 = 5050	♯ 程序输出

6.4 条件循环——循环中断和退出

1. 条件循环语法

条件循环有 while 条件循环(见图 6-7)和 while 永真循环(见图 6-11)两种结构。条件循环 while 在运行前先判断条件表达式,条件表达式的值为 True 时继续循环,条件表达式的值为 False 时退出循环。永真循环 while 则在循环开始设置条件为永真(True),然后在循环体内部设置条件判断语句,条件表达式值为 True 时退出循环,否则继续循环。永真循环广泛用于图形用户界面程序设计和游戏程序设计中。

条件循环 while 程序结构如图 6-7 所示,程序案例如图 6-8 所示,语法如下:

| 1 | while 条件表达式: | # 如果条件表达式为真(True),则执行循环体 |
| 2 | 　　循环体 | # 如果条件表达式为假(False),则结束循环 |

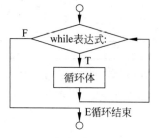

图 6-7　条件循环结构

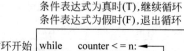
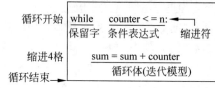

图 6-8　条件循环案例

【例 6-3】　计算 1+2+3+…+100 的值,程序如下(注意与例 6-2 比较):

1	sum = i = 0	# 变量 sum 存放累加和,变量 i 为计数器数和累加增量
2	while i <= 100:	# 循环条件,如果 i <= 100 为 True,则执行下面语句
3	sum = sum + i	# 累加和(sum 累加后,再存入 sum 单元)
4	i += 1	# 循环计数(i += 1 等价于 i = i + 1)
5	print('1 到 100 的累加和 = ', sum)	# 打印累加和
>>>	1 到 100 的累加和 = 5050	# 程序输出

2. 循环中断:continue

程序循环结构中,有时需要跳过循环序列中的某些部分(中断),然后继续进行下一轮循环(注意,不是终止循环)。这时可以用 continue 语句实现这个功能(见图 6-9)。

【例 6-4】　字符串为'人间四月芳菲尽',在输出中跳过'芳'字,程序如下:

1	for s in '人间四月芳菲尽':	# 循环取出字符串中的字符
2	if s == '芳':	# 判断字符串,如果是'芳'
3	continue	# 则跳过这个字符,回到循环开始处重新循环
4	print(s, end = '')	
>>>	人间四月菲尽	# 程序输出

3. 跳出循环:break

可以用 break 语句强制跳出当前 for 或 while 循环体(见图 6-10)。

图 6-9　循环中断后回到循环头部案例

图 6-10　强制跳出循环案例

（1）语句 break 和 continue 只能用在循环结构内，对非循环结构无效。

（2）语句 break 只能跳出当前的循环体，不能一次跳出多个循环体。

（3）语句 break 是向下跳出循环；语句 continue 是暂停向下，继续向上循环。

（4）语句 break 一般与循环体内的 if 语句配套使用，以达到跳出当前循环的目的。

【例 6-5】　字符串为“'人间四月芳菲尽'”，当遇到“'芳'”字时强制跳出循环，程序如下：

1	for s in '人间四月芳菲尽':	# 循环取出字符串中的字符
2	if s == '芳':	# 判断字符如果是“'芳'”
3	break	# 则强制跳出循环(比较与例 6-4 的区别)
4	print(s, end = '')	
>>>	人间四月	# 程序输出

【例 6-6】　输入两个正整数，用辗转相除法求它们的最小公倍数和最大公约数。

整数 a 除以整数 b(b≠0)，所得商正好是整数而没有余数时，就称 a 是 b 的倍数，b 是 a 的约数。如 4＝1×4＝2×2(4、2、1 是 4 的约数)；如 6＝1×6＝2×3(1、2、6 是 6 的约数)。在整数 4 和 6 中，2 是最大公约数；而 4×3＝12，2×6＝12，因此 12 是最小公倍数。

1	a = int(input('请输入正整数 x = '))	# 接收键盘输入值
2	b = int(input('请输入正整数 y = '))	
3	if a > b:	
4	a,b = b,a	# 如果 a > b 就交换 a,b 的值
5	for fac in range(a, 0, -1):	# 从较小的数开始做递减循环
6	if a % fac == 0 and b % fac == 0 :	# 模运算求最大公约数的函数
7	print(f'{a}和{b}的最大公约数是:{fac}')	# 打印最大公约数
8	print(f'{a}和{b}的最小公倍数是:{a * b//fac}')	# 打印最小公倍数
9	break	# 跳出当前循环
>>>	请输入正整数 x = **4** 请输入正整数 y = **6** 4 和 6 的最大公约数是:2 4 和 6 的最小公倍数是:12	# 程序输出

6.5　永真循环——退出不确定循环

1. 永真循环结构和语法

在游戏程序和图形用户界面程序中，程序总是在不间断地循环执行。循环什么时候结束，程序什么时候退出，通常由用户控制，程序无法预知。这种由用户控制的不确定性退出，一般用永真循环来实现。永真循环结构如图 6-11 所示，语法如下：

1	while True:	# 永真循环
2	语句	
3	if　条件表达式:	# 条件判断
4	语句	

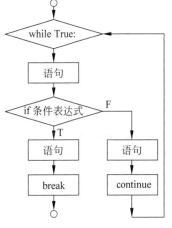

图 6-11　永真循环结构

5	break	# 如果条件表达式为 True,则强制退出当前循环
6	else:	# 否则
7	语句	
8	continue	# 如果条件表达式为 False,则继续循环

　　由于永真循环的头部一直为真,因此需要在循环体内设置条件选择语句,对循环结束条件进行判断,如果条件为真,则利用 break 语句强制跳出循环,或者利用 exit()函数强制退出程序;否则继续循环。永真循环应用参见案例 9、案例 36、案例 49、案例 50 等。

　　对运行中的无限循环程序(俗称"死循环"),可按组合键 Ctrl+C 强行退出程序。

2. 程序设计:永真循环判断字符串

　　【例 6-7】　根据输入的用户名,判断如果是预定用户名,则用 break 语句强制退出程序;否则程序继续循环。输入正确用户名或者登录超过 3 次时退出,程序如下:

1	n = 0	# 登录次数初始化
2	while True:	# 永真循环
3	username = input('请输入用户名:')	# 输入用户名
4	if username == 'admin':	# 判断用户名是否正确
5	print('欢迎管理员登录!')	# 打印信息
6	break	# 强制退出永真循环
7	elif n == 3:	# 如果登录超过 3 次
8	print('登录超过 3 次,自动退出。')	# 打印提示信息
9	break	# 强制退出永真循环
10	else:	# 否则
11	n += 1	# 登录次数累加
12	print('用户名错误,请重新输入。')	# 返回循环开始处
>>>	请输入用户名:**admin**	# 程序输出
	欢迎管理员登录!	

　　程序第 4 行,admin 是最常用的系统管理员名,也是最容易被黑客利用的用户名。

3. 程序设计:永真循环判断字典

　　【例 6-8】　字典为{'宝玉':85,'黛玉':90,'宝钗':88},根据输入的姓名(键),查找字典中对应的成绩(值),找到对应的成绩则结束程序,否则继续查找。

　　案例实现程序如下:

1	dict1 = {'宝玉': 85, '黛玉': 90, '宝钗': 88}	# 定义字典
2	while True:	# 永真循环
3	key = input('请输入用户名:')	# 输入姓名(键)
4	if key in dict1:	# 判断字典中是否存在该键
5	print(f'{key}的成绩是:', dict1.get(key))	# 打印查找到的值
6	break	# 强制退出循环
7	else:	# 否则
8	print('您输入的用户名不存在,请重新输入')	
9	continue	# 返回循环开始处
>>>	请输入用户名:**宝玉**	# 程序输出
	宝玉的成绩是: 85	

程序第 5 行，函数 dict1.get(key)为获取字典中键对应的值，如果字典中不存在输入的键时，就会返回一个空值(None)。

6.6　列表推导式——简化循环结构

1. 列表推导式语法

列表推导式主要用于简单快速地构建一个列表。列表推导式由方括号、输出表达式、列表 for 循环、条件表达式(可选)组成。列表推导式语法如下：

1	变量名 = [输出表达式 for 迭代变量 in 列表]	# 语法 1
2	变量名 = [输出表达式 for 迭代变量 in 列表 if 条件表达式]	# 语法 2

注意：列表推导式是一行式赋值语句，行尾没有冒号，下一行语句无须缩进。

列表推导式应用参见案例 39、案例 43、案例 45。

2. 程序设计：简单列表推导式

【例 6-9】　利用列表推导式生成一个等差数列列表(见图 6-12)，程序如下：

1	lst = [1, 2, 3, 4, 5, 6, 7, 8]	# 定义源列表 lst
2	lst2 = [i * i for i in lst]	# 新列表生成过程见图 6 - 12
3	print('映射的新列表为:', lst2)	# 打印新列表 lst2
>>>	映射的新列表为: [1, 4, 9, 16, 25, 36, 49, 64]	# 程序输出

图 6-12　简单列表推导式的执行过程

3. 程序设计：复杂列表推导式

【例 6-10】　成绩为[65, 82, 75, 88, 90]，请过滤出区间[80,90)的成绩，程序如下：

1	scores = [65, 82, 75, 88, 90]	# 定义成绩列表
2	lst = [s for s in scores if 80 <= s < 90]	# 包含[]在内的列表为列表推导式
3	print('成绩过滤新列表:', lst)	# 打印新列表
>>>	成绩过滤新列表: [82, 88]	

案例分析：程序第 2 行的列表推导式看上去很复杂，难以理解，如果对复杂语句按子句逐个分解，理解起来就容易多了。如图 6-13 所示，列表推导式可以分为 3 个子句：输出表达式、序列循环表达式、条件选择表达式(可选)，各子句之间是嵌套关系。如图 6-13 所示，列表推导式的执行过程如下：

(1) 执行序列循环表达式，从源列表 scores 中取出第一个元素(65)；

(2) 条件选择表达式对取出的元素进行判断，如果条件值为假，则继续循环取第 2 个元素(82)；如果条件值为真，则将过滤出的元素存入输出表达式 s 中；

（3）源列表所有元素循环判断完成后，将表达式中的值赋给变量 lst（新列表）；

图 6-13　复杂列表推导式的执行过程

（4）程序第 2 行由循环和三元条件选择两种结构组成，语句看似简单优雅了，但复杂性增加了。可见在大多数情况下，清晰的代码和聪明的代码不可兼得。

4. 程序设计：列表推导式应用

内置标准函数 any() 和 all() 可以用于多条件判断。函数 any() 会判断参数中是否有一个为 True，如果有则返回 True，否则返回 False。而函数 all() 会判断参数中是否全部为 True，如果是则返回 True，否则返回 False。

【例 6-11】　用列表推导式判断列表中元素是否为成年人，程序如下：

```
1   age1 = [18, 20, 28]                      # 定义列表 age1
2   age2 = [14, 22, 18]
3   if all(i >= 18 for i in age1):           # 用列表推导式判断大于或等于 18 的元素
4       print('age1 列表中都是成年人')
5   else:
6       print('age1 列表中有未成年人')
7   if any(i < 18 for i in age2):            # 列表推导式判断小于 18 的元素
8       print('age2 列表中有未成年人')
9   else:
10      print('age1 列表中都是成年人')
>>> age1 列表中都是成年人                      # 程序输出
    age2 列表中有未成年人
```

5. 课程扩展：字典推导式

【例 6-12】　打印字典中年龄大于 30 的元素，程序如下：

```
1   age = {'刘备': 35, '关羽': 32, '张飞': 31, '马超': 30}          # 定义字典
2   dict1 = {key:value for (key, value) in age.items() if value > 30}   # 筛选 age > 30 的元素
3   print(dict1)                                                         # 打印字典
>>> {'刘备': 35, '关羽': 32, '张飞': 31}                                 # 程序输出
```

案例 6：序列循环——表格数据的计算

1. 程序案例：表格数据计算

【例 6-13】　某班成绩如表 6-1 所示，统计每个学生总成绩，并计算平均成绩。

表 6-1　某班考试成绩（部分）

姓名	语文	数学
周小碧	85	92
秦天际	76	55
韩织烟	92	88

案例分析：对二维表格数据进行遍历的方法很多，下列方法最为简单。

（1）表格中数据用字典表示，字典的键表示表头，字典的值表示成绩。

（2）表格中的一行为一个字典（一条记录），这样字典中的键就不会重复。

（3）将所有字典（记录）存放在一个列表（students）中。

（4）用序列循环对列表进行遍历，并进行总成绩和平均成绩的计算。

2．程序设计：表格数据计算

实现案例功能程序如下：

```
1    students = [                                          # 定义列表
2        {'姓名': '周小碧', '语文': 85, '数学': 92},        # 定义字典1
3        {'姓名': '秦天际', '语文': 76, '数学': 55},        # 定义字典2
4        {'姓名': '韩织烟', '语文': 92, '数学': 88},        # 定义字典3
5    ]
6    for s in students:                                    # 序列循环
7        name, yw, sx = s['姓名'], s['语文'], s['数学']    # 字段赋值
8        zf, pj = yw + sx, (yw + sx)/2                     # 计算成绩
9        print(f'{name}:语文 = {yw},数学 = {sx},总分 = {zf},平均 = {pj}')  # 打印成绩
>>>  周小碧:语文 = 85,数学 = 92,总分 = 177,平均 = 88.5          # 程序输出
     秦天际:语文 = 76,数学 = 55,总分 = 131,平均 = 65.5
     韩织烟:语文 = 92,数学 = 88,总分 = 180,平均 = 90.0
```

程序第 2～4 行，同一个字典中，"键"不允许重复，但是"值"可以重复，所以表格中的数据用 3 个字典组成一个列表表示，一个字典相当于表格中的一行（记录）。

程序单词：names(姓名)，pj(平均)，students(学生)，sx(数学成绩)，yw(语文成绩)，zf(总分)。

3．编程练习

练习 6-1：编写和调试例 6-13 的程序，掌握表格数据的遍历方法。

练习 6-2：修改例 6-13 程序，增加统计全班总成绩和全班平均成绩的功能。

案例7：循环嵌套——打印九九乘法表

1．循环嵌套的特点

循环嵌套是一个循环体里面还有一个循环体，当两个循环语句相互重叠时，位于外层的循环结构简称为外循环，位于内层的循环结构简称为内循环。循环嵌套通常用于处理多维数据结构，如读取或打印二维表格，用行和列打印不同的星形或数字。

循环嵌套结构如图 6-14 所示。循环嵌套中，内循环或外循环可以是 while 循环或 for

循环。循环嵌套时,每执行一次外循环,都要进行一遍内循环。循环嵌套的迭代次数等于外循环中的迭代次数乘以内循环中的迭代次数。例如,读取一个 8 行 5 列的二维表格中的全部数据时,如果用循环遍历的方法读取表格内的数据,外循环 1 次时(读行),则内循环 5 次(读列),读取所有数据一共需要循环 8 行×5 列=40 次。

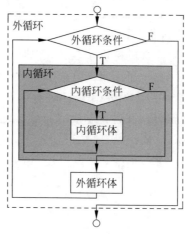

图 6-14　循环嵌套结构

2. 程序案例:打印乘法口诀表

【例 6-14】 利用循环嵌套打印乘法口诀表。

案例分析:利用循环嵌套语句打印乘法口诀表,可以采用以下方法;

(1)如图 6-15 所示,用外循环控制打印行数,内循环控制打印列数;

(2)内循环打印从第 1 列开始,一共打印 i+1 列;

(3)为了使乘法口诀表成三角形排列,可以利用外循环迭代变量 i 来控制列数。

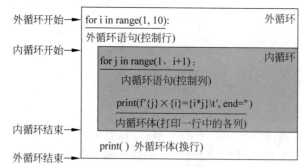

图 6-15　乘法口诀表程序案例

3. 程序设计:打印乘法口诀表

案例实现程序如下:

1	`for i in range(1, 10):`	# 外循环 9 次,打印 9 行(参数"i"为行变量)
2	`    for j in range(1, i+1):`	# 内循环打印一行中的列(参数"j"为列变量)
3	`        print(f'{j} × {i} = {i * j}\t', end = '')`	# 按格式打印乘法口诀(参数"\t"为水平空格)
4	`    print()`	# 换行
>>>		# 程序输出

1×1＝1	
1×2＝2　2×2＝4	
1×3＝3　2×3＝6　3×3＝9	
1×4＝4　2×4＝8　3×4＝12　4×4＝16	
1×5＝5　2×5＝10　3×5＝15　4×5＝20　5×5＝25	
1×6＝6　2×6＝12　3×6＝18　4×6＝24　5×6＝30　6×6＝36	
1×7＝7　2×7＝14　3×7＝21　4×7＝28　5×7＝35　6×7＝42　7×7＝49	
1×8＝8　2×8＝16　3×8＝24　4×8＝32　5×8＝40　6×8＝48　7×8＝56　8×8＝64	
1×9＝9　2×9＝18　3×9＝27　4×9＝36　5×9＝45　6×9＝54　7×9＝63　8×9＝72　9×9＝81	

4．程序注释

程序第 1 行,语句"for i in range(1，10)"为外循环,它控制行输出,共循环 9 次。

程序第 2 行,语句"for j in range(1，i＋1)"为内循环,它控制一行中每个表达式(如 1×1＝1)的输出,由于迭代器为"range(1，10)",因此每行最多打印 9 个乘法口诀(9 列)。

程序第 3 行,语句"print()"中;参数"f"为格式控制;"{j}"为乘数 1;"×"为乘号字符;"{i}"为乘数 2,"{i＊j}"为乘积;"\t"为水平制表符(即空格);"end＝''"为不换行打印。

程序第 4 行,语句"print()"为外循环,因此语句缩进与第 3 行 for 语句对齐,外循环每次循环中,它会执行一次。语句"print()"中没有任何参数,它仅起到换行的作用。

循环嵌套会导致程序的阅读性非常差,因此要避免出现三个以上的循环嵌套。

程序单词：range(迭代范围)。

【例 6-15】 打印由星号(＊)组成的 5 行直角三角形,程序如下：

1	row = 5	# 打印行数
2	for r in range(row):	
3	print('＊' ＊ (row － r))	# 每次行数减 1
>>>	＊＊＊＊＊	# 程序输出
	＊＊＊＊	
	＊＊＊	
	＊＊	
	＊	

5．编程练习

练习 6-3：参考例 6-14 的程序,打印倒三角形乘法口诀表,即第一行为九列乘法口诀……第九行为一列乘法口诀。

提示：改变例 6-14 程序语句的迭代变量即可。

练习 6-4：参考例 6-14,打印如下所示 3 行 6 列的乘法表。

>>>	1	2	3	4	5	6	# 程序输出
	2	4	6	8	10	12	
	3	6	9	12	15	18	

案例8：循环嵌套——打印杨辉三角数

1．杨辉三角的特点

杨辉是南宋时期的数学家,他在 1261 年所著的《详解九章算法》一书中辑录了如图 6-16

所示的三角数表,称之为"开方作法本源"图。杨辉三角把一些代数性质直观地用图形体现出来。如图 6-17 所示,杨辉三角有以下特点:

(1) 每一行开始与结尾的数都为 1;

(2) 每行数字左右对称,由 1 开始逐渐变大;

(3) 每个数字等于上一行的左右两个数字之和,即第 n+1 行的第 i 个数等于第 n 行的第 i−1 个数和第 i 个数之和,这也是组合数的性质之一。

图 6-16　杨辉三角

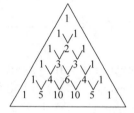

图 6-17　杨辉三角的数字特征

2. 程序案例:打印杨辉三角数

【例 6-16】　用循环嵌套方法,编程打印杨辉三角。

案例分析:利用循环嵌套语句打印杨辉三角,可以采用以下方法。

(1) 与例 6-14 的程序类似,可以利用循环嵌套语句来实现杨辉三角数的打印。

(2) 与例 6-14 的乘法口诀表不同,杨辉三角数的下一行与上一行数据密切相关。可以定义一个存放中间结果的列表(新行),它用来保存本行数据,并在上一行数据(旧行)的基础上,添加本行计算出的新数据,因而"新行数据=旧行数据+本行数据"。

(3) 本行数据计算完成后,将本行数据赋值给旧行数据,便于下次循环计算。

3. 程序设计:打印杨辉三角数

案例实现程序如下:

```
1   m = int(input('请输入杨辉三角的行数:'))        # 获取打印行数
2   oldline = [ ]                                  # 初始化旧行列表
3   for i in range(m):                             # 循环生成新行起始值
4       newline = [1] * (i+1)                      # 计算新行起始值
5       for j in range(2, i+1):                    # 循环计算新行
6           newline[j-1] = oldline[j-1] + oldline[j-2]   # 生成新行的列表(列表切片)
7       oldline = newline                          # 新行的列表赋值为旧行
8       print(newline)                             # 打印新行列表
>>> 请输入杨辉三角的行数:5                          # 程序输出
[1]
[1, 1]
[1, 2, 1]
[1, 3, 3, 1]
[1, 4, 6, 4, 1]
```

4. 程序设计:打印素数

素数又称为质数,它是指除 1 和它本身外,不再有其他因数的自然数。合数是指在大于

1的整数中,除了能被1和本身整除外,还能被其他数整除。如7是素数,它只能被1和7整除;如9是合数,它能被1、3、9整除。最小的素数是2;2018年"互联网梅森素数搜索项目"发现的最大梅森素数是 $2^{82589933}-1$。

【例6-17】 输出 2~100 以内的素数。

案例分析:给定一个数字 x,用 2~(x−1) 之间的每一个数字与 x 进行模运算,如果模运算等于 0,则这个数字是合数;然后跳出内循环,外循环继续寻找下一个数字。如果模运算结果有余数,则这个数为素数。例如,外循环 x=9,内循环 y=3 时,9%3=0,因此 9 是合数;而 11%3=2,则 11 是素数。程序如下:

1	n = [ ]	# 定义一个空列表,用于存储素数
2	for x in range(101):	# 外循环生成 0~100 以内的数字
3	if x < 2:	# 如果外循环取数 x < 2
4	continue	# 回到外循环头部,继续取下一个数(第2行)
5	for y in range(2, x):	# 内循环判定是否为素数
6	if x % y == 0:	# 如果模运算等于0,则是合数
7	break	# 强行退出内循环,回到外循环头部(第2行)
8	else:	# 否则(即 x % y ≠ 0),这个数字为素数
9	n. append(x)	# 将这个数字追加到素数列表中
10	print('素数列表:', n)	# 打印素数列表
>>>	素数列表: [2, 3, 5, …]	# 程序输出(略)

程序单词:append(追加),input(输入),int(转换为整数),len(计算字符串长度),line(行),newline(新行),oldline(旧行)。

5. 编程练习

练习6-5:编写和调试例6-16和例6-17的程序,掌握程序循环嵌套的方法。

练习6-6:编写程序,打印输出下列图形。

>>>	>>>
*	*
* *	* * *
* * *	* * * * *
* * * *	* * * * * * *
* * * * *	|

案例9:永真循环——囚徒困境的博弈

1. 冯·诺依曼与博弈论

博弈是双方通过不同策略相互竞争的游戏,棋类活动是最经典的博弈行为。1944年,冯·诺依曼和奥斯卡·摩根斯特恩(Oskar Morgenstern)发表了《博弈论和经济行为》著作,首次介绍了博弈论。囚徒困境说明了为什么即使合作对双方有利时,保持合作也非常困难。囚徒困境也反映了个人最佳选择并非团体最佳选择。虽然囚徒困境只是一个数学模型,但现实中的商业竞争、社会谈判、国际合作等,都会频繁出现类似的情况。

2. 程序案例：囚徒困境

【例6-18】　警方逮捕了A、B两名嫌疑犯，但没有足够证据指控二人有罪。于是警方分开囚禁嫌疑犯，并且向囚徒提出：如果囚徒双方都认罪，则双方都获3年刑期；如果囚徒双方都不认罪，则双方都获1年刑期；如果囚徒A不认罪，而囚徒B认罪，则囚徒A不获刑，但是囚徒B会获刑5年，反之也是如此。

3. 案例分析：囚徒困境

根据题意，囚徒困境中双方的选择如表6-2所示。

表6-2　囚徒困境中双方的选择

策　　略	A 认罪	A 不认罪
B 认罪	A＝3,B＝3	A＝0,B＝5
B 不认罪	A＝5,B＝0	A＝1,B＝1

困境中，两名囚徒可能会做出如下选择：

（1）若对方沉默，背叛会让我获释，所以我会选择背叛；

（2）若对方背叛我，我也要指控对方才能得到较低刑期，所以也选择背叛。

两个囚徒的理性思考都会得出"选择背叛"的结论。结果二人都要服刑。

在囚徒困境博弈中，如果两个囚徒选择合作，双方都保持沉默，总体利益会更高。而两个囚徒只追求个人利益，都选择背叛时，总体利益反而较低，这就是困境所在。

4. 数学建模：囚徒困境

根据表6-2，假设囚徒认罪时选择为1；囚徒不认罪时选择为2（用数字1、2表示选择是为了简化下面的程序）。囚徒困境数学模型的表格形式如表6-3所示。

表6-3　囚徒困境数学模型的表格形式

博 弈 方 案	囚徒双方的博弈策略	囚徒选择的逻辑表达式	囚徒 A、B 的刑期
1	A 认罪；B 认罪	a＝1　and　b＝1	A 三年,B 三年
2	A 不认罪；B 认罪	a＝2　and　b＝1	A 零年,B 五年
3	A 认罪；B 不认罪	a＝1　and　b＝2	A 五年,B 零年
4	A 不认罪；B 不认罪	a＝2　and　b＝2	A 一年,B 一年

说明：字段"囚徒选择的逻辑表达式"中，1表示认罪；2表示不认罪。

5. 程序设计：囚徒困境

根据表6-3所示的数学模型，可以用多条件选择结构来编程，程序如下：

```
1  while True:                                          # 建立循环判断
2      a = input('【1＝认罪;2＝不认;0＝退出】囚徒 A 选择:')    # 输入 A 的选择
3      b = input('【1＝认罪;2＝不认;0＝退出】囚徒 B 选择:')    # 输入 B 的选择
4      if a == '1' and b == '1':                        # A、B 都认罪
5          print('A 判三年,唉;A 判三年,唉')               # 打印博弈结果
6      elif a == '2' and b == '1':                      # A 不认罪,B 认罪
7          print('A 判零年,哈哈;B 判五年,呜呜')            # 打印博弈结果
8      elif a == '1' and b == '2':                      # A 认罪,B 不认罪
9          print('A 判五年,呜呜;B 判零年,哈哈')            # 打印博弈结果
```

10	elif a == '2' and b == '2':	# A、B都不认罪
11	print('A判一年,@|@;B判一年@|@')	# 打印博弈结果
12	else:	# 否则
13	break	# 退出循环,结束程序
>>>	【1=认罪;2=不认;0=退出】囚徒A选择:1	# 程序输出(略)

6. 课程扩展：囚徒困境模型的应用

在人类社会或大自然都可以找到类似囚徒困境的例子。经济学、政治学、动物行为学、进化生物学等学科,都可以用囚徒困境模型进行研究和分析。例如,每年举办的环法自行车赛中,选手们到终点前常以大队伍的方式前进,采用这个策略是为了使自己不至于太落后,而且出力适中。队伍最前方的选手在迎风时最费力,所以这时选择在前方是最差策略。通常大家都不愿意在最前面(共同背叛),这使得全体队伍速度很慢。解决方法是选手们在一段时间内互相交换最前方的位置,大家一起分担风的阻力(共同合作),这使得队伍的速度有所提升。如果有一人试图一直保持在最前方的位置(背叛),其他选手就会迎头赶上(共同背叛)。在最前方次数最多的选手(合作)通常都会被落后的选手迎头赶上(背叛),因为后面的选手避开了风的阻力,出力少,保存了实力用于最后冲刺。

单次和多次的囚徒困境博弈,结果会有所不同。对一次性囚徒困境博弈来说,最佳策略是背叛。在重复进行的囚徒困境博弈中,每个参与者都有机会去惩罚其他参与者在前一回合的不合作行为。这时,合作可能会作为平衡的结果出现。在多次囚徒困境博弈中,最佳策略被认为是"以牙还牙",这是阿纳托尔·拉波波特(Anatol Rapoport)发明的方法。这个策略是"在博弈的最开始选择合作,然后每次采用对手前一回合的策略"。即对手上一次为合作,则选择合作;如果对手上一次为背叛,则选择背叛(即以牙还牙)。

7. 编程练习

练习6-7：编写和调试例6-18的程序,掌握程序循环嵌套的方法。

练习6-8：为什么极少有3层或更多层的循环嵌套程序?

第7章

标准函数

Python 提供了一个庞大的标准函数库,可以帮助我们快速完成程序设计工作。数学中的函数是指给定一个输入,就会有输出的一种对应关系。程序语言里的函数与它基本相同,但也有些差别。函数是一种可以重复调用的子程序,它减少了程序设计的重复代码,提高了程序可靠性,降低了程序设计难度。

7.1 函数的类型和调用方法

1. Python 的函数类型

Python 有内置标准函数、导入标准函数、第三方软件包函数、自定义函数四种函数类型。Python 标准函数库提供了 200 多个程序模块、数千个标准函数。

(1) 内置标准函数是 builtins 模块中包含的所有常用函数(共 75 个),如 input()、print()、int()、len()、open()、read()等函数。Python 启动时,模块 builtins 会同时加载到内存中,模块中的函数可以随时调用,不需要用 import 语句导入 builtins 模块。

(2) 导入标准函数由 Python 自带,需要用 import 语句导入相关模块才能调用。常用标准函数模块有 math(数学)、random(随机数)、turtle(绘图)、tkinter(GUI)等。

(3) 第三方软件包中的函数,需要用 pip 工具从网络下载和安装,Python 运行后不会自行启动,需要用 import 语句导入后,才能在程序中调用这些函数。常用第三方软件包有 numpy(科学计算)、sympy(符号计算)、PIL(图像处理)、jieba(结巴分词)等。

(4) 自定义函数由读者在程序中编写,在程序中调用。自定义函数也可以做成单独的程序模块,保存在指定目录下,便于自己今后调用。

2. 函数的对象命名调用方法

函数 API(应用程序接口)包括函数功能、调用方法、返回值、函数使用指南等。函数调用采用对象命名法(也称为点命名法),对象命名中点号的含义为"的",表示对象之间的从属关系,起到连接作用。使用方法为模块.函数();对象.模块.类();变量.模块.函数();对象.属性;对象.方法()等。例如,函数 math.sin()命名中,含义为 math 模块的 sin 函数,括号()内为函数参数。对象命名方式可以避免同名函数或同名变量的冲突。

通常情况下,函数调用与数据类型有关,如列表的函数不能用在字符串上,反之亦然。例如,内置函数 reverse()的功能是数据反转,它仅仅对列表有效,对字符串、元组、字典等数据类型无效；而函数 len()对任何数据类型都适用。对大部分内置标准函数而言，很多数据类型都可以使用。

7.2 标准模块——随机数函数

1. 随机数特征

随机数在程序设计中非常重要。真正的随机数完全没有规律，数字序列也不可重复，它一般采用物理方法产生，如掷骰子、转轮盘、电子噪声等。一般在关键性应用中（如密码学）使用真正的随机数。

计算机中使用的随机数都是伪随机数。伪随机数是由随机种子（如系统时钟）根据某个算法（如梅森旋转算法）计算出来的随机数。

伪随机数并不是假随机数，这里"伪"是有规律的意思。如果程序采用相同的算法和相同的种子值，那么将会得到相同的随机数序列。在解决工程实际问题时，往往使用伪随机数就能够满足绝大部分应用的要求。

用随机数对问题求解时，得到的结果可能会有一些差别。解可能既不精确也不是最优，但从统计学意义上说是充分的。

2. 程序设计：随机数应用

随机数函数应用参见案例 1、案例 13、案例 36 和案例 49。

【例 7-1】 随机数函数示例程序如下：

```
>>>  import random                          # 导入标准模块
>>>  random.randint(1, 100)                 # 生成 1~100 之间的一个整数
     49
>>>  random.sample(range(1000), 5)          # 生成 1000 以内序列,随机取 5 个元素
     [995, 107, 916, 591, 487]
>>>  lst1 = ['山', '雨', '欲', '来', '风', '满', '楼']   # 定义列表
>>>  lst2 = random.sample(lst1, 3)          # 在列表中随机取 3 个字符串
>>>  lst2
     ['楼', '风', '雨']
>>>  random.shuffle(lst1)                    # 打乱列表 lst1 元素排列顺序
>>>  lst1                                    # 注意,函数不会生成新列表
     ['雨', '欲', '满', '楼', '风', '来', '山']
```

程序第 3 行，函数 sample()的作用是从随机序列中随机获取指定长度的片段，并随机排列，获取结果以列表的形式返回。

程序第 7 行，函数 random.shuffle()的作用是打乱列表里的元素，并随机排列。

注意：字符串是不可变数据类型，所以这个函数不能对字符串进行乱序排列。

案例 10：转换函数——字符串转程序

1. 函数 exec()语法

函数 exec()、eval()、compile()都可以把字符串做代码执行，exec()语法如下：

```
1   exec(expression, globals = None, locals = None)
```

（1）参数"expression"是代码字符串，它会被解析为 Python 语句，然后再执行它。

（2）参数"globals"是全局变量，它是一个字典对象；参数"locals"是局部变量，可以是任何对象。这两个参数用来指定执行代码时，可以使用的全局变量和局部变量。

（3）函数 exec() 的返回值永远为 None(空)；而函数 eval() 可以有返回值。

（4）函数 exec() 可以动态执行复杂的代码，而函数 eval() 只能执行一个表达式。

2. 程序设计：文本转程序

【例 7-2】 用内置标准函数 exec() 将字符串转为可执行程序语句，程序如下：

```
>>>   s = "print('雪崩时,没有一片雪花觉得自己有责任.')"    # 定义字符串
>>>   exec(s)                                              # 将字符串转为执行语句
      雪崩时,没有一片雪花觉得自己有责任
```

【例 7-3】 求 1!＋2!＋3!＋…＋10!的值，文本文件 func.txt 如下所示：

```
1   # func.txt                        #【阶乘求和】函数定义语法参见第 8 章
2   def func():                       # 定义求和函数
3       s = 0; t = 1                  # 变量初始化
4       for n in range(1, 11):        # 循环计算 10 次
5           t *= n                    # 求每个阶乘的值
6           s += t                    # 求阶乘值的累加和
7       print('1 - 10 的阶乘和 = ', s) # 打印阶乘累加和
8       return                        # 函数返回
9   func()                            # 调用求和函数
```

【例 7-4】 将 func.txt 转换为可执行文件，并且执行 func.txt 文件，程序如下：

```
1   with open('func.txt', 'r', encoding = 'utf - 8') as file:   # 打开文件
2       data = file.read()                                      # 读入 func.txt 文件
3   exec(data)                                                  # 执行 func.txt 文件
>>> 1 - 10 的阶乘和 = 4037913                                   # 程序输出
```

程序单词：compile(编译)，data(数据)，encoding(编码)，eval(返回表达式值)，exec(执行函数)，file(文件)，func(函数)，globals(全局变量)，locals(局部变量)，read(读数据)。

3. 编程练习

练习 7-1：编写和调试例 7-2～例 7-4 程序，了解字符串转为代码的方法。

案例 11：序列打包——计算销售利润

1. 序列打包函数语法

内置标准函数 zip() 可以将多个序列(列表、元组、字典、字符串等)打包成一个对象，即将这些序列中的元素重新组合成一个新的由元组组成的列表。解包函数用 zip(＊arges) 表示，其中的 ＊ 号表示解包，即将打包的序列解包为多个元素。序列打包应用参见案例 39。打包函数语法如下：

```
1   zip(迭代序列 1, 迭代序列 2, …)
```

（1）参数"迭代序列"可以为列表、元组、字典、集合、字符串等。如果这些传入参数的长度不等，则返回列表的长度与参数长度最短的元素相同。

（2）函数返回由元组组成的列表。返回值只能进行一次遍历，第二次遍历就空了。

（3）不要将打包函数 zip() 与压缩文件格式 zip 混淆，两者之间没有关系。

2. 程序设计：简单列表打包

【例 7-5】 如图 7-1 所示，列表 lst1＝['A', 'B', 'C', 'D']，列表 lst2＝['实事', '求是', '开拓', '进取']，编程利用函数 zip() 打包为 4 个元素（见图 7-1）。

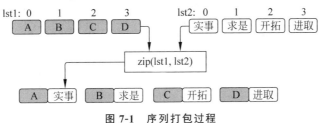

图 7-1 序列打包过程

程序如下：

```
>>>   lst1 = ['A', 'B', 'C', 'D']                      # 定义列表1
>>>   lst2 = ['实事', '求是', '开拓', '进取']            # 定义列表2
>>>   lst3 = list(zip(lst1, lst2))                      # 用 zip() 打包，列转为行
>>>   lst3                                              # 打包后再转为列表
[('A', '实事'), ('B', '求是'), ('C', '开拓'), ('D', '进取')]
```

程序第 3 行，函数 zip() 可以将同一列的元素打包成一个元组，这在表格行列转换、矩阵转置运算等领域应用广泛。

3. 程序设计：统计企业利润

【例 7-6】 企业产品销售和成本如表 7-1 所示，毛利润＝销售额－成本，求毛利润。

表 7-1 某企业一季度产品销售表

指 标	一 月	二 月	三 月
产品销售金额	45 000.00	22 500.00	57 000.00
产品成本	32 600.00	21 800.00	42 600.00

案例分析：以上表格如果采用循环处理会非常麻烦，利用函数 zip() 进行行列互换，可以简化程序。程序如下：

```
1     total_sales = [45000.00, 22500.00, 57000.00]     # 定义产品销售额列表
2     prod_cost = [32600.00, 18600.00, 42600.00]       # 定义产品成本列表
3     x = 0                                            # 月份变量初始化
4     for sales, costs in zip(total_sales, prod_cost): # 循环解包(迭代变量为元组)
5         profit = sales - costs
6         x += 1                                        # 月份递增
7         print(f'{x}月份毛利润:{profit:.2f}')           # 打印毛利润
>>>   1 月份毛利润:12400.00                             # 程序输出
      2 月份毛利润:3900.00
      3 月份毛利润:14400.00
```

程序单词：cost(成本)，prod_cost(产品成本)，sales(销量)，total_sales(总销量)。

4. 课程扩展：Python 程序的执行过程

计算机不能直接执行源程序，源程序必须通过翻译程序转换成机器指令，计算机才能识别和执行。程序解释器的功能是将源程序翻译为计算机能够执行的二进制机器码。

Python 程序执行过程如图 7-2 所示，Python 解释器将源程序加载到内存；然后对程序进行语法检查，如果程序有语法错误则输出提示信息；如果没有语法错误，解释器从源程序顺序读取一条语句，并将它翻译成 Python 字节码(一种类似于汇编语言的代码)，Python 虚拟机再将字节码转换为机器码，交由 CPU 执行；然后输出程序运行结果(如数据输入、程序输出等操作)；接着解释器检查程序是否结束，如果程序没有结束，解释器继续读取下一条程序语句，重复以上过程，直到程序语句全部执行完毕。

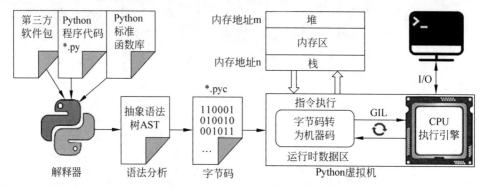

图 7-2　Python 程序执行过程

5. 编程练习

练习 7-3：编写和调试例 7-5 和例 7-6 的程序，掌握序列打包方法。

练习 7-4：参考例 7-5 的程序，元组 names＝('唐僧','悟空','八戒','沙僧')，powers＝(100，1500，800，400)，jobs＝('念经','开路','化缘','挑担')，用函数 zip()打包输出如下内容。

```
>>>   唐僧－念经－100              ♯ 程序输出
      悟空－开路－1500
      八戒－化缘－800
      沙僧－挑担－400
```

案例 12：随机数——用唐诗生成姓名

1. 起名难题

给孩子取名是一门学问，民间通常有"女诗经男楚辞"之说，指的是《诗经》中的词汇比较适合女生取名，而男生取名在《楚辞》中查找比较合适。人们希望姓名能满足三个条件，一是姓名能够兼顾发音的平仄相对，听起来朗朗上口；二是兼顾姓名的笔画数，如书写美观的笔画数为"多—少—多"，如传统文化中姓名的笔画数讲究"三才五格"等；三是姓名最好具有某种特殊语义，要尽量避免不好的歧义。用程序将"百家姓"和"古代诗词"集合在一起，随机生成姓名供取名者参考,这不失为一个好办法。

2. 程序案例:随机数取姓名

【例7-7】　利用"唐诗"和"百家姓"随机生成人物虚拟姓名。

案例分析:可以利用包含百家姓的文件来生成人物的"姓",利用诗词或常用名词生成人物的"名"。姓和名可以利用随机函数进行选择,以生成随机不重复的姓名。姓名的笔画数人工判断比较简单,程序也可以处理,但是处理过程比较麻烦。姓名语调的平仄处理比较简单,可以参见案例33对姓名语调进行平仄判断。而姓名中隐含语义的判断,目前的程序尚无能为力,它需要人工进行判断和选择,由此可见程序也不是万能的。

3. 程序设计:随机数取姓名

案例实现程序如下:

1	import random as rd	# 导入标准模块
2	x1 = '赵钱孙李周吴郑王冯陈褚卫蒋沈韩杨朱秦尤许何吕施张孔曹严华'	# 定义百家姓1
3	m2 = '银烛秋光冷画屏轻罗小扇扑流萤天阶夜色凉如水卧看牵牛织女星'	# 定义唐诗名2
4	m3 = '故人西辞黄鹤楼烟花三月下扬州孤帆远影碧空尽唯见长江天际流'	# 定义唐诗名3
5	for i in range(10):	# 随机生成姓名
6	name = rd.choice(x1) + rd.choice(m2) + rd.choice(m3)	# 连接形成姓名
7	print(name)	
>>>	蒋天辞　许轻唯　周光尽　张扑碧……	# 程序输出(略)

4. 程序注释

程序第6行,函数rd.choice(x1)表示在序列x1中随机选取一个值。序列可以是一个列表、元组或字符串,返回值是序列中一个随机元素。

程序单词:choice(随机选择一个元素),random(随机数)。

5. 编程练习

练习7-5:编写和调试例7-7的程序,掌握随机函数的使用方法。

案例13:随机数——蒙特卡洛法求 π 值

1. 蒙特卡洛算法

1946年,美国拉斯阿莫斯国家实验室(Los Alamos National Lab.)科学家冯·诺依曼(John von Neumann)和乌拉姆(Stan Ulam)共同发明了蒙特卡洛算法,冯·诺依曼用摩纳哥赌城蒙特卡洛(Monte Carlo)对算法命名。蒙特卡洛算法的思想如下。

在广场上画一个边长为1m的正方形,在正方形内部用粉笔随意画一个不规则的封闭图形,怎么计算这个不规则图形的面积呢?蒙特卡洛算法是均匀地向该正方形内撒N(N是一个很大的自然数)个黄豆,随后数一数有多少个黄豆落在不规则图形的内部。例如,不规则图形内部有K个黄豆,那么这个不规则图形的面积近似于N/K。N越大,不规则图形的计算值越精确。对那些难以得到解析解的问题,蒙特卡洛算法是一种有效的方法。

2. 数学建模：构建计算 π 值的数学模型

【例 7-8】　用蒙特卡洛算法计算 π 的近似值。

首先构建计算 π 近似值的数学模型(计算公式)。如图 7-3 所示,在正方形内有一个内切圆,圆半径为 R,正方形边长为 2R,圆面积与正方形面积之比为

$$\frac{圆面积}{正方形面积} = \frac{\pi r^2}{(2r)^2} = \frac{\pi}{4} \tag{7-1}$$

如图 7-4 所示,假设在正方形内投放 100 万个随机点 n,其中落在内切圆中的总点数为 k,则投点数 n 与 k 之间的关系为

$$\frac{圆内投点}{正方形内投点} = \frac{k}{n} \approx \frac{圆面积}{正方形面积} \approx \frac{\pi}{4} \tag{7-2}$$

由公式(7-2)可以推导出计算 π 近似值的数学模型

$$\pi \approx 4k/n \tag{7-3}$$

根据公式(7-3)(数学模型),可用蒙特卡洛算法计算出 π 的近似值。

3. 蒙特卡洛算法思想

怎样统计内切圆中的投点总数 k 呢?算法的步骤如下:

(1) 程序循环一次,随机生成两个 0 到 1 之间的小数(投点的 x、y 坐标值);

(2) 计算投点与圆心之间的距离($d = \sqrt{x^2 + y^2}$);

(3) 根据计算结果判断投点是否在圆内(见图 7-5),如果距离值 d≤R,则投点在圆内;如果距离值 d>R,则投点在圆外;

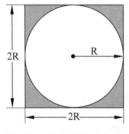
图 7-3　正方形和内切圆

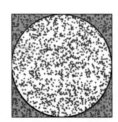
图 7-4　随机投点

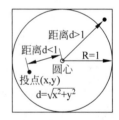
图 7-5　投点距离计算

(4) 当内切圆半径为 1 时,距离判断公式为 $\sqrt{x^2 + y^2} \leq 1$,然后累计圆中的投点数,就能够统计出圆内总点数 k;

(5) 随机函数生成的点越多,计算结果越接近于圆周率,例如,投点总数为 100 万个时,计算结果能够精确到圆周率的 2 位小数。

4. 程序设计：蒙特卡洛算法算法求 π 值

案例实现程序如下:

```
1  import math                              # 导入标准模块
2  import random                            # 导入标准模块
3
4  n = int(input('请输入一个大整数:'))       # 数越大,圆周率越精确
5  k = 0                                     # 圆内投点总数,初始值为 0
```

6	for i in range(n):	
7	x = random.random()	# 随机生成投点 x 坐标
8	y = random.random()	# 随机生成投点 y 坐标
9	if math.sqrt(x ** 2 + y ** 2) < 1:	# 判断投点是否落在圆内(圆半径 = 1)
10	k = k + 1	# 对落在圆内的点进行累加
11	pi = 4 * k/n	# 用数学模型计算 pi 值
12	print(f'圆周率的近似值为:{pi}')	# 打印 pi 值
>>>	请输入一个大整数:**1000000**	# 输入总投点数
	圆周率的近似值为:3.143524	# 输出 pi 近似值(值每次会有不同)

5. 程序说明

从以上实验结果可以得出以下结论:

(1)随着投点次数的增加,圆周率 pi 值的准确率也在增加;

(2)投点数达到一定规模时,准确率增加会减缓,因为随机数是伪随机数;

(3)做两次 100 万个投点时,由于算法本身的随机性,两次计算结果会不同。

程序单词:math(数学),pi(圆周率 π),random(随机数模块),sqrt(开平方)。

6. 编程练习

练习 7-6:编写和调试例 7-8 的程序,了解程序数学建模的方法。

第**8**章

自定义函数

程序设计中,如果需要处理的任务比较简单,可能不需要自定义函数,使用 Python 自带的标准函数就可以解决问题。当处理的任务较复杂时,如果将全部代码都写在主程序中,主程序将变得结构复杂,代码重复。使用自定义函数能够避免重复编写代码;提高了程序的可读性和利用率。

8.1　函数的定义和调用

1. 函数的定义和结构

自定义函数是一个语句块,这个语句块有函数名,我们可以在程序中使用函数名调用自定义函数。自定义函数的基本结构如图 8-1 所示。函数定义语法如下:

1	def 函数名(形参 1, 形参 2, …):	♯ 保留字 def 为定义函数;形参为接收数据的变量名
2	函数体	♯ 函数执行主体,比 def 缩进 4 个空格
3	return 返回值	♯ 函数结束,返回值传递给调用语句

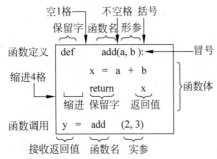

图 8-1　自定义函数的基本结构

（1）保留字。保留字 def 为函数定义,保留字 return 为函数结束并返回。

（2）函数名。自定义函数的函数名由编程者自由定义,函数名最好能见名知义,函数名不能重复,并且是合法的函数名。

（3）形式参数。形式参数简称形参,它的功能是接收调用语句传递过来的实际参数,它相当于数学函数中的自变量。多个形参之间用逗号分隔。形参不用说明数据类型,函数会根据传递过来的实参判断数据类型。

（4）函数体。函数体是能完成具体功能的语句块,它相对于 def 缩进 4 个空格。

（5）函数返回。保留字 return 表示函数结束并携带返回值。函数没有返回值或者没有 return 语句时,返回值为 None(空)(参见例 8-5)。

2. 自定义函数的调用

函数的调用方法即应用程序接口(API),它包括调用函数的名称、参数、参数数据类型、返回值等。Python 是解释性程序语言,函数必须先定义后调用。函数调用名必须与定义的函数名一致,并按函数要求传输参数。函数调用方法如下:

| 1 | 函数名(实参 1, 实参 2, …) | # 实参可以有 0 到多个,多个实参之间用逗号分隔 |

函数中的实际参数简称为实参,它是函数调用语句传递给函数形参的值。实参可以是具体值,也可以是已赋值的变量,实参不能是没有赋值的变量。

3. 函数返回值

一个函数只有一个返回值。当返回值中有多个元素时,元素之间用逗号分隔,它们将自动转换为一个元组(参见案例 33 程序的第 11 行)。

【例 8-1】 随机输入三个整数,判断这三个整数能不能构成一个三角形。

案例分析:根据三角形性质,三角形的三条边长必须大于 0;其次任意两条边之和必须大于第三边。满足以上两个条件,则可以构成一个三角形,否则不能构成三角形。

定义一个三角形判断函数 triangle(),函数有 a、b、c 三个参数,它们分别为三条边的边长。如果表达式"a+b > c and a+c > b and b+c > a"为真,则三个整数可以构成一个三角形;否则不能构成三角形。函数返回值为 True 或 False。

```
1   def triangle(a, b, c):                              # 定义三角形判断函数
2       if a + b > c and a + c > b and b + c > a:       # 判断是否能构成三角形
3           return True                                 # 可以构成三角形,返回 True
4       else:
5           return False                                # 不能构成三角形,返回 False
6
7   a = int(input('请输入第一条边整数长度【如:3】:'))      # 读取三角形边长
8   b = int(input('请输入第二条边整数长度【如:4】:'))
9   c = int(input('请输入第三条边整数长度【如:5】:'))
10  x = triangle(a, b, c)                               # 调用三角形函数
11  sjx = '可以' if x == True else '不能'                # 三元选择语句
12  print(f'数值{a}、{b}、{c}{sjx}构成三角形.')            # 输出结果
>>> 请输入第一条边整数长度【如:3】:123                    # 程序输出
    请输入第二条边整数长度【如:4】:456
    请输入第三条边整数长度【如:5】:789
    数值 123、456、789 不能构成三角形.
```

8.2 函数的形参和实参

Python 中,函数传输参数的形式有位置参数、默认参数、元组可变参数(* args)、关键字可变参数(** kw)四种类型。

1. 位置参数

函数调用时,位置参数有以下特征:

（1）函数调用时，实参与形参的数量必须相同，如果有多个参数，参数之间用逗号进行分隔，实参与形参的数量不相同时会导致程序异常退出；

（2）函数调用时，实参与形参的位置必须从左到右一一对应（见图8-1、例8-1），如果实参与形参的位置发生错位，将会导致函数产生错误的运算结果。

2. 默认参数

默认参数是在函数的形参中赋值。函数调用时，不再需要传递实参（见图8-2）。

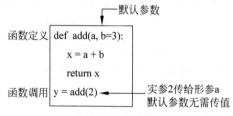

图 8-2　默认参数

（1）默认参数必须放在函数参数列表的最后（参数列表的右侧）。

（2）可以定义多个默认参数，但是不可以将中间某个参数作为默认参数。

【例 8-2】　正确的默认参数。

```
1    def func(a, b = 0, c = 100):
2        ...
```

【例 8-3】　错误的默认参数。

```
1    def func(a, b = 0, c = 100, d):
2        ...
```

（3）函数调用时，默认参数的位置如果没有传入实参，则函数使用默认参数值；函数调用时，如果默认参数的位置传入了实参，则函数使用传入的实参值。

3. 元组可变参数

可变参数是指可以使用任意数量的参数（包括 0 个参数），无需声明参数的个数。可变参

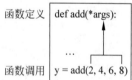

图 8-3　元组可变参数

数有元组可变参数（可用 * args 表示，见图8-3）和关键字可变参数（可用 ** kw 或 ** kwargs 表示）。元组可变参数有以下特征：

（1）函数中的形参用 * args 表示（见图8-3），函数不再为每个数据分配一个变量名，所有数据都是变量名的一部分；

（2）元组可变参数名 * args 是一个统称，也可以使用其他变量名；

（3）函数调用语句中，实参的位置不可改变，如实参(100，50)不能写为(50，100)。

【例 8-4】　用函数计算 12＋34＋56＋78＋99，程序如下：

```
1    def sum( * numbers):              # 定义求和函数,形参为元组可变参数
2        total = 0                     # 变量初始化
3        for number in numbers:        # 循环计算
4            total += number           # 数字累加
5        return total                  # 函数返回
```

6	result = sum(12, 34, 56, 78, 99)	# 调用求和参数,传递实参
7	print('12 + 34 + 56 + 78 + 99 = ', result)	# 输出计算结果
>>>	12 + 34 + 56 + 78 + 99 = 279	# 程序输出

4. 关键字可变参数

关键字可变参数有以下特征:

(1) 关键字可变参数采用键值对(键=值)的形式进行赋值(见图8-4);

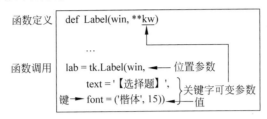

图 8-4 关键字可变参数

(2) 关键字可变参数的实参位置比较自由,只要参数名正确即可(见例8-5);

(3) 多种类型的参数混合传输时,参数排列顺序为位置参数、元组可变参数(＊args)、关键字可变参数(＊＊kw)、默认参数(见例8-6)。

【例 8-5】 关键字参数表示方法一:用函数打印字符串。程序如下:

1	def result(name, sc, gw):	# 定义函数,关键字形参表示 1
2	print(f'姓名:{name},诗词 = {sc},古文 = {gw}')	# 打印信息
3	result('宝玉', gw = 65, sc = 85)	# 实参与形参的位置可以不同
>>>	姓名:宝玉,诗词 = 85,古文 = 65	# 程序输出

【例 8-6】 关键字参数表示方法二:用函数打印字符串。程序如下:

1	def result(name, ＊＊kw):	# 定义函数,关键字形参表示 2
2	print(name, kw)	# 注意,kw 不要加 ＊ 号
3	result('宝玉:', 诗词 = 85, 古文 = 65)	# 函数调用,实参为字典
>>>	宝玉: {'诗词': 85, '古文': 65}	# 程序输出

8.3 全局变量和局部变量

1. 变量的作用域

变量的有效范围称为作用域。作用域是程序能够访问该变量的区域,如果超过该区域,程序将无法访问该变量。根据作用域,可以将变量分为局部变量和全局变量。

2. 局部变量

局部变量是在函数内部定义并使用的变量,它只在函数内部有效。内部函数执行时,系统会为该函数分配一块"临时内存空间",所有局部变量都保存在这块临时内存空间内。函数执行完成后,这块内存空间就被释放了,因此局部变量也就失效了。

【例 8-7】 在函数外部引用函数局部变量时,将触发程序异常,程序如下:

1	def test1():	# 定义测试函数 test1()

2	txt = '日无虚度'	# 在函数内部定义局部变量 txt
3	test1()	# 调用测试函数 test1()
4	print('局部变量 txt 的值为:', txt)	# 在函数外部引用局部变量 txt 将导致异常
>>>	SyntaxError: …	# 程序输出(异常信息略)

3. 全局变量

全局变量是在函数外部定义的变量。全局变量既可以在函数外部使用,也可以在函数内部使用。有两种方式定义全局变量,一是在函数外部定义变量;二是在函数体内部用保留字 global 将某个变量定义为全局变量(参见例 8-9 程序的第 2 行)。

4. 程序设计:全局变量和局部变量

【例 8-8】 全局变量和局部变量在程序中的应用(见图 8-5)。

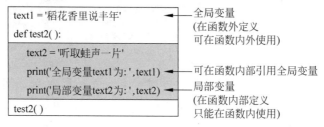

图 8-5　全局变量和局部变量

程序如下:

1	text1 = '稻花香里说丰年'	# 定义全局变量 text1
2	def test2():	# 定义函数(注意,函数没有传递参数)
3	text2 = '听取蛙声一片'	# 定义局部变量 text2
4	print('全局变量 text1 为:', text1)	# 可以在函数内部引用全局变量 text1
5	print('局部变量 text2 为:', text2)	# 在函数内部引用局部变量 text2
6	test2()	# 调用函数
>>>	全局变量 text1 为: 稻花香里说丰年 局部变量 text2 为: 听取蛙声一片	# 程序输出

【例 8-9】 通过保留字 global 将局部变量声明为全局变量,程序如下:

1	def test3():	# 定义测试函数 test3()
2	global text	# 使用保留字 global 定义 text 为全局变量
3	text = '大道至简'	# 全局变量 text 赋值
4	test3()	# 调用测试函数 test3()
5	print('全局变量 text 的值为:', text)	# 打印函数内部的全局变量 text
>>>	全局变量 text 的值为:大道至简	# 程序输出

注意:全局变量和局部变量不要重名。如果重名,则局部变量会屏蔽全局变量。

5. 课程扩展:命名空间和变量作用域

(1)命名空间。命名空间是名称与对象的一种映射关系。例如在《西游记》中,唐僧师徒四人构成了一个命名空间,"大师兄"这个名称对应了孙悟空这个对象(映射关系)。而且这个命名空间只对唐僧师徒有效,如果在其他神仙或妖怪中,"大师兄"这个名称就不一定对应孙悟空了。也就是说,在同一个命名空间中,变量不能重名;在不同的命名空间中,变量重名没有影响。

（2）命名空间的类型。Python 有内置作用域、全局作用域、局部作用域三种命名空间。内置作用域是内置函数的命名空间,如函数 input()、int()、print() 等,它在整个程序中有效；全局作用域是程序定义的名称,如变量、自定义函数、类、导入模块等,它在整个程序中有效,但是变量名不能与内置作用域冲突；局部作用域是函数内部定义的名称,包括函数内部定义的变量名和参数名,局部作用域表示变量名仅在函数内部有效。

（3）作用域的生命周期。命名空间的生命周期取决于对象的作用域,如果对象（程序块）执行完成,则该命名空间的生命周期就结束了。命名空间和作用域如图 8-6 所示。

```
def volume(a, b):
    PI = 3.1415926
    V = PI*a*a*b
    return V

r = float(input('请输入圆柱体半径:'))
h = float(input('请输入圆柱体高度:'))
x = volume(r, h)
print('圆柱的体积为:', x)
```

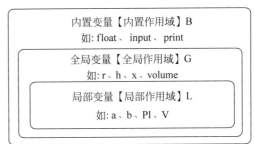

图 8-6 命名空间和作用域

（4）程序语句的作用域。Python 中,只有模块（程序）、类（class）、函数（def）才存在作用域的问题,其他代码块（如 if-else、try-except、for、while 等）不会引入新作用域,也就是说,在函数外定义的变量都是全局变量。

（5）内置标准函数可以嵌套使用,如 int(input(…)) 等,因为它的作用域最大。自定义函数和第三方软件包函数在程序中尽量不要嵌套使用,一是它们容易造成作用域混乱；二是它们会涉及复杂的函数式编程问题（本书不讨论 Python 函数式编程问题）。

8.4 匿名函数——函数的简化

1. 匿名函数语法

匿名函数是一种简化形式的函数。匿名函数用保留字 lambda 表示,它没有函数名,它只有一行,不是一个代码块。匿名函数语法如下:

```
1  变量名  = lambda 形参 1, 形参 2, … :返回值
```

保留字 lambda 为匿名函数,冒号前面是形参,形参名称自定,但必须与冒号后面表达式中的变量名一致；冒号后面的表达式是返回值。有多个形参时以逗号分隔。表达式中不能包含循环、return 语句,但是可以包含 if-else 语句。

匿名函数的使用参见案例 37 和案例 48 等。

2. 匿名函数与普通函数比较

【例 8-10】 匿名函数程序如下:

```
1  func = lambda x, y: x + y              # 定义匿名函数
2  s = func(3, 5)                         # 调用匿名函数
3  print(s)
>>> 8                                     # 程序输出
```

【例 8-11】　普通函数程序如下。

```
1    def func(x, y):                              # 定义普通函数
2        z = x + y
3        return z
4    s = func(3, 5)                               # 调用普通函数
5    print(s)
>>>  8                                            # 程序输出
```

匿名函数与普通函数的比较如图 8-7 所示。

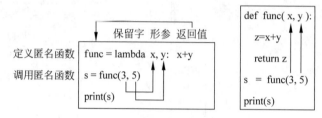

图 8-7　匿名函数与普通函数的比较

【例 8-12】　用匿名函数对字典排序,程序如下:

```
1    dict1 = {'c': 1,'a': 4,'b': 5}              # 定义字典
2    dict2 = sorted(dict1.items(), key = lambda x: x[1])  # 按字典的值[1]排序
3    print(dict2)
4    dict3 = sorted(dict1.items(), key = lambda x: x[0])  # 按字典的键[0]排序
5    print(dict3)
>>>  [('c', 1), ('a', 4), ('b', 5)]              # 程序输出
     [('a', 4), ('b', 5), ('c', 1)]
```

说明：函数 dict1.items()用于将字典转换成元组；函数 sorted()用于对字典中的键值对排序。

案例 14：定义函数——计算圆柱体体积

1. 程序设计：计算圆柱体体积

【例 8-13】　编程用自定义函数计算圆柱体体积,程序如下:

```
1    def volume(r, h):                            # 自定义函数,函数名为 volume(),r,b 为形参
2        PI = 3.1415926                           # 函数体,常量赋值
3        v = PI * r * r * h                       # 函数体,计算圆柱体体积
4        return v                                 # 函数结束,返回 v 值(注意,不是返回变量名 v)
5    r = float(input('请输入圆柱体半径:'))          # 接收键盘输入(为实参 r 赋值)
6    h = float(input('请输入圆柱体高度:'))          # 接收键盘输入(为实参 h 赋值)
7    x = volume(r, h)                             # 调用函数,r,h 为实参,x 接收函数返回值
8    print('圆柱的体积为:', x)                      # 打印计算结果
>>>  请输入圆柱体半径:5                             # 程序输出
     请输入圆柱体高度:12
     圆柱体的体积为: 942.47778
```

2. 程序注释

程序第 1～4 行为自定义函数。r 和 h 为形参,用于接收程序第 7 行的实参 r 和 h。

程序第 4 行,变量 v 是局部变量,它只能在函数内部使用,不能在函数外使用。

程序第 5～8 行为主程序块。

程序第 7 行为调用自定义函数 volume(),并且传递实参 r 和 h。实参与形参的名称最好相同(避免混乱),也可以不同。返回值是局部变量,它只在函数内部有效。因此需要将返回值 v 赋值给变量 x,后面的程序语句才可以通过变量 x 使用该返回值。

函数中参数传递过程如图 8-8 所示。

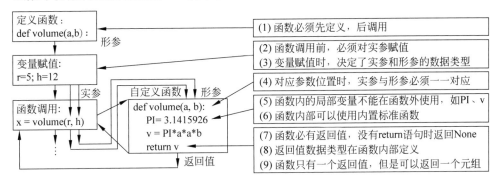

图 8-8　函数中参数传递过程

参见附录 D,在网站中运行例 8-13 程序。

程序单词:float(浮点数),volume(体积)。

3. 编程练习

练习 8-1:编写和调试例 8-13 的程序,掌握形参和实参的传输方法。

案例 15:可变参数——多个数据累加

1. 程序设计:元组型可变参数

【例 8-14】　元组型可变参数的结构如图 8-9 所示,程序如下:

```
1    def add( * args):              # 定义函数, * args 为元组型可变参数
2        sum = 0                    # 变量初始化
3        for n in args:            # 循环计算(注意,args 使用时不要写 * 号)
4            sum += n              # 自加运算(与 sum = sum + n 等价)
5        return sum                # 返回计算结果
6    y = add(2, 4, 6, 8)          # 调用函数,传递多个实参
7    print('累加和 = ', y)
>>>  累加和 = 20                     # 程序输出
```

2. 程序设计:关键字可变参数

【例 8-15】　关键字可变参数的结构如图 8-10 所示,程序如下:

```
1    def print_dict( ** kw):        # 定义函数, ** kw 为关键字可变参数(字典类型)
```

2	`    for k,v in kw.items():`	# 对字典的键值对循环取值(注意,kw不要写*号)
3	`        print(k, ':', v)`	# 打印字典键值对
4	`    return`	# 函数返回
5	`print_dict(a = 2, b = 4, c = 6)`	# 调用函数,传递字典型实参
>>>	`a :2 …`	# 程序输出(略)

元组可变参数

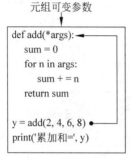

图 8-9　元组型可变参数

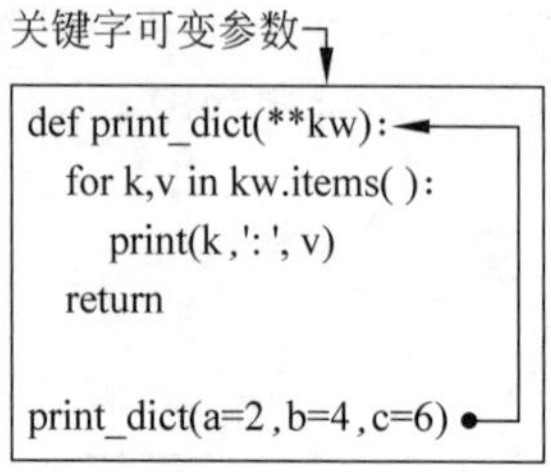

关键字可变参数

图 8-10　关键字可变参数

程序单词：add(加),args(参数),kw(关键字),print_dict(打印字典)。

3. 编程练习

练习 8-2：编写和调试例 8-14、例 8-15 的程序,掌握可变参数的使用方法。

练习 8-3：修改例 8-14 的程序,在函数外直接使用局部变量 sum。

案例 16：递归函数——阶乘递归计算

1. 递归的特点

递归指函数调用自身,递归函数能实现的功能与循环等价。递归具有自我描述、自我繁殖、自我复制的特点(见图 8-11～图 8-13)。递归具有自递归一词也常用于描述以自相似重复事物的过程。

图 8-11　自我描述的效果图

图 8-12　自我繁殖的效果图

图 8-13　自我复制的效果图

递归的执行分为递推和回归两个阶段。在递推阶段,将较复杂问题的求解,递推到比原问题更简单的子问题求解。递归必须要有终止递推的边界条件,即退出递推进入回归的条件,否则递归将陷入无限递推之中。在回归阶段,利用递归基本公式进行计算,然后逐级回归,最终得到复杂问题的解。

2. 递归求阶乘步骤

【例 8-16】　以阶乘 3! 的计算为例,说明递归的执行过程。

（1）基本公式。对 n>1 的整数,边界条件为 0!＝1;基本公式为 n!＝n×(n－1)!。

（2）递推过程。如图 8-14 所示,利用递归方法计算 3!时,可以先计算 2!,将 2!的计算值回代就可以求出 3!的值(3!＝3×2!);但是程序并不知道 2!的值是多少,因此需要先计算 1!的值,将 1!的值回归就可以求出 2!的值(2!＝2×1!)。以上过程中,变量的中间值依次压入堆栈(内存空间,见图 8-15);而计算 1!的值时,必须先计算 0!,变量的中间值逐步弹出栈(见图 8-15),将 0!的值回归就可以求出 1!的值(1!＝1×0!)。这时 0!＝1 是阶乘的边界条件,递归满足这个边界条件时,也就达到了子问题的基本点,这时递推过程结束。

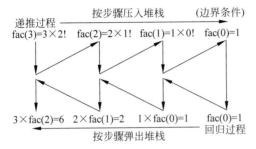

图 8-14 阶乘递归函数的递推和回归过程

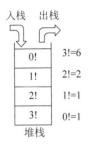

图 8-15 递归的堆栈操作

（3）回归过程。递归满足边界条件,或者达到了问题的基本点后,递归开始进行回归,即(0!＝1)→(1!＝1×1)→(2!＝2×1)→(3!＝3×2);最终得出 3!＝6。

从上例看,递归需要花费很多的内存单元(堆栈)来保存中间计算结果(空间开销大);另外运算需要递推和回归两个过程,会花费更长的计算时间(时间开销大)。

3. 程序设计:递归求阶乘

【例 8-17】 利用递归函数求正整数 n＝5 的阶乘值,程序如下:

1	def func(n):	# 定义递归函数 func()
2	if n == 0 or n == 1:	# 判断边界条件,n 等于 0 或 1 时,直接返回 1
3	return 1	# 返回值为 1
4	else:	# 否则
5	return n * func(n－1)	# 递归调用:计算(n－1)!,然后将结果乘以 n
6	n = 5	# 实参变量赋值
7	print(f'{n}! = {func(n)}')	# 阶乘函数递归调用,将值返回给调用函数
>>>	5!= 120	# 程序输出

4. 程序设计:递归求斐波那契数

【例 8-18】 斐波那契数列为 1,1,2,3,5,8,13,21,34,55……。斐波那契数列的规律是当前值是前两个值的和。本程序为求第 10 个斐波那契数的值,程序如下:

1	def fib(n):	# 定义递归函数
2	if n == 1 or n == 2:	# 判断边界条件,n 为 1 或 2 时
3	return 1	# 返回值为 1
4	else:	# 否则
5	return fib(n－1) + fib(n－2)	# 函数递归调用,返回前两个数之和
6	f = fib(10)	# 调用递归函数,计算第 10 个斐波那契数
7	print('第 10 个斐波那契数是:', f)	# 打印提示信息和第 10 个斐波那契数
>>>	第 10 个斐波那契数是:55	# 程序输出

5. 程序设计：递归求数制转换

【例8-19】　用递归算法将十进制数转换为二进制数，程序如下：

1	def T2B(n):	# 定义 T2B 递归函数(T2B 为十进制转二进制)
2	if n == 0:	# 判断边界条件，如果传入的参数为 0
3	return	# 函数返回
4	T2B(int(n/2))	# 函数递归调用(自己调用自己)，逐位转换
5	print(n % 2, end = '')	# 打印转换的二进制数，"end = ''"为不换行输出
6	print('218 转换为二进制数:', end = '')	# 打印提示信息
7	T2B(218)	# 调用 T2B()递归函数，并传入实参 218
>>>	218 转换为二进制数:11011010	# 程序输出

6. 程序设计：递归绘制图形

【例8-20】　设计递归函数，绘制一个多重方框图(见图 8-16)，程序如下：

1	import turtle	# 导入标准模块
2		
3	t = turtle.Turtle()	# 创建绘图窗口
4	def draw_spiral(line_len):	# 定义递归函数(形参为线条长度)
5	if line_len > 0:	# 判断边界条件，如果线条长度大于 0
6	t.forward(line_len)	# 绘制一个长度为 line_len 的线条
7	t.right(90)	# 画笔旋转 90°
8	draw_spiral(line_len − 5)	# 函数递归调用，线条长度每次递减 5 像素
9	return	
10		
11	draw_spiral(160)	# 调用递归函数，实参 160 为线条初始长度
12	turtle.done()	# 结束绘制
>>>		# 程序输出见图 8−16

图 8-16　多重方框图

程序单词：done(事件循环)，draw_spiral(绘制线条)，forward (画笔前进)，func(函数)，line_len(线条长度)，mystr(字符串)，T2B(十进制转二进制)，turtle(海龟)。

7. 课程扩展：递归与迭代的区别

递归与循环功能相同，实现方法不同。递归是自己调用自己，迭代用循环实现；递归需要回归，迭代无需回归；递归多用于树搜索(见图8-17)，迭代多用于重复性处理(见图8-18)；递归占用内存多，迭代占用内存少；迭代程序容易理解，递归难于理解。

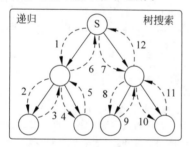

图 8-17　递归多用于树搜索

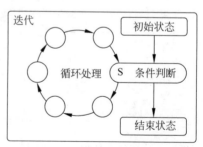

图 8-18　迭代多用于重复性处理

递归应用案例参见"案例 28：绘制科赫雪花"。

程序设计中，所有递归函数一定要有终止条件，这个终止条件又称为递归出口。如果没有递归出口，递归函数会陷入无限递推中，这会大量占用系统资源，直到系统崩溃。因此，Python 默认程序递归深度为 1000 次，超出这个范围时，程序会自动异常退出。

递归理解起来很困难，递归函数如何定义？递归过程如何控制？怎样实现自己调用自己？如何得到期望值？这些问题都需要反复琢磨。彼得·德奇（L. Peter Deutsch）风趣地说："人理解迭代，神理解递归"。

8. 编程练习

练习 8-4：编写和调试例 8-17～例 8-20 的程序，掌握递归函数的定义和调用方法。

案例 17：创建软件包——模块的调用

模块最大的优点是可以被其他程序引用，从而大大提高了代码的可重用性。

1. 简单的自定义模块

除了 Python 标准模块和第三方软件包外，读者也可以创建自己的软件包。最简单的方法是编写一个 Python 程序，将它保存在程序运行目录下。这样编写的程序就是一个模块，文件名就是模块名。如果编写多个程序，存放在指定目录中，这样就形成了一个自定义软件包。可以在其他程序中通过 import 语句导入和使用这个模块或软件包。

【例 8-21】 自定义一个模块，并且导入自定义模块。

（1）在 IDLE 窗口下编辑以下示例程序，程序如下：

```
1   print('Hello,你好!')                    # 程序 hello.py 的内容
```

（2）将（1）中程序保存在"D:\test\"目录下，并命名为 hello.py。

（3）通过 import 语句导入 hello.py 模块，程序如下：

```
>>>  import hello                          # 导入自定义模块
     Hello,你好!
```

说明：如果导入 hello 模块发生异常，可参见本节中"6.课程扩展：修改环境变量"。

2. 自定义模块和软件包

D:\Python\Lib\sit-packages 是 Python 用来存放第三方软件包和模块的目录，当然这个目录下也可以存放自定义模块。这个路径在 Python 安装时已经设置好了，导入模块时，默认模块在 D:\Python\Lib\sit-packages 目录下。

如果编程人员需要编写一些功能较多、内容复杂的模块时，可以自己创建一个软件包。创建软件包就是创建一个目录，目录中包含一组程序文件和一个内容为空的__int__.py 文件，文件__int__.py 用于标识当前目录是一个软件包（package）。

从文件角度看，软件包就是"文件目录＋源程序＋__init__.py 文件"，该目录中可以包含多个程序模块和数据文件。从逻辑角度看，软件包是多个程序的集合。当读者创建的程序模块越来越多时，软件包的形式可以更加方便地管理这些程序模块。

3. 程序设计：自定义软件包存放在 Python 目录

【例 8-22】 创建一个自定义软件包（见图 8-19），实现两个数的四则运算。

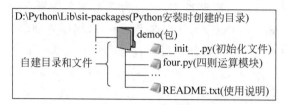

图 8-19   软件包 demo 目录结构和文件

案例分析：假设 Python 软件安装在 D：\ Python 目录下。在 D：\ Python \ Lib \ sit-packages 目录下创建一个 demo（演示）子目录。在 demo 目录下，创建一个名为"__init__. py"的文本文件，该文件内容为空。然后在该目录下建立一个 four. py 程序，或者软件包的其他文件（如软件包使用说明 README. txt 等，见图 8-19）。程序代码如下：

```
1   # four.py                      #【四则运算模块】
2   def add(a, b):                 #【1. 定义加法函数】
3       return a + b
4   def sub(a, b):                 #【2. 定义减法函数】
5       return a - b
6   def mul(a, b):                 #【3. 定义乘法函数】
7       return a * b
8   def div(a, b):                 #【4. 定义除法函数】
9       return a/b
10
11  if __name__ == '__main__':     #【5. 定义程序入口】
12      sum = add(5, 3)            # 调用加法函数,并传输实参
13      print('5 + 3 = ', sum)     # 打印程序输出
```

自定义软件包和模块的调用语法为"import 软件包名. 模块名"。

【例 8-23】 调用 demo 包 four 模块中的四则运算函数（见图 8-19），程序如下：

```
>>>  import demo.four              # 导入自定义模块—四则运算
>>>  demo.four.sub(4, 7)           # 调用 sub()函数进行减法运算,4、7 为实参
     - 3
>>>  demo.four.div(10, 2)          # 调用 div()函数进行除法运算,10、2 为实参
     5.0
```

4. 程序设计：自定义模块存放在程序目录中

【例 8-24】 将 four. py 和 test. py 存在 D：\test 目录中（见图 8-20），然后运行 test. py 程序（如果导入模块发生异常，参见下页"6. 课程扩展：修改环境变量"）。程序如下：

```
1   # test.py                       # 测试程序
2   import four                     # 导入自定义模块—四则运算
3   print(four.sub(4, 7))           # 调用 sub()函数进行减法运算,4、7 为被减数,减数
4   print(four.div(10, 2))          # 调用 div()函数进行除法运算,10、2 为被除数,除数
>>>    - 3    5.0                   # 程序输出
```

例 8-23 与例 8-24 程序运行结果相同。软件包安装时采用图 8-19 的方法,模块调用方法如例 8-23 所示。自定义模块一般采用图 8-20 的方法存放,模块调用方法见例 8-24。

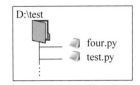

图 8-20　test 目录结构

5. 程序设计:用程序保存数据

Python 程序绝大部分时候为程序代码,其实程序模块也可以用于保存数据。如例 8-25 所示,程序“data.py”中定义了一些数据,我们可以在例 8-26 中调用这些数据。

【例 8-25】　数据文件 data.py 如下:

```
1   s = '''
2   接天莲叶无穷碧,
3   映日荷花别样红。
4   '''
5   a = 500
6   b = 20
```

【例 8-26】　调用 data.py 中数据的程序如下:

```
>>>   import data                              ＃ 导入自定义模块
>>>   print(data.s)
      接天莲叶无穷碧,
      映日荷花别样红。
>>>   print(data.a + data.b)
      520
```

程序单词:demo(演示),div(除),four(四则运算),mul(乘),sub(减)。

6. 课程扩展:修改环境变量

【例 8-27】　例 8-24 中,若导入模块出现下面异常信息,则说明环境变量存在问题。

```
>>>   import four                                    ＃ 导入自定义模块 four
      Traceback (most recent call last):             ＃ 抛出异常
        File "< pyshell＃0 >", line 1, in < module >  ＃ 错误行 1
          import four                                ＃ 异常语句
      ModuleNotFoundError: No module named 'four'     ＃ 异常类型:没有发现 four 模块
```

按以下步骤,修改 Windows 中的环境变量设置。

(1) 按组合键 Win＋R,在弹出的“运行”窗口输入 sysdm.cpl→“确定”。

(2) 在弹出的“系统属性”窗口中单击“高级”→“环境变量”。

(3) 在弹出的“环境变量”窗口下方选择 path→“编辑”。

(4) 在弹出的“编辑环境变量”窗口中单击“新建”→输入“D:\test\”(假设读者的程序和数据文件都存放在这个目录)→“确定”→“确定”→“确定”。

(5) 关闭 Python shell 窗口,重新打开 Python shell 窗口,即可激活环境变量。

7. 编程练习

练习 8-5:编写和调试例 8-22 和例 8-23 的程序,掌握系统模块定义和调用方法。

练习 8-6:编写和调试例 8-24 的程序,掌握用户模块定义和使用方法。

练习 8-7：编写和调试例 8-25 和例 8-26 的程序，掌握用程序存储数据的方法。

案例 18：异常处理——预防程序出错

1. 错误和异常处理

人们往往把操作失败和程序异常退出都称为"错误"，其实它们很不一样。操作失败是所有程序都会遇到的问题，只要错误被妥善处理，就不一定说明程序存在错误。如"文件找不到"会导致操作失败，但是它并不一定意味着程序出错了，有可能是文件格式错误，或文件内容被破坏，或文件被删除，或文件路径错误等。

Python 中，错误是指 Python 规定的 Error 类，该类可以将错误传递给程序。如果程序不进行处理，则 Python 会抛出异常。或者说，异常是一种没有被程序处理的错误。

程序运行失败的原因主要有操作错误、运行时错误、程序错误等。程序错误包括语法错误（如缩进错误）、语义错误（如变量没有赋值）、逻辑错误（如输入数据错误）。

在异常处理中，程序出现错误后，其执行流程就会发生改变，控制权会转移到异常处理语句块。程序会按照预先设定的异常处理语句，针对性地处理异常，尽最大可能恢复正常并继续执行，并且保持代码的清晰。

程序异常处理应用参见案例 35、案例 37 和案例 19 等。程序异常处理往往通过 try-except、raise、try-finally 等语句实现。

2. 异常处理语句 try-except

当 Python 程序发生异常时，我们需要捕获并处理它，否则程序会终止执行。语句 try-except 用来检测 try 语句块中的错误，从而让语句 except 捕获异常信息并处理。异常处理语句的 try-except 语法结构如图 8-21 所示。

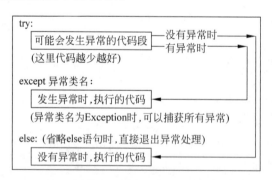

图 8-21 异常处理语句的 try-except 语法结构

1	try:	# try 子句，准备捕获异常
2	try 子语句块	# 执行可能触发异常的代码
3	except 异常类名:	# except 子句，按"异常类名"处理
4	异常处理语句块 1	# 执行异常处理的代码
5	except Exception:	# Exception 子句可以匹配任意异常类型
6	异常处理语句块 2	# 执行异常处理的代码

| 7 | else: | ♯ else 子句为没有异常时执行的代码 |
| 8 | 　　程序正常语句块 | ♯ (这个语句块应用很少,可省略) |

异常处理语句 try-except 工作过程如下:

(1) 执行 try 子句块(保留字 try 和 except 之间的语句),准备捕获异常;

(2) 如果没有发生异常,则忽略 except 子句,try 子句块执行完后结束语句块;

(3) 如果执行 try 子句的过程中发生了异常,那么 try 子句剩余部分将被忽略。如果异常与 except 子句中的"异常类名"相符,则执行对应的异常处理语句;

(4) 异常处理 try-except 语句中,可以包含多个 except 子句,它们分别处理不同的异常类型,但是其中只有一个分支会被执行;

(5) 语句"except Exception:"可以匹配不同的异常类型(参见例 8-30 程序的第 6 行);

(6) 最后一个 except 子句可以忽略异常类名,它被当作通配符使用;

(7) 如果异常没有相匹配的处理语句,那么 Python shell 窗口会抛出异常信息;

(8) 语句 try-except 在结构上与多条件选择语句非常相似,只是功能不同。

3. 程序设计:除数为 0 的异常处理

【例 8-28】 除数为 0 会触发程序异常,捕获这个异常并进行处理,程序如下:

1	try:	♯ 异常捕获子句,准备捕获异常
2	res = 2/0	♯ 触发一个异常(除数不能为 0)
3	except ZeroDivisionError:	♯ 处理捕获的异常,ZeroDivisionError 为异常类名
4	print('错误:除数不能为 0! ')	♯ 异常提示(异常处理语句块)
>>>	错误:除数不能为 0!	♯ 程序输出

程序注释:以上程序捕获到了"ZeroDivisionError"异常类。如果希望捕获并处理多个异常,有两种方法:一是给一个 except 子句传入多个异常类名;二是写多个 except 子句,每个子句都有自己的异常类名。

4. 程序设计:输入错误的处理

【例 8-29】 输入一个整数,判断数据是不是整数。如果输入错误,用 try-except 语句捕捉异常,并要求重新输入数据;如果输入正确,则执行后继代码。程序如下:

1	while True:	♯ 设置永真循环
2	try:	♯ 异常捕获子句
3	x = int(input('请输入一个整数:'))	♯ 获取输入数据
4	break	♯ 如果输入正确,则强制退出循环
5	except ValueError:	♯ 处理 ValueError 异常
6	print('输入数据不是整数,请重新输入!')	♯ 异常处理,并返回到循环头部
>>>	请输入一个整数:**宝玉**	♯ 程序输出
	输入数据不是整数,请重新输入!	

5. 异常处理语句 raise

Python 允许程序使用 raise 语句自行引发异常。如果程序中的数据与业务需求不符(如年龄为负数),就会产生业务需求错误。业务需求产生的错误必须由程序本身来决定是否引发异常,Python 系统无法引发这种业务异常。在程序中自行引发异常可以使用 raise 语句,它的基本语法如下:

```
1  | raise [异常类名('异常信息')]
```

（1）函数中方括号"[ ]"内为可选参数，省略这个参数时，将把错误信息原样抛出。

（2）不能确定异常类时，可以用"Exception"表示所有内置的异常类名。

6. 程序设计：输入小于 0 的异常处理

【例 8-30】 设计年龄判断函数，如果年龄小于 0，则触发异常处理。程序如下。

```
1  | def myage(age):                    # 定义函数
2  |     if age < 1:                    # 条件判断
3  |         raise Exception('无效年龄')   # 异常触发
4  | try:                               # 捕获异常开始
5  |     myage(0)                       # 调用函数，参数为 0 时，触发异常
6  | except Exception as err:           # 类名 Exception 匹配所有异常
7  |     print('数据错误:', err)          # 异常处理语句
8  | else:                              # 正常处理语句
9  |     print('数据正确')                # 正常处理语句
>>> 数据错误: 无效年龄                       # 程序输出
```

程序单词：age(年龄)，err(错误)，raise Exception(引发异常)，ValueError(数值错误)，ZeroDivisionError(除 0 错误)，myage(年龄函数)。

7. 课程扩展：内置异常类

常用的内置异常类如表 8-1 所示。

表 8-1　Python 常用内置异常类

类　　名	功　能　描　述	导致异常的语句案例
AttributeError	属性错误	a＝(1,2)；a. append(3)，3 不是元组
Exception	常用错误基类	所有异常都属于基类中的一员
ImportError	导入错误	模块路径错误，或模块名称错误
IndentationError	代码没有对齐	代码没有缩进，或缩进不规范
IndexError	索引号错误	x＝[1,2,3]；x[4]，索引号 4 超出范围
IOError	文件名或路径错误	file＝open('ok. py', 'r')，文件未找到
NameError	变量名错误	x＝20＋y，变量 y 没有赋值
SyntaxError	语法错误	if a＝0，等于(＝＝)错写为赋值(＝)
TypeError	类型错误	500＋'20'，数值与字符串混用
ValueError	值错误	int('OK')，字符串无法转换为整数
ZeroDivisionError	除 0 错误	2/(4－4)，除数为 0

8. 编程练习

练习 8-8：编写和调试例 8-29 的程序，掌握防止数据输入错误的方法。

练习 8-9：编写和调试例 8-30 的程序，掌握输入数据在一定范围的方法。

案例 19：程序优化——精确计算圆周率

1. 圆周率的 BBP 计算公式

圆周率计算方法很多。BBP(算法学家 David Bailey、Peter Borwein、Simon Plouffe 三

人姓的首字母)公式非常神奇,它可以计算圆周率中的任何一位。BBP 公式为

$$\pi = \sum_{k=0}^{\infty} \left[\frac{1}{16^k} \left(\frac{4}{8k+1} - \frac{2}{8k+4} - \frac{1}{8k+5} - \frac{1}{8k+6} \right) \right] \tag{8-1}$$

式中,k 是 π 需要计算的小数位。公式的计算结果是十六进制数。虽然可以将十六进制数转换为十进制数,但是当把它转换成十进制数时,计算结果会被前后位数上的数所影响(二进制数没有影响)。

【例 8-31】 通过符号计算,获取小数点后 100 位的圆周率,程序如下:

```
>>>  import sympy                # 导入软件包
>>>  sympy.pi.evalf(102)         # 输出圆周率的 101 位小数(最后一位是防止进位误差)
     3. 1415926535  8979323846  2643383279  5028841971  6939937510  5820974944
        5923078164  0628620899  8628034825  3421170679 8
```

2. 程序设计: 精确计算 π 值

【例 8-32】 利用 BBP 公式计算 π 值到小数点后第 100 位,程序如下。

案例分析:圆周率精确值计算方法如下。

(1) 将 BBP 公式转换为表达式。

(2) 用函数 range()生成迭代变量,循环计算圆周率累加和。

```
1    n = int(input('请输入需要计算到小数点后第 n 位:'))         # 输入计算位数
2    pi = 0                                                    # 初始化变量 pi
3    for k in range(n):                                        # 循环计算 pi
4        pi = pi+(1/pow(16,k) * (4/(8 * k+1) - 2/(8 * k+4) - 1/(8 * k+5) - 1/(8 * k+6)))
                                                               # BBP 公式
5    print(f'小数点后第{n}位的 pi 值为:', pi)                    # 打印结果
>>>  请输入需要计算到小数点后第 n 位:100                         # 程序输出
     小数点后第 100 位的 pi 值为: 3.141592653589793
```

由以上程序输出结果可见,pi 值只能计算到小数点后 15 位。

对于浮点数的精确计算,需要用到 Python 标准函数库中的精确计算模块 decimal,以及计算精度设置函数 getcontext().prec。

【例 8-33】 利用 BBP 公式计算 π 值到小数点后第 100 位,程序如下:

```
1    from decimal import Decimal, getcontext              # 导入标准模块—精确计算函数
2
3    getcontext().prec = 102                               # 设精度为 102 位(很重要)
4    N = int(input('请输入需要计算到小数点后第 n 位:'))        # 输入计算位数
5    pi = Decimal(0)                                       # 初始化 pi 值为精确浮点数
6    for k in range(N):                                    # 循环计算 pi 值
7        pi += Decimal(1/pow(16,k) * (4/(8 * k+1) - 2/(8 * k+4) - 1/(8 * k+5) - 1/(8 * k+6)))
                                                           # BBP 公式
8    print(f'小数点后第{N}位的 pi 值为:', pi)                 # 打印 pi 值
>>>  请输入需要计算到小数点后第 n 位:100                       # 程序输出(小数点 16 位后全错)
     小数点后第 100 位的 pi 值为:3.1415926535  8979320958  1689672085  3760862142
        8145036074  3119042289  7105864764  2051543596  3184949209  0956344708   9
```

程序第 3 行,函数"getcontext().prec"为设置在后续运算中的有效位数。

　　程序第 5 行,函数"Decimal(0)"为设置参数 0 的精度为 102 位(默认 28 位)。参数可以为整数或者数字字符串(如'0'),但不能是浮点数,因为浮点数本身就不准确。

　　从以上计算结果可以看到,虽然可以计算到 100 位,但是小数点后第 16 位以后已经与查找的 pi 值不相符了。问题出在哪里呢? 检查程序,可以发现 N 和 k 没有设置浮点数精确计算。N 为循环计数序列,不设置精确值问题不大;但是 k 是迭代变量,如果不设置浮点数精确计算,将导致浮点数精确计算失败。

【例 8-34】　利用 BBP 公式计算 π 值到小数点后第 100 位,程序如下:

```
1   from decimal import Decimal, getcontext              # 导入标准模块—精确计算函数
2
3   getcontext().prec = 102                              # 设计算精度为 102 位(很重要)
4   N = int(input('请输入需要计算到小数点后第 n 位:'))     # 输入计算位数
5   pi = Decimal(0)                                      # 初始化 pi 值为精确浮点数
6   for n in range(N):                                   # 循环计算 pi 精确值
7       k = Decimal(n)                                   # 迭代变量为精确浮点数(很重要)
8       pi += Decimal(1/pow(16,k) * (4/(8*k+1) - 2/(8*k+4) - 1/(8*k+5) - 1/(8*k+6)))
                                                         # BBP 公式
9   print(f'小数点后第{N}位的 pi 值为:', pi)               # 打印 pi 值
```

```
>>>   请输入需要精确到小数点后第 n 位:100              # 程序输出
      小数点后第 100 位的 pi 值为:3.1415926535  8979323846  2643383279 5028841971
        6939937510   5820974944   5923078164   0628620899   8628034825   3421170679   8
```

　　说明:可以通过网站(如 https://tooltt.com/pi/)校验计算结果是否正确。

3. 程序说明

　　从例 8-32～例 8-34 可以总结出以下经验。

　　(1) 一个优秀的程序需要反复调试,很难一次就能设计成功;

　　(2) 例 8-33 程序运行正常,但是结果错误,这说明程序的逻辑错误很难发现;

　　(3) 高精度浮点运算时,一定要注意迭代变量的积累误差。

　　程序单词:Decimal(十进制数位),getcontext(计算精度),pow(指数运算)。

4. 编程练习

　　练习 8-10:调试例 8-32～例 8-34 的程序,掌握程序调试和优化的方法。

　　练习 8-11:如果需要计算 pi 值精确到任意位,例 8-34 的程序需要做哪些修改?

第 9 章

文件读写

文件是计算机存储数据的重要形式,用文件组织和表达数据更加有效和灵活。文件有不同编码和存储形式,如文本文件、图像文件、音频和视频文件、数据库文件、特定格式文件等。每个文件都有各自的文件名和属性,对文件进行操作是 Python 的重要功能。

9.1 文件目录和路径

计算机中的硬盘相当于一个大房间,目录就是存放文件的房间,路径是文件存放位置的说明。绝对路径相当于人在任意位置,说明文件存放在×栋×楼×层×号;相对路径相当于人在某一个房间,说明文件存放在本房间内,还是存放在本房间的×储物间。

1. 当前目录

当前目录就是程序运行时所在目录。在技术文献中,经常会提到"文件夹"与"目录",它们常用来表示同一个概念,不过"文件夹"是一种通俗说法,而"目录"是一个标准术语。例如,可以说"当前目录",但没有"当前工作文件夹"这种说法。

【例 9-1】 查看程序当前所在目录,程序如下:

```
>>>  import os                        # 导入标准模块—操作系统
>>>  os.getcwd()                      # 查看当前目录
     'D:\\Python'
```

2. 绝对路径

绝对路径指从根目录(盘符)开始到文件位置的完整说明(见图 9-1),Windows 系统中以盘符(如 D:\等)作为根目录。绝对路径的优点是直观明了,无论文件在哪个位置,都能正确打开。绝对路径的缺点是位置固定,修改一个绝对路径只能改变一个,其他路径不会发生变化,工作效率比相对路径差。对编程新手来说,绝对路径更加简单。

【例 9-2】 素材为"琴诗.txt"(ANSI/GBK 编码),保存在"D:\test\资源\"目录中(见图 9-1)。用绝对路径打开"琴诗.txt"文件,并读出文件内容,程序片段如下:

```
>>>  file = open('D:\\test\\资源\\琴诗.txt', 'r').read()    # 按绝对路径打开指定文件
```

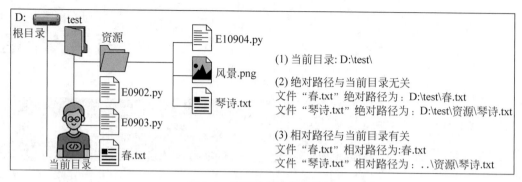

图 9-1　绝对路径和相对路径

3. 相对路径

相对路径应用最多的就是程序和数据文件都在同一目录，无需说明路径。相对路径以当前目录为基准，逐级指向被引用的文件（见图 9-1）。相对路径的优点是程序可移植性好，测试方便；缺点是文件位置发生变化时，会出现大量错误。

【例 9-3】　素材为"春.txt"（ANSI/GBK 编码），保存在 D:\test\ 目录中（见图 9-1）。用相对路径打开"春.txt"文件，并读出文件内容，程序片段如下：

```
>>>  file = open('春.txt', 'r').read()        # 相对路径,当前目录为 D:\test
```

说明 1：文件"春.txt"与程序必须都在 D:\test\ 目录中。

说明 2：读者的源程序存放目录、资源（如图片、数据文件等）存放目录等，如果与本书不同，应当根据自身的环境，对本书中程序案例中的路径做适当修改。

4. 路径分隔符

路径分隔符有"/"（正斜杠）和"\"（反斜杠）的区别。在 Windows 系统中，用反斜杠（\）表示路径；在 Linux 和 UNIX 系统中，用正斜杠（/）表示路径。Python 支持这两种不同的路径分隔符表示方法，但是两种路径分隔符造成了程序的混乱。本书所有程序都基于 Windows 环境，所以采用反斜杠（\）作为路径分隔符。

【例 9-4】　当前目录为 D:\test 时，路径分隔符可采用不同表达方式，程序片段如下：

```
>>>  file1 = open('D:\\test\\资源\\琴诗.txt', 'r')     # 绝对路径,文件与程序在不同目录(推荐)
>>>  file2 = open(r'D:\test\资源\琴诗.txt', 'r')       # 绝对路径,r 表示' '内为源字符串
>>>  file3 = open('琴诗.txt', 'r')                      # 相对路径,文件与程序在同一目录(推荐)
```

程序中的路径分隔符应当注意以下问题：

（1）路径分隔符在程序中应当加上转义符。如文件路径为 D:\tset\资源\琴诗.txt 时，在程序语句中加上转义符后，表示为 D:\\test\\资源\\琴诗.txt。

（2）路径前加字符 r 时，表示路径按源字符形式输出，如 r'D:\test\资源\琴诗.txt'，这时路径分隔符后不需要增加转义符。

（3）软件包 Pandas 只能使用 'D:\\test\\test.txt' 形式的路径。

（4）软件包 OpenCV 只能用全英文路径，如 img＝cv2.imread('D:\\test\\blue.jpg')。

9.2　TXT 文件读写模式

1. 文本文件编码

TXT 是一种文本文件格式，文件的扩展名为 txt。TXT 文件由行组成，行的长度没有限制，一个换行符为一行。TXT 文件只有极少的格式信息，如空格、换行、结束等格式信息，没有字体大小、颜色、位置等格式信息。任何能读取字符串的程序都能读取 TXT 文本文件，它是一种通用的文件格式。

如图 9-2 所示，TXT 文件对字符格式和编码没有明确的规定，Windows 中"记事本"软件默认编码为 ANSI，中文 Windows 系统中，ANSI 编码就是 GBK（国家标准扩展）编码。"记事本"软件允许文本文件使用 UTF-8（8 位可变字节）等 Unicode 编码（见图 9-3）。

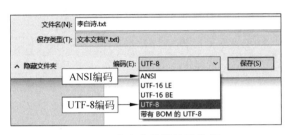

图 9-2　文本文件的编码选择

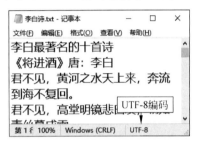

图 9-3　UTF-8 编码文件

注意：Python 程序和数据文件默认采用 UTF-8 编码。

2. 文件打开语法

文本文件读写的三个步骤是打开文件、读写文件和关闭文件。

文件访问前必须先打开文件，并指定文件将做什么操作。Python 通过内置标准函数 open()打开或创建文件，函数返回文件句柄。文件打开的说明如图 9-4 所示，语法如下：

```
1  文件句柄 = open('文件名', '操作模式', '编码')
2  with open('文件名', '操作模式'', '编码') as 文件句柄:
3  with open(file_name1) as file1, open(file_name2) as file2, open(file_name3) as file3:
```

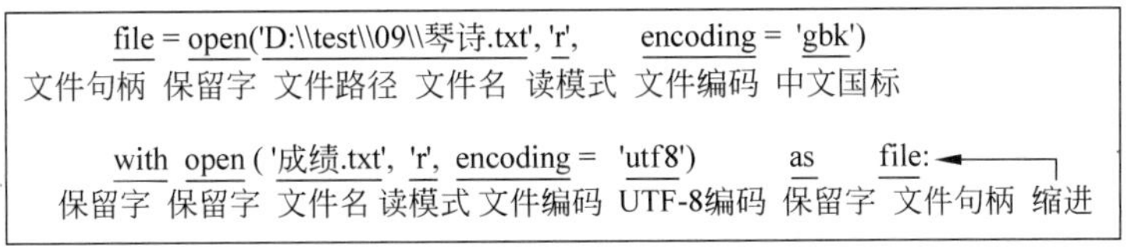

```
file = open('D:\\test\\09\\琴诗.txt', 'r',      encoding = 'gbk')
文件句柄 保留字 文件路径 文件名 读模式 文件编码 中文国标

with  open ('成绩.txt', 'r', encoding = 'utf8')          as      file:
保留字  保留字  文件名 读模式 文件编码  UTF-8编码  保留字 文件句柄 缩进
```

图 9-4　创建或打开文件案例说明

（1）文件句柄。文件读写是一个非常复杂的过程，它涉及设备（如硬盘）、通道（数据传输方式）、路径（文件存放位置）、进程（读写操作）、数据缓存（文件在内存中的临时存放）等复杂问题。文件句柄是函数 open()的返回值，它隐藏了设备、通道、路径、进程、缓存等复杂操作，帮助编程人员关注正在处理的文件。文件句柄用变量名表示（如 file、file_data、f 等），它通过函数 open()与文件连接。文件打开或创建后，文件句柄就代表了打开的文件对象，这简化了程序设计，编程人员可以方便地读取文件中的数据。

（2）文件函数。函数 open() 可以打开一个存在的文本文件，或者新创建一个文本文件。函数 open() 的参数为 '文件名'、'操作模式'、"编码"，参数要用引号引起来。

（3）文件名。文件名表示文件的存储位置，它包括文件路径和文件名。文件可以采用绝对路径，如 'D:\\test\\资源\\琴诗.txt'；也可以采用相对路径，如 '成绩.txt'。

（4）编码。编码指源文件的编码模式，如 encoding = 'utf-8'（或 encoding = 'UTF-8'）、encoding = 'gbk'（或 encoding = 'GBK'）等。UTF-8 是 Unicode 组织规定的一种国际字符编码标准，Python 中的程序和数据默认采用 UTF-8 编码。

（5）操作模式。操作模式也称为文件读写模式，参数用引号引起来，如 'r'、'rb'、'w'、'a' 等。常用的文件操作模式如表 9-1 所示。

表 9-1　常用的文件操作模式

操 作 模 式	参 数 说 明
r	仅读，待打开的文件必须存在；文件不存在时会返回异常 FileNotFoundError
w	仅写，若文件已存在，内容将先被清空；文件不存在则创建文件，不可读
a	仅写，若文件已存在，则在文件最后追加新内容；如果文件不存在，则创建文件
r+	可读，可写，可追加；待打开的文件必须存在（参数＋说明允许读和写）
a+	读写，若文件已存在，文件内容不会清空
w+	读写，若文件已存在，文件内容将先被清空
rb	仅读，读二进制文件；rb 参数常用于一些编码不明、难以读取的文本文件
wb	仅写，写二进制文件；如果文件已存在，则原文件中的内容将被清空

3. 文件打开函数 open() 和 with open() 的区别

用 open() 或 with open() 函数都可以打开文件，它们的区别如下：

（1）用 open() 函数读取文件后，需要用函数 close() 关闭文件；用函数 with open() 读取文件结束后，函数会自动关闭文件，不需要再写函数 close()；

（2）用 open() 函数读取文件如果发生异常，函数没有任何处理功能；而函数 with open() 会处理好上下文产生的异常；

（3）函数 open() 一次只能读一个文件；函数 with open() 一次可以读多个文件。

4. 关闭文件

文件结束后一定要关闭，释放文件句柄占用的内存资源。关闭文件语法如下：

```
1  文件句柄.close()
```

9.3　CSV 文件格式规范

1. CSV 格式文件概述

大部分字符串文本都用 TXT 格式文件保存，绝大部分表格型数据文件都采用 CSV 格式文件存储。CSV（Comma Separated Values，字符分隔值）文件以纯文本格式存储数据，CSV 文件由任意数量的记录组成。CSV 文件每个记录为一行，行尾是换行符；每个记录由零到多个字段组成，字段之间最常见的分隔符有逗号、空格等。CSV 文件广泛用于不同平台之间的数据交换，它主要用于解决数据格式不兼容的问题。

CSV 是一个纯文本文件,所有数据都是字符串。CSV 可以用 Excel 打开,但是它不能保存公式,不能指定字体颜色,没有多个工作表,不能嵌入图像和图表。

2. CSV 格式文件规范

CSV 文件没有通用的格式标准,国际因特网工程小组(IEIT)在 RFC 4180(因特网标准文件)中提出了一些 CSV 格式文件的基础性描述,但是没有指定文件使用的字符编码格式,采用 ASCII 码是最基本的通用编码。目前大多数 CSV 文件遵循 RFC 4180 标准的基本要求,规则如下。

(1)标题头。第一行可以有一个可选的标题头,格式和普通记录行相同。标题头包含文件字段对应的名称,应当有记录字段一样的数量。

(2)回车符。一行为一条记录,用回车换行符分隔。

(3)字段分隔。标题行和记录行中,用逗号分隔字段。整个文件中,每行应包含相同数量的字段,空格也是字段的一部分。每一行记录最后一个字段后面不需要逗号。注意,字段之间一般用逗号分隔,也可以用其他字符(如空格)分隔。

(4)字段双引号。字段之间可用双引号引起来(注意,Excel 不用双引号)。如果字段中包含回车符、双引号或者逗号,该字段要用双引号引起来。

(5)数据缺失。如果行中有丢失数据(或者空字段),必须用"空格+英文逗号"表示。如行数据"1,2,3,4,5"中,如果丢失了数据"3",则行数据应表示为"1,2, ,4,5"。

(6)文件编辑。CSV 文件可以用 Windows 系统自带的"记事本"程序编辑和保存;也可以用文本编辑软件(如 Notepad++)编辑和保存;还可以用 Excel 软件编辑和保存,用 Excel 编辑时,内容显示比较整齐。

案例 20:TXT 文件内容读取

用 open()函数打开文件后,可以用 read()、readlines()、readline()、enumerate()函数来读取文件内容。但是它们都会将文件行尾的'\n'(换行符)读入,可以用 splitlines()等函数删除这些换行符。

1. 文件读取函数:read()

函数 read()一次性读取文件的全部内容,返回值是一个长字符串。读取文件时会包含行末尾的回车符(\n)。它常用于将文本按字符串处理,如统计文本中字符的个数。

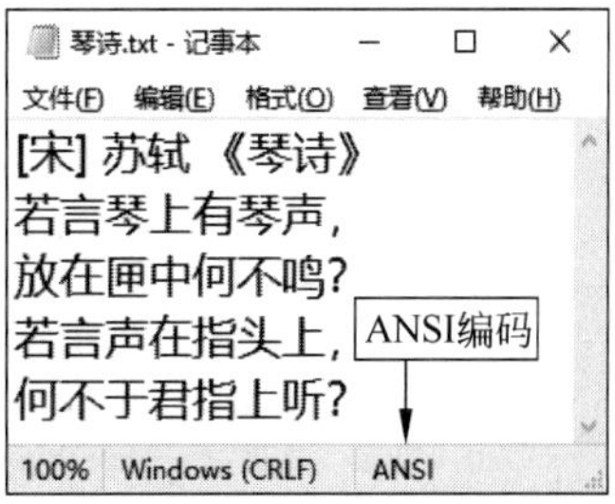

【例 9-5】 用函数 read()读取"琴诗.txt"文件中全部内容,该文件(见图 9-5,ANSI/GBK 编码)保存在 D:\test\资源\目录中,程序如下。

图 9-5 "琴诗.txt"文件内容

>>>	`file = open('D:\\test\\资源\\琴诗.txt', 'r', encoding = 'gbk')`	# 打开文件,file 为文件句柄
>>>	`s = file.read()`	# 读文件全部内容
>>>	`s`	# 输出内容为字符串
	`'[宋] 苏轼《琴诗》\n 若言琴上有琴声,放在匣中何不鸣?\n 若言声在指头上,何不于君指上听?\n'`	# 符号"\n"为换行符

【例 9-6】 读取"琴诗.txt"文件全部内容,并删除文件中回车符,程序如下:

```
>>>  file = open('D:\\test\\资源\\琴诗.txt', 'r', encoding = 'gbk')    # 打开文件,file 为文件句柄
>>>  s = file.read()                                                  # 读文件全部内容
>>>  s = s.splitlines()                                               # 删除字符串中的换行符
>>>  s                                                                # 输出内容已转换为列表
     ['[宋] 苏轼《琴诗》', '若言琴上有琴声,放在匣中何不鸣?', '若言    # 输出已经删除换行符
     声在指头上,何不于君指上听?']
```

【例 9-7】 打开"登鹳雀楼.txt"文件,逐行读取文件内容,该文件(见图 9-6,ANSI/GBK 编码)保存在"D:\test\资源\"目录中,程序如下:

```
1    with open('登鹳雀楼.txt', 'r', encoding = 'gbk') as file:    # 打开文件(相对路径)
2        content = file.read()                                   # 循环读取文件中每一行
3        print(content)                                          # 输出行内容
>>>  [唐] 王之涣……                                              # 程序输出(输出无空行)
```

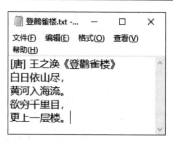

图 9-6 "登鹳雀楼.txt"文件内容

2. 文件读取函数:readlines()

函数 readlines()一次性读取文件的全部内容,返回值是以行为元素的字符串列表,该列表可以用 for 循环进行处理。注意,行可能是文本中的一个短行,也可能是一个大的段落。它常用于文本按行处理,如统计文本中字符串的行数。

【例 9-8】 用函数 readlines()读取"琴诗.txt"文件中全部内容,程序如下:

```
>>>  file = open('D:\\test\\资源\\琴诗.txt', 'r', encoding = 'gbk')    # 打开文件,file 为文件句柄
>>>  file.readlines()                                                 # 读文件全部内容
     ['[宋] 苏轼《琴诗》\n', '若言琴上有琴声,放在匣中何不鸣?          # 输出内容为列表
     \n', '若言声在指头上,何不于君指上听?\n']                        # 符号"\n"为换行符
```

【例 9-9】 文件内容一次性读入列表,再逐行遍历列表,程序如下:

```
1    file = open('D:\\test\\资源\\登鹳雀楼.txt', 'r',    # 打开文件,"r"为读操作
     encoding = 'gbk')
2    lst = file.readlines()                             # 读取文件全部内容到列表
3    for s in lst:                                      # 循环读取列表中的行
4        print(s, end = '')                             # 没有"end = ''"会多出一些空行
5    file.close()                                       # 关闭文件
>>>  [唐] 王之涣……                                     # 程序输出(输出无空行)
```

3. 文件读取函数:readline()

函数 readline()每次只读取一行,返回值是字符串。它的读取速度比 readlines()慢得

多,只有在没有足够内存一次性读取整个文件时,才会使用 readline()函数。

【例 9-10】 用函数 readline()读取"琴诗.txt"文件中一行内容,程序如下:

>>>	file = open('D:\\test\\资源\\琴诗.txt', 'r', encoding = 'gbk')	# 打开文件,file 为文件句柄
>>>	file.readline()	# 读文件一行内容
	'[宋] 苏轼《琴诗》\n'	# 输出一行字符串
>>>	file.close()	# 关闭文件

【例 9-11】 一次性全部读入内容到列表中,再逐行遍历列表,程序如下:

1	file = open('D:\\test\\资源\\登鹳雀楼.txt', 'r', encoding = 'gbk')	# 打开文件,"'r'"为读操作
2	lst = file.readline()	# 将内容全部读入列表 lst
3	while lst:	# 循环输出列表 lst 中的内容
4	print(lst, end = '')	# 参数 end = ''为不换行输出
5	lst = file.readline()	# 读取列表中行的内容
6	file.close()	# 关闭文件
>>>	[唐] 王之涣……	# 程序输出(输出无空行)

4. 文件读取函数:enumerate()

函数的功能是遍历序列,它可以显示文件内容,用循环计数的方法统计文件行数。

【例 9-12】 读取"成绩 utf8.txt"文件,打印内容和统计行数。文件"成绩 utf8.txt"(见图 9-7,UTF-8 编码)保存在 D:\test\资源\目录中,程序如下:

1	file = open('D:\\test\\资源\\成绩 utf8.txt', 'r', encoding = 'utf-8')	# 打开文件
2	count = 0	# 计数器初始化
3	for index, value in enumerate(file):	# 循环读取文件(元组)
4	count += 1	# 行数累加
5	print(f'{index}:{value}')	# 打印索引号和行内容
6	file.close()	# 关闭文件
7	print('文件行数为:', count)	# 打印文件统计行数
>>>	0:学号,姓名,班级,……	# 程序输出(输出有空行)

程序第 1 行,文件必须为 UTF-8 编码,而且设置编码参数 encoding = 'utf-8'。

程序第 3 行,函数 enumerate()返回的迭代变量是元组。

5. 文件读取:一次性读多个文件

【例 9-13】 一次性读取 2 个文件内容到列表,再输出列表。文件"金庸名言 1.txt"(见图 9-8,ANSI/GBK 编码)和"金庸名言 2.txt"(见图 9-9,ANSI/GBK 编码)保存在 D:\test\资源\目录中,程序如下:

1	with open('D:\\test\\资源\\金庸名言 1.txt', 'r', encoding = 'gbk') as file1,	# 读入文件 1
2	open('D:\\test\\资源\\金庸名言 2.txt', 'r', encoding = 'gbk') as file2:	# 读入文件 2
3	print(file1.read())	# 打印第 1 个文件
4	print(file2.read())	# 打印第 2 个文件
>>>	侠之大者,为国为民。……	# 程序输出(略)

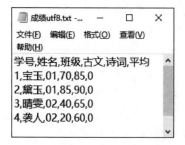

图 9-7　成绩 utf8.txt

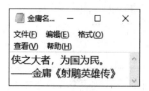

图 9-8　金庸名言 1.txt

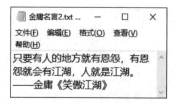

图 9-9　金庸名言 2.txt

6. 文件读取：读文件中某一行

【例 9-14】　读取"成绩 utf8.txt"文件（见图 9-7）中第 2 行的内容。

案例分析：只要文件是 UTF-8 编码，都可以用标准模块 linecache 中的函数 getline()读出文件中的指定行。函数语法为 linecache.getline(文件名,行号)。程序如下：

1	import linecache	# 导入标准模块—行读取
2	s = linecache.getline('D:\\test\\资源\\成绩 utf8.txt', 2)	# 读取文件第 2 行
3	print('第 2 行:', s)	
>>>	第 2 行: 1,宝玉,01,70,85,0	# 程序输出

7. 文件读取：读文件中的连续多行

【例 9-15】　文件'成绩 utf8.txt'内容如图 9-7 所示，读取文件中第 2～3 行。

用函数 readlines()读出文件到列表，循环对列表指定数据进行切片，程序如下：

1	file_name = 'D:\\test\\资源\\成绩 utf8.txt'	# 路径赋值(绝对路径)
2	with open(file_name, 'r', encoding = 'utf - 8') as file:	# 打开文件(文件编码为 UTF - 8)
3	lines = file.readlines()	# 读取全部文件到列表 lines
4	for i in lines[1:3]:	# 循环对列表切片，读取文本行
5	print(i.strip())	# 函数 strip() 为删除字符串两端的空格
>>>	1,宝玉,01,70,85,0	# 程序输出
	2,黛玉,01,85,90,0	

程序第 5 行，语句 for i in lines[1:3]中，[1:3]为列表切片索引号位置；其中 0 行是表头，不读取；列表第 3 行不包含在切片索引范围内；因此语句功能为循环读取列表 1～2 行。

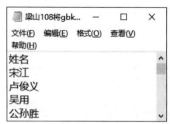

图 9-10　梁山 108 将 gbk.txt

程序扩展：如果希望对文件数据隔一行读一行时，只需要修改程序第 5 行中列表索引号即可，如 for i in lines[1:4:2]语句表示读取列表 2～4 行，步长为 2(即读第 1、第 3 行)。

8. 文件读取：读文件中随机多行

【例 9-16】　读取"梁山 108 将 gbk.txt"文件（见图 9-10），然后随机打印 5 个人。文件"梁山 108 将 gbk.txt"保存在 D:\test\资源\目录中。程序如下：

1	import random	# 导入标准模块
2	n = 1	# 计数器初始化

3	file = open('D:\\test\\资源\\梁山108将gbk.txt', 'r', encoding = 'gbk')	# 打开文件
4	members = file.readlines()	# 按行读取文件
5	while n <= 5:	
6	winner = random.choice(members)	# 随机返回一个元素
7	print(winner)	# 打印人物姓名
8	n = n + 1	# 计数器自增
>>>	段景住　扈三娘　穆春　鲁智深　呼延灼	# 程序输出

程序单词：choice(选择)，close(关闭)，content(内容)，count(计数器)，encoding(编码)，enumerate(枚举)，file(文件句柄)，file_name(文件名)，getline(获取行内容)，index(索引号)，linecache(行模块)，members(成员)，read(读)，readlines(读行)，splitlines(删除换行符)，strip(删除空格)，utf-8(编码)，value(值)，winner(赢家)。

9. 编程练习

练习 9-1：编写和调试例 9-6 和例 9-7 的程序，掌握 read()函数读文件的方法。

练习 9-2：编写和调试例 9-8 和例 9-9 的程序，掌握 readlines()函数读文件的方法。

练习 9-3：编写和调试例 9-10 和例 9-11 的程序，掌握 readline()函数读文件的方法。

练习 9-4：编写和调试例 9-13 的程序，掌握一次性读多个文件的方法。

练习 9-5：编写和调试例 9-15 的程序，掌握读取文件中的连续多行的方法。

案例 21：TXT 文件内容写入

1. 数据覆盖写入文件

Python 提供了两个文件写入函数，语法如下：

1	文件句柄.write('单字符串')	# 语法 1:向文件写入一个字符串或字节流
2	文件句柄.writelines('行字符串')	# 语法 2:将多个字符串写入文件

函数 write()是将字符串写入一个打开的文件。

注意：字符串也可以是二进制数据，函数 write()不会在字符串结尾添加换行符(\n)。

【例 9-17】 将字符串内容写入名为"杜甫诗歌 1.txt"的文件，程序如下：

1	str1 = '百年已过半，秋至转饥寒。\n 为问彭州牧，何时救急难?\n'	# 符号"\n"为换行符
2	file = open('D:\\test\\资源\\杜甫诗歌 1.txt', 'w', encoding = 'utf - 8')	# 写模式打开文件
3	file.write(str1)	# 字符串写入文件
4	file.close()	# 关闭文件
5	print('字符串写入成功。')	
>>>	字符串写入成功。	# 程序输出

程序第 1 行，由于函数 write()不会在字符串结尾自动添加换行符(\n)，因此字符串中必须根据需要人为加入换行符。

程序第 2 行，如果这个文件已经存在，那么源文件内容将会被新内容覆盖。

【例 9-18】 将内容写入名为"out 寄征衣.txt"的文件，程序如下：

1	s = ['欲寄君衣君不还,', '不寄君衣君又寒。', '寄与不寄间,',	# 定义列表
2	'妾身千万难。\n —— [元] 姚燧《寄征衣》']	# 写模式打开文件

3	file = open('D:\\test\\资源\\out 寄征衣.txt', 'w', encoding = 'utf - 8')	# 列表写入文件
4	file.writelines(s)	# 关闭文件
5	file.close()	
6	print('列表写入成功。')	
>>>	列表写入成功。	# 程序输出

2. 数据追加写入文件

【例 9-19】 将字符串内容追加写入"杜甫诗歌 1.txt"文件的末尾,程序如下:

1	file = open('D:\\test\\资源\\杜甫诗歌 1.txt', 'a + ', encoding = 'utf - 8')	# 打开已存在的文件
2	file.write(' ——杜甫《因崔五侍御寄高彭州一绝》\n')	# 内容写入文件末尾
3	file.close()	# 关闭文件
4	print('追加写入成功。')	
>>>	追加写入成功。	# 程序输出

3. 判断文件结束案例

【例 9-20】 可以用 if 语句判断文件是否结束。文件"登鹳雀楼.txt"(见图 9-6)保存在 D:\test\资源\目录中,程序如下:

1	file_path = 'D:\\test\\资源\\登鹳雀楼.txt'	# 路径变量赋值
2	file = open(file_path, 'r', encoding = 'gbk')	# 读全部内容,file 为文件句柄,"r"为读取模式
3	while True:	# 永真循环
4	line = file.readline()	# 读取文件行
5	if (line != ''):	# 如果 line 不等于空,则文件没有结束
6	print(line)	# 打印行内容
7	else:	
8	break	# 强制退出循环
9	file.close()	# 关闭文件
>>>	[唐] 王之涣……	# 程序输出(输出有空行,略)

程序注释:程序第 5 行,语句"if (line != '')"为判断第 4 行 readline()读到的内容是否为空,行内容为空意味着文件结束。如果语句 readline()读到一个空行,也会判断为文件结束吗? 事实上,空行并不会返回空值,因为空行的末尾至少还有一个回车符(\n)。所以,即使文件中包含空行,读入行的内容也不为空,这说明语句"if (line != '')"判断是正确的。

程序单词:write(写数据)。

4. 课程扩展:程序的打包和分发

将自己开发的 Python 程序封装成软件分发包,一是为了技术与业务分离;二是使程序在其他开源软件项目中得到推广和应用。Python 程序有两种打包形式,一种是打包为分发文件,另一种是打包为执行文件(exe)。打包为执行文件时,如果程序中导入了复杂的模块或者第三方软件包,常常会造成打包文件兼容性错误,而且容易造成版权纠纷,因此,Python 官方不推荐程序打包成可执行文件。

(1) 软件分发包格式。Python 程序分发包有 Wheel(后缀名为 whl)和 Egg(后缀名为 egg,已淘汰)两种格式。Wheel 是 Python 二进制文件包的标准格式,如果将打包文件的 whl 后缀名修改为 zip,解压后就可以看到软件包里的文件。

（2）分发包文件和目录。分发包需要存放在自定义目录中（如 D:\test\demo），然后将打包程序存放在这个目录里。文件包括 README. md（说明文本文件）、LICENSE（软件许可证）、setup. py（软件包安装脚本程序，很重要）、__init__. py（包说明，内容可为空）、程序模块（很重要）、软件包数据文件等。

（3）创建安装包脚本文件。软件包安装文件 setup. py（可以参考通用格式）中包含了软件包中相应信息，以及软件包的文件和数据。

（4）创建分发包。Python 自带的打包工具为 setuptools，可以用它创建软件包。

（5）上传包到 PyPI 网站。在 Python 官网（https://pypi. org/）注册一个账号，然后上传 demo 软件包到 Python 官网，这样其他人就可以下载和使用你开发的程序了。

5. 编程练习

练习 9-6：编写和调试例 9-18 和例 9-19 的程序，掌握文件覆盖写的方法。

练习 9-7：编写和调试例 9-19 的程序，掌握文件追加写的方法。

案例 22：CSV 文件内容读写

1. 标准模块读取 CSV 数据语法

Python 标准库支持 CSV 文件的操作，读取 CSV 文件的函数语法如下：

```
1   csv. reader(csvfile, dialect = 'excel', ** kw)
```

（1）参数 csvfile 为 CSV 文件名。

（2）参数 dialect = 'excel'表示 CSV 文件与 Excel 文件格式兼容。

（3）参数 ** kw 为关键字参数，用于设置特殊的 CSV 文件格式（如空格分隔等）。

（4）函数 csv. reader()返回值是一个可迭代对象（如列表）。

2. 程序设计：标准模块读取 CSV 文件全部数据

【例 9-21】 "梁山 108 将 gbk. csv"内容如图 9-11 所示，读取文件表头程序如下。

文件"梁山 108 将 gbk. csv"保存在 D:\test\资源\目录中。

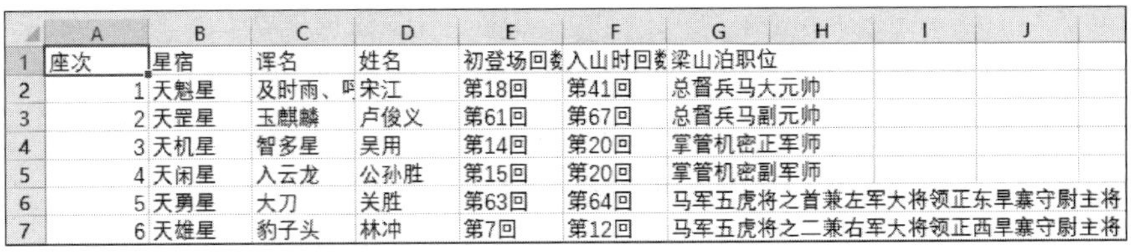

	A	B	C	D	E	F	G	H	I	J
1	座次	星宿	诨名	姓名	初登场回数	入山时回数	梁山泊职位			
2	1	天魁星	及时雨，呼	宋江	第18回	第41回	总督兵马大元帅			
3	2	天罡星	玉麒麟	卢俊义	第61回	第67回	总督兵马副元帅			
4	3	天机星	智多星	吴用	第14回	第20回	掌管机密正军师			
5	4	天闲星	入云龙	公孙胜	第15回	第20回	掌管机密副军师			
6	5	天勇星	大刀	关胜	第63回	第64回	马军五虎将之首兼左军大将领正东旱寨守尉主将			
7	6	天雄星	豹子头	林冲	第7回	第12回	马军五虎将之二兼右军大将领正西旱寨守尉主将			

图 9-11 文件"梁山 108 将 gbk. csv"内容片段

```
1   import csv                                          # 导入标准模块
2   with open('D:\\test\\资源\\梁山 108 将 gbk. csv') as file:   # 打开文件,循环读取
3       reader = csv. reader(file)                       # 创建读出对象
4       head_row = next(reader)                          # 读文件第 1 行数据
5       print(head_row)
>>> ['座次', '星宿', '诨名', '姓名', '初登场回数', ……       # 程序输出(略)
```

程序第 3 行，没有指明 CSV 文件编码时，默认为 ANSI/GBK 编码。

3. 程序设计：标准模块读取 CSV 文件列数据

【**例 9-22**】　读取"梁山 108 将 gbk.csv"文件第 3 列(姓名)并且输出，程序如下：

```
1   import csv                                        # 导入标准模块
2   with open('D:\\test\\资源\\梁山 108 将 gbk.csv') as file:    # 打开文件,使用绝对路径
3       reader = csv.reader(file)                     # 创建读出对象
4       column = [row[3] for row in reader]           # 循环读文件第 3 列数据
5       print(column)
>>> ['姓名', '宋江', '卢俊义', '吴用', ……              # 程序输出(略)
```

程序第 4 行，这种方法需要先知道列的序号，如"姓名"在第 3 列。

4. 软件包 Pandas 安装

【**例 9-23**】　在 Windows shell 窗口下，安装 Pandas、openpyxl 软件包。

```
1   > pip install   pandas                            # 版本 2.1.1(输出略)
2   > pip install   openpyxl                          # 版本 3.1.2(输出略)
```

5. 程序设计：Pandas 读取 CSV 文件全部数据

【**例 9-24**】　用 Pandas 软件包读取和输出"梁山 108 将 utf8.csv"文件。文件"梁山 108 将 utf8.csv"(见图 9-12)保存在 D:\test\资源\目录中。程序如下：

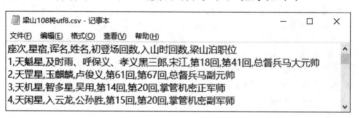

图 9-12　文件"梁山 108 将 utf8.csv"内容片段

```
>>> import pandas as pd                               # 导入第三方包
>>> data = pd.read_csv('d:\\test\\资源\\梁山 108 将 utf8.csv', usecols = ['诨名', '姓名'], nrows = 5)
>>> print(data)                                       # 程序输出(略)
```

程序第 2 行，pd.read_csv()是 Pandas 读取 CSV 文件数据的函数；参数 usecols=['诨名', '姓名']表示只读取文件中的这 2 列；参数 nrows=5 表示读取前 5 行的记录。

注意：软件包 Pandas 路径前不能有 r 参数；其次文件默认编码为 UTF-8。

6. 程序设计：标准模块写入 CSV 数据

【**例 9-25**】　创建一个"学生 gbk.csv"新文件，并写入以下数据，程序如下：

```
1   import csv                                        # 导入标准模块
2
3   csvPath = 'D:\\test\\资源\\学生 gbk.csv'            # 定义 CSV 文件保存路径
4   file = open(csvPath, 'w', encoding = 'gbk', newline = '')    # 【1.创建文件对象】
5   csv_writer = csv.writer(file)                     # 【2.构建写入对象】
6   csv_writer.writerow(['姓名', '年龄', '性别'])       # 【3.构建表头标签】
7   csv_writer.writerow(['贾宝玉', '18', '男'])         # 【4.写入行内容】
8   csv_writer.writerow(['林黛玉', '16', '女'])
```

```
9   csv_writer.writerow(['薛宝钗', '18', '女'])
10  file.close()                                            # 【5. 关闭文件】
11  print('文件创建成功!')
>>> 文件创建成功!                                            # 程序输出
```

程序第 4 行，参数 newline=''解决写入数据时，CSV 文件中出现的空行。

7. 程序设计：标准模块追加数据到 CSV 文件

【例 9-26】 在“成绩 gbk.csv”文件(见图 9-13)尾部写入一行新数据。文件“成绩 gbk.csv”(ANSI/GBK 编码)保存在 D:\test\资源\目录中。程序如下：

```
1   import csv                                              # 导入标准模块
2   with open('D:\\test\\资源\\成绩 gbk.csv', 'a') as file:  # 打开文件,添加模式
3       row = ['5', '薛蟠', '01', '20', '60', '0']          # 插入行赋值
4       write = csv.writer(file)                            # 创建写入对象
5       write.writerow(row)                                 # 在文件尾部写入一行数据
6       print('写入完成!')
>>> 写入完成!                                                # 程序输出
```

	A	B	C	D	E	F
1	学号	姓名	班级	古文	诗词	平均
2	1	宝玉	1	70	85	0
3	2	黛玉	1	85	90	0
4	3	晴雯	2	40	65	0
5	4	袭人	2	30	60	0

图 9-13 “成绩 gbk.csv”文件

8. 程序设计：合并两个 CSV 文件

【例 9-27】 “成绩 gbk.csv”文件存放所有源数据(见图 9-13)，另一个文件“成绩 update.csv”存放更新数据(见图 9-14)。两个文件表头相同，将“成绩 update.csv”文件内容添加到“成绩 gbk.csv”文件中，程序如下：

	A	B	C	D	E	F
1	学号	姓名	班级	古文	诗词	平均
2	6	史湘云	1	80	80	0
3	7	刘姥姥	2	0	30	0

图 9-14 “成绩 update.csv”文件

```
1   import csv                                                          # 导入标准模块
2   import pandas as pd                                                 # 导入第三方包
3
4   reader = csv.DictReader(open('D:\\test\\资源\\成绩 update.csv'))     # 读文件
5   header = reader.fieldnames                                          # 获取表头标签信息
6   with open('D:\\test\\资源\\成绩 gbk.csv', 'a') as csv_file:          # 以追加模式打开文件
7       writer = csv.DictWriter(csv_file, fieldnames = header)          # 批量写入新内容
8       writer.writerows(reader)                                        # 内容写入文件
9   print('写入完成!')
>>> 写入完成!                                                            # 程序输出
```

程序第 4 行，函数 DictReader()为 Pandas 中读取 CSV 文件函数。

程序第 7 行，函数 DictWriter()为 Pandas 中写入 CSV 文件函数。

程序单词：column(表格列)，DictReader(字典读)，DictWriter(字典写)，fieldnames(文件名)，head_row(表头行)，newline(新行)，next(下一行)，pandas(数据分析)，update(数据更新)，writerow(写入行)。

9. 编程练习

练习 9-8：编写和调试例 9-21 的程序，用标准模块读取 CSV 文件。

练习 9-9：编写和调试例 9-24 的程序，用 Pandas 读取 CSV 文件。

练习 9-10：编写和调试例 9-25 的程序，掌握写入 CSV 文件数据的方法。

练习 9-11：编写和调试例 9-26 的程序，掌握 CSV 文件追加数据的方法。

案例 23：文件内容打印输出

1. Windows API 软件包安装

软件包 pywin32 包含了大部分 Windows API 接口模块。如 win32api(常用 API，如 MessageBox 等)，win32gui(GUI API)，win32con(消息常量 API，如 MB_OK)，win32com(COM 组件 API)，win32file(文件操作 API)，win32print(Windows 打印机 API)等。软件包 pywin32 用户指南存放在 D：\Python\Lib\site-packages\PyWin32.chm 文档中。

【例 9-28】　在 Windows shell 窗口下，安装 pywin32 软件包。

```
1  > pip install pywin32              ＃ 版本 306(输出略)
```

2. 模块 win32api 函数语法

模块 win32api 为 Microsoft 32 位应用程序接口，该模块的使用指南为 http://www.yfvb.com/help/win32sdk/webhelplefth.htm。函数 ShellExecute()语法如下：

```
1  ShellExecute(hWin, op, file, params, dir, bShow)
```

(1) 参数 hWin 为父窗口的句柄，如果没有父窗口则参数为 0。

(2) 参数 op 为进行的操作，如"open"(打开文件)、"print"(打印)、空等。

(3) 参数 file 为运行的程序名，或者打开的文件名，如'notepad.exe'。

(4) 参数 params 为向程序传递的参数，如果打开文件则为空，如''。

(5) 参数 dir 为程序初始化的目录，如''(空)。

(6) 参数 bShow 为是否显示窗口，1 为显示窗口，0 为不显示窗口。

3. 程序案例：操作系统打印功能调用

前面章节介绍的函数 print()是将信息打印到屏幕上，而不是输出到打印机。如何将文档内容向打印机输出呢？这需要根据不同需求，使用不同的 Windows API 模块。

【例 9-29】　利用 Windows API 接口，打印 Word 图文混排文档。测试文件"打印机测试.docx"(见图 9-15)保存在"D：\test\资源\"目录中。

案例分析：使用 Windows API 打印文档，需要注意以下问题。

(1) 如果只是简单的打印文档(如 Office 文档)，可以使用函数 win32api.ShellExecute()，这个函数可以打印 Word、Excel、PPT、PDF、TXT 等图文混排文档。

(2) 如果需要打印单独的图片文件(如 JPG 图片)，则需要导入 PIL 软件包。图片单独

图 9-15 文件"打印机测试.docx"打印效果(局部)

打印时需要其他软件包,也可以将图片插入 Word 或 Excel 文档中打印。打印程序直接调用 Windows API 接口模块即可。

4. 程序设计:操作系统打印功能调用

案例实现程序如下:

```
1    import win32api                               # 导入第三方包
2    import win32print                             # 导入第三方包
3
4    file_name = 'D:\\test\\资源\\打印机测试.docx'   # 打印文件赋值
5    win32api.ShellExecute(                        # 调用函数 win32api
6        0,                                        # 参数 0 为没有父窗口
7        'print',                                  # 参数'print'为打印操作
8        file_name,                                # 参数 file_name 为要打印文档名
9        '/d:"%s"' % win32print.GetDefaultPrinter(),  # 修改默认打印文档类型
10       '. ',                                     # 参数'. '为当前目录
11       0)                                        # 参数 0 为不显示打印窗口
>>>                                                # 程序打印效果见图 9-15
```

程序第 5 行,调用 Windows API 接口,程序与打印机型号无关,打印机型号和驱动程序默认操作系统已安装好,并且打印机已经打开电源。

程序第 9 行,函数 ShellExecute()可以打印不同的文件类型,但是默认打印文件类型为 pdf。参数'/d:"%s"' % win32print.GetDefaultPrinter()为修改输出为 Windows 默认打印机,这样就可以打印 txt、docx、xlsx、pdf 等文件类型。

5. 程序设计:操作系统其他功能调用

【例 9-30】 调用 win32api 模块中的函数 ShellExecute(),程序如下:

```
>>>  import win32api                               # 导入第三方包
```

>>>	win32api.ShellExecute(0, 'open', 'notepad.exe', '', '', 1)	# 运行程序
>>>	win32api.ShellExecute(0, 'open', 'notepad.exe', 'D:\\test\\资源\\春.txt','',1)	# 打开文件
>>>	win32api.ShellExecute(0, 'open', 'http://www.baidu.com', '','',1)	# 打开网站
>>>	win32api.ShellExecute(0, 'open', 'D:\\test\\资源\\寒鸦戏水.mp3', '','',1)	# 播放音乐

　　程序单词：GetDefaultPrinter（获取打印机驱动），ICONWARNING（警告图标），MessageBox（消息框），notepad（记事本），ShellExecute（调用系统功能），win32api 为 Windows API，win32con 为 Windows 连接，win32print 为打印机接口。

6. 编程练习

　　练习 9-12：编写和调试例 9-29 的程序，掌握打印输出图文的方法。

　　练习 9-13：编写和调试例 9-30 的程序，掌握调用系统功能的方法。

第 10 章

图形绘制案例

Turtle(海龟)是 Python 标准函数库的绘图模块。Turtle 的画笔形状为箭头,画笔可以通过函数指令控制它移动,在屏幕上绘制出图形。画笔有画笔位置、画笔方向(角度)、画笔颜色和粗细三个属性。

1. 画布窗口

画布是 Turtle 绘图的窗口,设置画布大小的函数语法如下:

```
1  turtle.screensize(画布宽, 画布高, 背景色)
```

(1) 参数"画布宽"和"画布高"单位为像素。

(2) 参数"背景色"一般采用英文颜色名表示,如'red'(红色);也可以用 RGB(红绿蓝)色彩模式表示,如'#ff0000'(红色 ff,蓝色 00,绿色 00)。

【例 10-1】 设置画布大小为 600×400 像素,画布居屏幕中间位置。

```
1  import turtle                    # 导入标准模块—绘图
2  turtle.setup(600, 400)          # 画布为 600×400 像素,窗口位于屏幕中间
```

2. 绘图坐标: 绝对坐标和相对坐标

Turtle 绘图就是用位置和方向描述画笔的状态。Turtle 绘图有空间坐标系和角度坐标系,空间坐标系主要用于画笔移动和画线;角度坐标系主要用于画笔角度改变和画圆。

(1) 空间绝对坐标和相对坐标。绝对坐标以坐标原点为中心,画笔移动距离为坐标轴的标度距离(见图 10-1)。相对坐标则是以画笔当前点为起点,距离值是自身坐标点至目标点之间的距离(见图 10-2)。相对坐标中,距离值为正时画笔向前移动;距离值为负时画笔反向移动。绝对移动是按坐标值移动,相对移动是按当前位置移动。

(2) 角度绝对坐标和相对坐标。绝对坐标以坐标轴角度值为基准(见图 10-3)。相对坐标是当前坐标点到目标坐标点之间的角度(见图 10-4)。角度值为正时,画笔向左方向旋转(逆时针方向);坐标值为负时,画笔向右方向旋转(顺时针方向)。

如图 10-5 所示,初始化状态下,坐标原点在画布中心,画布背景为白色,画笔在坐标原点,画笔处于显示状态时,朝 x 轴正方向,画笔为落下状态时,画笔为黑色,画笔粗细为 1 像素。

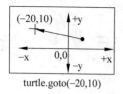
turtle.goto(-20,10)
图 10-1　空间绝对移动

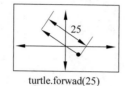
turtle.forwad(25)
图 10-2　空间相对移动

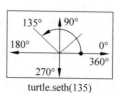
turtle.seth(135)
图 10-3　角度绝对移动

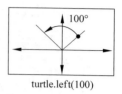
turtle.left(100)
图 10-4　角度相对移动

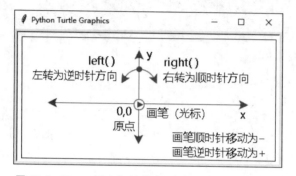

图 10-5　Turtle 画布初始状态（坐标原点在画布中间）

3. 绘图函数

Turtle 常用绘图函数如表 10-1～表 10-3 所示。

表 10-1　画笔运动函数

绘图函数	说　明	示　例
backward(x)或 bk()	画笔沿当前方向的反方向移动 x 像素	turtle. bk(10)，画笔后退 10 像素
forward(x)或 fd()	画笔沿当前方向移动 x 像素	turtle. fd(10)，画笔前进 10 像素
goto(x, y)	画笔移到绝对坐标 x, y 位置	turtle. goto(0, 0)，画笔回到原点
home()	画笔恢复到初始状态	turtle. home()，画笔初始化
left(a)或 lt(a)	画笔左转(逆时针方向)a 度	turtle. lt(45)，逆时针旋转 45 度
pendown()或 pd()	画笔落下，移动时绘图	turtle. pd()，画笔落下
penup()或 pu()	画笔抬起，移动时不绘图	turtle. pu()，画笔抬起
right(a)或 rt(a)	画笔右转(顺时针方向)a 度	turtle. rt(60)，顺时针旋转 60 度
setheading(a)或 seth(a)	画笔按绝对坐标旋转 a 度	turtle. seth(90)，画笔旋转 90 度
setx(x)	将当前 x 轴移动到指定位置	turtle. setx(10)，x 坐标为 10 像素
sety(y)	将当前 y 轴移动到指定位置	turtle. sety(20)，y 坐标为 20 像素
speed(速度值)	画笔速度，1 最慢，0 和 10 最快	turtle. speed(5)，画笔速度中等

说明：参数 a 为旋转角度值，正值为逆时针方向旋转，负值为顺时针方向旋转。画笔角度的改变不会在绘图区域显示出来，只有当画笔再次移动时，才能够看出来。

表 10-2　画笔绘图函数

绘图函数	说　明	示　例
begin_fill()	开始填充图形	turtle. begin_fill()
bgpic('图片名.gif')	支持 gif、png 格式，不支持 jpg	turtle. bgpic('千里江山图.gif')

续表

绘 图 函 数	说 明	示 例
circle(半径，角度)	画圆、弧、多边形、折线	turtle. circle(80, 10)
color(笔色，'颜色名')	画笔颜色，填充颜色	turtle. color('red', 'pink')
dot(r，'颜色名')	画圆点，r 为圆点直径	turtle. dot(10, 'red')
end_fill()	图形填充完成	turtle. end_fill()
fillcolor('颜色名')	图形填充颜色	turtle. fillcolor('red')
hideturtle()或 ht()	隐藏画笔光标形状	turtle. ht()
pencolor('颜色名')	画笔颜色	turtle. pencolor('yellow')
pensize()或 width()	画笔线条粗细，正整数，单位：像素	turtle. width(2)
shape()	arrow＝箭头（默认），turtle＝海龟	turtle. shape('turtle')
showturtle()	显示画笔光标形状	turtle. showturtle()
write(s, font)	写文本，s＝文本，font＝字体，大小	turtle. write('说明',font=('黑体',30))

表 10-3 绘图控制函数

绘 图 函 数	说 明	示 例
clear()	清空绘图窗口（常用于动画）	turtle. clear()
delay()	定义绘图延迟（单位：毫秒，用于动画）	turtle. delay(50)
done()	启动事件循环，程序最后一个语句	turtle. done()或 turtle. mainloop()
stamp()	复制当前图形	turtle. stamp()

4. 绘图颜色

Turtle 支持两种颜色模型，一种是颜色名称，如 red、blue、yellow 等；另外一种是 RGB（Red、Green、Blue，红绿蓝）色彩模型。RGB 三种颜色的组合，能够覆盖人类视觉所能感知到的所有颜色。RGB 色彩模型用一个三元组分别表示红、绿、蓝三种颜色值，颜色值是 0～255 之间的整数，Python 中常用的颜色名称如表 10-4 所示。

表 10-4 常用颜色名称和 RGB 值

颜 色 名 称	RGB 值	中 文 说 明
white	(255，255，255)	白色
black	(0，0，0)	黑色
red	(255，0，0)	红色
green	(0，255，0)	绿色
blue	(0，0，255)	蓝色
orange	(255，215，0)	橙色
purple	(160，32，240)	紫色
pink	(255，192，203)	粉红
yellow	(255，255，0)	黄色

案例 24：圆和多边形绘制

1. 画圆函数

Turtle 模块可以绘制有规律的几何图形，也可以绘制无规律的随机图形。所有复杂图形都是简单图形的组合体,可以从最简单的图形开始学习图形绘制方法。画圆函数是一个应用广泛,功能强大的绘图函数,它可以画圆、弧、折线、多边形等,语法如下:

1	circle(半径, 角度, steps = n)

（1）参数"半径"为圆半径(可正可负,方向不同)。

（2）参数"角度"是绘制的圆弧角度的大小(可正可负),没有这个参数时画圆。

（3）参数"steps＝n"为画多边形,n 为边数。

2. 程序设计：画圆函数应用

【例 10-2】 用画圆函数绘制不同图形,图形如图 10-6 所示,程序如下：

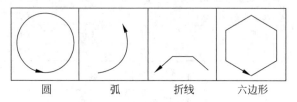

| 圆 | 弧 | 折线 | 六边形 |

图 10-6   画圆函数图形示例

1	import turtle as t	# 导入标准模块
2	t.penup(); t.goto(－200, 0)	# 抬笔;移动光标到 x 轴为－200、y 轴为 0 处
3	t.pendown(); t.circle(50)	# 落笔;坐标(－200, 0)为圆周起点,画半径为 50 的圆
4	t.penup(); t.goto(－100, 0)	# 抬笔;移动光标
5	t.pendown(); t.circle (50, 120)	# 落笔;画半径为 50,角度为 120 度的弧
6	t.penup(); t.goto(100, 0)	# 抬笔;移动光标
7	t.pendown(); t.circle(50, 120, 3)	# 落笔;画半径为 50,角度为 120 度的三段折线
8	t.penup(); t.goto(150, 70)	# 抬笔;移动光标
9	t.pendown(); t.circle(50, steps = 6)	# 落笔;画外接圆半径为 50 的六边形
>>>		# 程序输出见图 10－6

程序第 2 行,画布的坐标原点在画布中心(见图 10-5);画圆时,是从圆周下部的坐标处(光标所在位置)开始画圆,注意,Turtle 模块是以坐标点为圆周上的一点为起点画圆,而不是以坐标点为圆心画圆。

3. 程序案例：彩色圆环图形绘制

【例 10-3】 用画圆函数绘制彩色圆环图形(见图 10-7)。

案例分析。

（1）如图 10-8 所示,画笔一直在坐标原点进行画圆。

（2）如图 10-8 所示,圆半径(R)随迭代变量而增加,这样圆环越画越大。

（3）如图 10-8 所示,每画完一个圆环后,画笔偏转角度值为 right(angle＋1),这样每个圆环都会偏转一个角度,不会导致圆环的重叠。

（4）可以将颜色定义为列表,如['red','blue','green','purple','gold','pink'],然后在循环结构中利用模运算(R ％ 6)选择圆环的颜色。

4. 程序设计：彩色圆环图形绘制

案例实现程序如下:

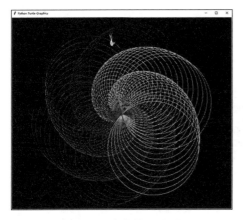

图 10-7 彩色圆环图形

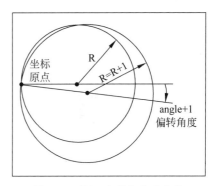

图 10-8 圆环半径和角度变化

1	import turtle as t	# 导入标准模块
2		
3	angle = 60	# 改变圆的绘制角度
4	t.bgcolor('black')	# 定义窗口背景为黑色
5	t.pensize(2)	# 定义画笔为 2 像素
6	Color_list = ['red','blue','green','purple','gold','pink']	# 定义颜色列表
7	t.speed(0)	# 绘图速度,0 和 10 最快
8	forR in range(200):	# 循环绘制 200 个圆环
9	t.color(Color_list[R % 6])	# 用模运算选择圆环线颜色
10	t.circle(R)	# 画圆
11	t.right(angle + 1)	# 画笔偏转一个角度
12	t.done()	# 结束绘制
>>>		# 程序输出见图 10 - 7

程序单词:angle(角度),bgcolor(背景色),black(黑色),blue(蓝色),circle(画圆),color(颜色),Color_list(颜色列表),done(事件循环),gold(金色),goto(跳到),green(绿色),pendown(落笔),pensize(画笔粗细),penup(抬笔),pink(粉红),purple(紫色),red(红色),right(画笔右转),speed(画笔速度),steps(多边形)。

5. 编程练习

练习 10-1:编写和调试例 10-2 和例 10-3 的程序,掌握图形绘制的基本方法。

练习 10-2:例 10-3 的程序中,注释掉程序第 4、6、9 行,观察图形有哪些变化。

练习 10-3:例 10-3 的程序中,说明程序第 9 行如何进行工作。

案例 25:太极图的绘制

1. 太极图概述

1955—1957 年,湖北省屈家岭出土了一批彩陶纺轮(距今 5500—4500 年),一些纺轮中的涡纹与太极图极为相似(见图 10-9)。明代晚期章潢在《图书编》中记载了古太极图(见图 10-10),它是道教的标志。太极图中一阴一阳的图形寓意宇宙万物为一个整体,完整无缺。目前流行的抽象太极图如图 10-11 所示。

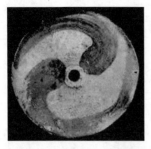

图 10-9　屈家岭彩陶中的涡纹　　　　图 10-10　古太极图　　　　图 10-11　抽象太极图

2. 程序案例：太极图绘制

【例 10-4】　绘制图 10-11 所示的太极图。

绘制该图形需要导入 Python 自带的 Turtle 模块，其中绘图函数的调用方法参见表 10-1～表 10-3。太极图绘制过程如图 10-12 所示，图中黑色圆点表示画笔起点，箭头表示画笔方向，圆圈中的数字表示图形绘制过程中的步骤。

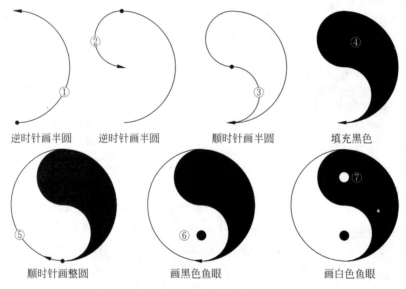

图 10-12　太极图绘制过程

3. 程序设计：太极图绘制

案例实现程序如下：

1	import turtle as t	# 导入标准模块
2		# 【初始化】
3	t.pen(pensize = 1, speed = 10)	# 画笔粗细为 1 像素，画笔速度为 10
4	t.color('black')	# 画笔颜色为 black(黑色)
5	t.begin_fill()	# 【画阴鱼】填充开始
6	t.circle(100, 180)	# 半径 100，弧度 180，画半圆①(正值为逆时针方向画)
7	t.circle(50, 180)	# 半径 50，弧度 180，画半圆②

8	t.circle(- 50, 180)	# 半径 - 50,弧度 180,画半圆③(负值为顺时针方向画)
9	t.end_fill()	# 填充黑色(阴鱼部分)④
10	t.circle(- 100)	# 【画阳鱼】半径 - 100 画一个整圆⑤(负值为顺时针方向画)
11	t.penup()	# 【画黑色眼睛】抬起画笔
12	t.goto(0, 50)	# 画笔移到坐标 x = 0、y = 50 处
13	t.pendown()	# 落下画笔
14	t.dot(30, 'black')	# 画一个半径为 30 的黑色圆点(阳鱼部分)⑥
15	t.penup()	# 【画白色眼睛】抬起画笔
16	t.goto(0, 150)	# 画笔移到坐标 x = 0、y = 150 处
17	t.pendown()	# 落下画笔
18	t.dot(30, 'white')	# 画一个半径为 30 的白色圆点(阴鱼部分)⑦
19	t.hideturtle()	# 【绘图结束】隐藏画笔光标
20	t.done()	# 停止绘制
>>>		# 程序输出见图 10 - 12

程序第 7～8 行,Turtle 是按光标方向绘图。绘图参数中,正值表示逆时针方向画图,如函数 t.circle(50,180)表示画一个半径为 50(逆时针方向)、弧度为 180 度的半圆;负值表示顺时针方向画图,如 t.circle(-50,180)表示顺时针方向画一个半径为 50、弧度为 180 度的半圆。

4. 编程练习

练习 10-4:编写和调试例 10-4 的程序,掌握太极图的绘制方法。

练习 10-5:参考例 10-4 的程序,编程绘制图 10-13 所示的五角星。提示:可以根据图 10-14 提示的坐标绘制图形。

练习 10-6:编程绘制图 10-15 所示的旋转变化图形。提示:(1)导入绘图模块;(2)循环 200 次;(3)向前绘制一个迭代变量的长度;(4)画笔逆时针方向旋转 92 度。

图 10-13 五角星

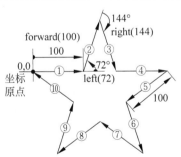
图 10-14 五角星绘制坐标

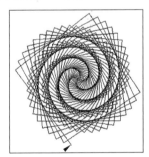
图 10-15 旋转变化的图形

案例 26:爱心和花绘制

1. 程序案例:爱心图形绘制

【例 10-5】 利用 Turtle 模块绘制一个爱心曲线(见图 10-16)。

如图 10-17 所示,图形为对称分布,只需要分析线段 AB、BC 的画法即可。

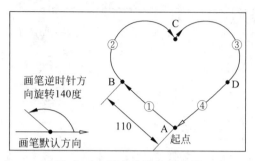

图 10-16　爱心曲线　　　　　　图 10-17　爱心曲线绘制坐标

（1）画线段 AB。将画笔左转（逆时针）140 度，画长为 110 像素的线条。

（2）画线段 BC。用循环画点的方法实现，每个步长旋转一个角度（如 1 度），然后画出一个极短的线条（如 1 个像素），这样循环画线，循环到合适次数（如 200）后终止，循环次数为曲线路径长度。利用这个方法可以画出不同形状的曲线。

2. 程序设计：爱心图形绘制

案例实现程序如下：

1	import turtle as t	# 导入标准模块—绘图函数
2		#【1. 画曲线】
3	def curvemove( ):	# 定义曲线绘图函数
4	for i in range(200):	# 循环绘制曲线(很重要)
5	t.right(1)	# 画笔右转(顺时针)1 度(很重要)
6	t.forward(1)	# 线条步长 1 像素画线(很重要)
7	t.color('red', 'pink')	# 线条红色(red),内部填充桃红色(pink)
8		#【2. 画斜线和颜色填充】
9	t.begin_fill( )	# 开始填充图形
10	t.left(140)	# 将画笔向左(逆时针)旋转 140 度
11	t.forward(110)	# 向前移动 110 像素,画线
12	curvemove( )	# 调用绘图函数,绘制心形左半边
13	t.left(120)	# 将画笔向左(逆时针)旋转 120 度
14	curvemove( )	# 调用绘图函数,绘制心形右半边
15	t.forward(110)	# 向前移动 110 像素,画线
16	t.end_fill( )	# 结束填充
17		#【3. 绘制文字】
18	t.penup( )	# 抬笔
19	t.goto(− 150, 60)	# 文字起始坐标
20	t.color('red')	# 文本颜色
21	t.write('I Love You', font = ('Times', 50, 'bold'))	# 文字,新罗马字体,50 像素,加粗
22	t.hideturtle( )	# 隐藏画笔(光标)
23	t.done( )	# 结束绘制
>>>		# 程序输出见图 10 - 16

3. 程序案例：圆环花朵绘制

【例 10-6】　编程绘制如图 10-18 所示花朵图形。

案例分析：如图 10-18 所示,图形由 6 支花朵组成,每朵花由花杆(直线)和 10 个花瓣

（圆）组成。花朵绘制过程如图 10-19 所示。

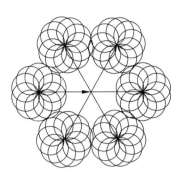

图 10-18　圆环花朵图形

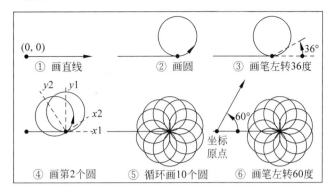

① 画直线　　② 画圆　　③ 画笔左转36度

④ 画第2个圆　　⑤ 循环画10个圆　　⑥ 画笔左转60度

图 10-19　花朵图形绘制过程

（1）从坐标原点出发，画一条长度为 150 像素的直线，作为花杆（见图 10-19①）。

（2）画一个半径为 40 像素的圆，作为第一朵花的第一个花瓣（见图 10-19②）。

（3）画笔坐标不变，画笔左转（逆时针方向）36 度（见图 10-19③）。

（4）开始画第一朵花的第二个花瓣（见图 10-19④）。

（5）通过内循环语句画出 10 个花瓣，这样第一朵花就画好了（见图 10-19⑤）。

（6）画笔回到坐标原点，左转（逆时针方向）60 度（见图 10-19⑥），按步骤（1）～（5）继续画第二朵花，利用循环将 6 支花都绘制完成（见图 10-18）。

4. 程序设计：圆环花朵绘制

案例实现程序如下：

```
1    from turtle import *              # 导入标准模块—绘图
2
3    for i in range(6):                # 外循环绘制 6 朵花
4        pendown()                     # 画笔落下
5        forward(150)                  # 画笔前进 150 像素，画出花杆直线
6        for j in range(10):           # 内循环绘制 10 个圆组成的花朵
7            circle(40)                # 画圆，半径 40 像素（画花瓣）
8            left(36)                  # 画笔左转 36 度（逆时针方向）
9        left(60)                      # 第一朵花绘制完成后，画笔左转 60 度
10       penup()                       # 画笔抬起
11       goto(0, 0)                    # 画笔移动绝对坐标原点，继续外循环，画第 2 朵花
12   done()                            # 结束绘制
>>>                                    # 程序输出见图 10－18
```

5. 程序设计：四叶花绘制

【例 10-7】　绘制一个四叶花（见图 10-20），绘制过程如图 10-21 所示，程序如下：

```
1    import turtle as t                # 导入标准模块—绘图函数
2
3    for i in range(4):                # 定义窗口
4        t.seth(90 * (i + 1))          # 画笔按绝对坐标旋转
```

5	t.circle(200, 90)	# 画弧,半径为200,弧度为90
6	t.seth(- 90 + i * 90)	# 画笔按绝对坐标旋转
7	t.circle(200, 90)	# 画弧,半径为200,弧度为90
8	t.done( )	# 结束绘制
>>>		# 程序输出见图 10 - 20

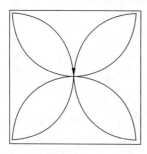

图 10-20 四叶花

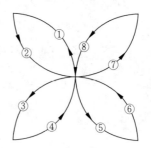

图 10-21 四叶花绘制过程

6. 编程练习

练习 10-7:编写和调试例 10-5～例 10-7 的程序,掌握图形绘制方法。

练习 10-8:修改例 10-5 程序,对绘图模块采用绝对导入(import turtle as t)方法。

练习 10-9:编程绘制图 10-22 所示奥运五环图形。

提示:可以根据图 10-23 提示的坐标绘制图形(注意,坐标原点在画布中心)。

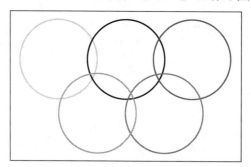

图 10-22 奥运五环图形

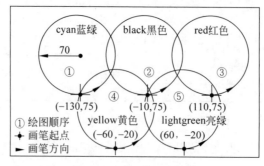

图 10-23 奥运五环坐标

案例27：动态文字绘制

1. 程序案例：文字的旋转

【例10-8】 设计绘制效果如图10-24所示的程序，文字呈现X形动态分布。图片文件保存在"D:\test\资源\"目录中，背景图片"千里江山图.gif"分辨率为907×406像素。

图10-24 旋转变化的文字

案例分析如下：

（1）文字呈X形分布。绘制图10-25所示图形比较简单，绘制完第1个文字后，画笔旋转90°，绘制出第2个文字……以此类推，绘制完4个不同文字后，利用迭代变量加大文字的尺寸，加大本字符与前字符之间的间距；这样循环绘制就会形成呈X形分布的文字效果。

（2）模运算。程序可以充分利用模运算（％）来实现各种功能。如文字有4种颜色变化，可以通过模运算 colors[i%4] 实现；字符内容变化通过模运算 text[i%4] 实现；字符的大小变化和字符间距变化可以通过取整运算 int(i/4+4) 实现。

（3）文字旋转。循环绘制文字时，如果每次旋转90°（left(90)），则文字呈X形分布（见图10-25）；如果每次旋转92°（left(92)），则文字呈旋转状态分布（见图10-26）；如果希望图形右旋，则将旋转函数更换为 right(92) 即可。

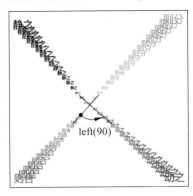

图10-25 旋转90°的文字

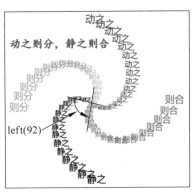

图10-26 旋转92°的文字

2. 程序设计：文字的旋转

案例实现程序如下：

1	`from turtle import *`	# 导入标准模块—绘图
2		
3	`title("江山")`	# 设置标题
4	`setup(900, 400)`	# 设置窗口大小
5	`bgpic("D:\\test\\资源\\千里江山图.gif")`	# 显示背景图
6	`penup()`	# 抬起画笔
7	`goto(- 420, 130)`	# 画笔移到 x = - 420、y = 130 处
8	`write("江山如此多娇", font = ('楷体', 45, 'bold'))`	# 在固定位置绘制字符
9	`penup()`	# 抬起画笔
10	`goto(120, 0)`	# 画笔移到 x = 120、y = 0 处
11	`colors = ['red','orange','black','green']`	# 定义颜色列表
12	`text = ['江山', '万里', '风生', '水起']`	# 定义文本
13	`for i in range(60):`	# 循环 60 次，动态绘制字符
14	`    pencolor(colors[i % 4])`	# 模运算求颜色
15	`    penup()`	# 抬起画笔
16	`    forward(i * 6)`	# 画笔移动距离
17	`    pendown()`	# 落笔
18	`    write(text[i % 4], font = ("微软雅黑", int(i/4 + 10)))`	# 绘制旋转文字
19	`    left(92)`	# 画笔旋转 92 度，文字呈 X 形分布
20	`    hideturtle()`	# 隐藏画笔光标
>>>		# 程序输出见图 10 - 24

程序单词：bgpic(背景图片)，begin_fill(开始填充)，dot(画圆点)，end_fill(结束填充)，hideturtle(隐藏)，pen(画笔)，white(白色)，write(绘制文字)。

3. 程序案例：跑马灯字幕 1

【例 10-9】 绘制跑马灯字幕，字符由下向上逐行移动，文本资源为"D：\test\资源\琴诗.txt"(见图 10-27)，跑马灯字幕效果如图 10-28 所示。

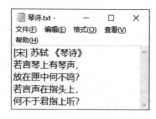

图 10-27 琴诗.txt 　　　　　图 10-28 跑马灯字幕效果

4. 程序设计：跑马灯字幕 1

案例实现程序如下：

1	`import turtle as t`	# 导入标准模块
2	`import time`	# 导入标准模块
3		
4	`txt = open('D:\\test\\资源\\琴诗.txt', 'r', encoding = 'gbk')`	# 打开文件

5	lines = txt.readlines()	# 按行读取文件到列表
6	t.setup(500, 200)	# 设置窗口大小
7	t.bgcolor('steelblue')	# 窗口背景为蔚蓝色
8	t.setworldcoordinates(− 250, 300, 250, 600)	# 定义文字坐标系
9	t.color('white')	# 字体为白色
10	t.hideturtle()	# 隐藏光标
11	for k in lines:	# 循环读取文本行
12	t.clear()	# 清空画布
13	t.write(k, align = 'center',font = ('黑体', 36, 'bold'))	# 一次绘制1个字符
14	for i in range(250):	# 循环移动文字坐标系
15	t.setworldcoordinates(− 250, 300 − 2 * i, 250, 600 − 2 * i)	# 定义文字坐标系
16	time.sleep(0.02)	# 短时间暂停
>>>		# 程序输出见图 10 − 26

　　程序第 8 行,用户定义的文字坐标系,其中−250 为画布左下角 x 坐标;300 为画布左下角 y 坐标;250 为画布右上角 x 坐标;600 为画布右上角 y 坐标。

5. 程序设计:跑马灯字幕 2

【例 10-10】　绘制跑马灯字幕,字符在一行中从右向左水平移动,程序如下:

1	import tkinter as tk	# 导入标准模块
2		
3	win = tk.Tk()	# 创建窗口
4	win.config(background = 'skyblue')	# 设置窗口背景为天蓝色
5	win.geometry('500x120')	# 设置窗口大小
6	text = '[宋]苏轼《琴诗》　若言琴上有琴声,放在\	
7	匣中何不鸣?若言声在指头上,何不于君指上听?　'	# 定义显示字符串
8	lab = tk.Label(win, fg = 'red', bg = 'skyblue', font = ('楷体', 30))	# 定义标签和字体
9	index = 0	# 字符串索引号初始化
10	def run_lab():	# 定义递归函数
11	global text, index	# 定义公共变量名
12	lab.config(text = text[index:] + text[:index])	# 索引号切片,参见例 3 − 9
13	index = (index + 1) % len(text)	# 模运算计算字符串位置
14	win.after(600, run_lab)	# 递归调用,600 为字速
15	lab.place(x = 0, y = 30)	# 设置字符串显示坐标
16	run_lab()	# 调用递归函数
17	win.mainloop()	# 进入事件循环
>>>		# 程序输出(略)

6. 编程练习

练习 10-10:编写和调试例 10-8～例 10-10 的程序,掌握文字动态变化编程。

案例 28:绘制科赫雪花

1. 科赫分形图

科赫(Koch)曲线分形图是先将一个线段三等分;然后将中间线段去掉,用两个斜边构成一个基本的尖角图形；最后在每个线段重复以上操作，如此进行下去，直到达到预定递归深度后停止，这样就得到了科赫曲线分形图。

2. 程序案例：科赫分形图绘制

【例10-11】 绘制如图10-29所示科赫曲线。图形递归深度level＝3（3阶科赫曲线），初始线段长度size＝400像素，起点和终点坐标为（－200，100），旋转角度为120°。

案例分析：定义一个递归函数Koch（size，n），功能为按线段长度（size）和递归深度（n）画出曲线的基本形状（见图10-30），图形分三次画出（见图10-29，AB、BC、CD），由于三段线条的起始坐标不同，需要在主函数中控制画图坐标（goto(x，y)）和旋转角度（right(120)），以及抬笔（penup()）和落笔（pendown()）。

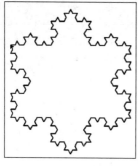

图 10-29　3 阶科赫曲线

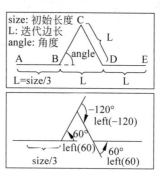

图 10-30　曲线的基本形状

3. 程序设计：科赫分形图绘制

案例实现程序如下：

1	import turtle as t	# 导入标准模块
2		# 【1. 定义科赫递归函数】
3	def Koch(size, n):	# 线长为 size,递归深度为 n
4	if n == 0:	# 判断递归深度,0 阶科赫曲线是一条直线
5	t.fd(size)	# 向前画长度为 size 的线条
6	else:	# 否则,绘制高阶科赫曲线
7	for angle in [0, 60, − 120, 60]:	# 画笔角度为列表[0,60,− 120,60](见图 10 − 30)
8	t.left(angle)	# 画笔左转(逆时针)angle 度
9	Koch(size/3, n − 1)	# 执行递归函数,画 1/3 长度的"_/_"线条
10		# 【2. 调用递归函数绘图】
11	t.setup(600, 600)	# 定义窗口大小为 600×600 像素
12	t.penup()	# 画笔抬起
13	t.goto(− 200, 100)	# 画笔移到(− 200,100)处(坐标原点在窗口中间)
14	t.pendown()	# 放下画笔
15	t.pensize(2)	# 画笔粗细为 2 像素
16	level = 3	# 三阶 Koch 曲线,数字越大图形越细腻
17	Koch(400, level)	# 调用递归函数画 AB 段线条(_/_)
18	t.right(120)	# 画笔在 B 点右转 120 度(见图 10 − 31)
19	Koch(400, level)	# 调用递归函数画 BC 段线条(_/_)
20	t.right(120)	# 海龟光标在 C 点处向右旋转 120 度

21	Koch(400, level)	# 调用递归函数画 CD 段线条(_/_)
>>>		# 程序输出见图 10 - 29

4. 程序注释

程序第 7 行,光标在"尖角"四条线上改变的角度,分别为 0°、60°、−120°、60°。

程序第 8 行,对应上面 4 个角度,科赫曲线的基本形状一共需要转 4 次弯。

程序第 9 行,每个角度的一个边,对应低一阶曲线的"尖角";至此完成递归函数本身的循环和复用,画出一个 n 阶科赫曲线的基本形状(_/_,见图 10-30)。

程序第 18 行,如图 10-31 所示,AB 段曲线(_/_)画完后,需要旋转一个角度(如 120°),开始绘制第二个线段 BC;然后绘制第三个线段 CD,形成一个封闭图形的科赫曲线。如果旋转角度为其他角度,则可能形成其他图形的科赫曲线。

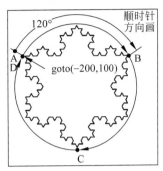

图 10-31 三段曲线坐标

程序单词:angle(角度),Koch(科赫),left(左转(逆时针)),level(阶),right(右转(顺时针)),size(线长)。

5. 编程练习

练习 10-11:编写和调试例 10-11 的程序,掌握图形绘制方法。

练习 10-12:修改例 10-11 程序中的角度(angle),画出如图 10-32 所示的图形。

提示:修改例 10-11 程序第 7 行的画笔角度值(具体值见图 10-32)。如果再修改科赫曲线的基本长度,或者修改旋转角度,还可以画出更多不同的分形图。

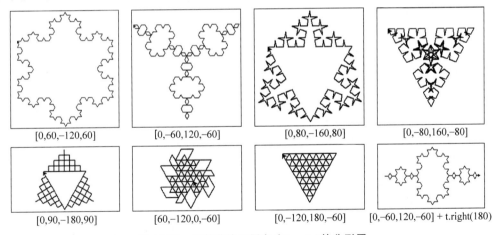

图 10-32 科赫曲线不同角度(angle)的分形图

第**11**章

面向对象程序设计

面向对象是一种程序开发方法，或者说是一种编程风格。面向对象将相关数据和方法作为一个整体来看待，它更贴近事物的自然模式。面向对象程序设计中，对象包含两个含义，一个是数据，另一个是动作，对象是数据和动作的结合体。对象不仅能够进行操作，同时还能够记录操作的结果。方法是指对象能够进行的操作，方法也可以称为函数，方法的作用是对对象进行描述和操作。

11.1 面向对象的基本概念

1. 面向对象程序设计的简单案例

如果以面向对象的程序设计方法，设计一个类似《西游记》的游戏，游戏的主要问题是把西天的经书传给东土大唐。游戏的主要对象是唐僧、孙悟空、猪八戒、沙和尚，他们之间是团队关系（师徒类），他们之中每个人都有各自的特征（属性）和技能（方法）。然而这样的游戏设计并不好玩，于是再安排一群妖魔鬼怪（多个对象，定义为妖魔类），为了防止师徒四人在取经路上被妖怪杀死，又安排了一群保驾护航的神仙（神仙类），以及打酱油的凡人类。师徒四人、妖魔鬼怪、各路神仙、凡夫俗子，这些对象之间就会出现错综复杂的场景。游戏开始后，师徒四人与妖魔鬼怪互相打斗，与各路神仙相亲相杀，为凡夫俗子排忧解难，直到最后取得真经。由不同游戏玩家扮演的师徒四人会按什么流程去取经？这是编程人员无法预测的。

2. Python中的面向对象

Python中一切皆为对象，简单地说，用变量表示对象的特征，用函数表示对象的技能，给变量赋值就是对象的实例化。具有相同特征和技能的一类事物就是"类"，对象则是这一类事物中具体的一个，一个对象包含了数据和操作数据的函数。面向对象编程时，需要记住"抽象的类，具体的对象"。

3. 面向对象的基本名词和概念

面向对象使用类、对象、属性、方法、接口等基本概念进行程序设计（见图 11-1）。

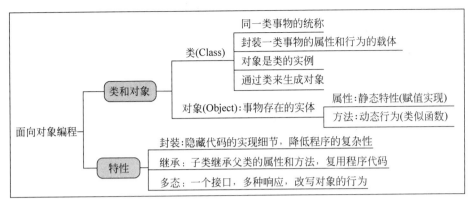

图 11-1　面向对象编程基本概念

（1）对象（Object）。对象是程序中事物的描述，世间万事万物都是对象，例如学生、苹果等。对象名是对象的唯一标志，如学号可作为每个学生对象的标识。对象的状态用属性进行定义，对象的行为用方法进行操作。简单地说，对象＝属性＋方法。

（2）类（Class）。类是具有共同属性和共同行为的一组对象，任何对象都隶属于某个类。使用类生成对象的过程称为实例化。例如，苹果、梨、橘子等对象都属于水果类。类的用途是封装复杂性。类可视为提供某种功能的程序模块。

（3）属性。属性是描述对象特征的一组数据。例如，汽车的颜色、型号等；学生的姓名、年龄、性别等（见图 11-2）。属性是对象的具体值，它通过赋值语句实现。

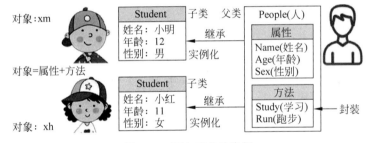

图 11-2　面向对象的案例

（4）方法。方法是一种操作，它是对象行为的描述。每一个方法确定对象的一种行为或功能，如学生的学习、跑步等动作，可分别用 Study()、Run() 等方法描述；如 xiao_ming.Study() 等（见图 11-2）。方法本质上与函数相同。

（5）实例化。类转换为对象的过程，生成类的具体对象（形式上与赋值语句相同）。

（6）继承。继承是子类自动共享父类的数据结构和方法。如在"class Student(People)"语句中，子类 Student(学生)继承了父类 People(人)的特点。

（7）封装。封装是指将程序代码（如函数）放置在一个程序模块内，外部程序对模块内部函数的调用只能通过应用程序接口（API）实现。这样既可以实现对函数的保护，又可以提高程序的可维护性。只要应用程序接口不改变，任何封装体内部的改变都不会对程序其他部分造成影响。

（8）多态。可以对不同类的对象使用相同的接口操作。

11.2　构造类和类方法

1. 构造类的语法

Python 中使用 class 保留字构造类,并在类中定义属性和方法。通常认为类是对象的模板,对象是类创建的产品,是类的实例。构造类语法如下:

```
1  class 类名(父类名):              # 如果没有父类,则为 object
2      属性定义
3      方法定义
4      类参数:__init__(self, argv)
```

【例 11-1】　构造一个简单的类。

```
1  class Student(object):          # 构造一个 Student 学生类
2      name = 'Student'            # 定义类的公有属性
```

程序第 1 行,class 后面紧接着是类名(Student),类名通常是大写开头的单词,紧接着用一对圆括号来定义对象(object),表示该类是从哪个类继承而来。

类构建中,(父类名)说明本类继承自哪个父类,不知道继承自那个类时为(object)。由于历史原因,Python 类定义的形式有 class A、class A()、class A(object)等写法,class A 和 class A()为经典类(旧式类),class A(object)为新式类。在 Python 3. x 版本中,虽然可以写成 class A、class A()旧类形式,但是默认继承 object 类,所有类都是 object 的子类。

2. 构造类的方法

方法是一种操作,它是对象动态特征(行为)的描述。每一个方法确定对象的一种行为或功能。例如,汽车的行驶、转弯、停车等动作,可分别用 move()、rotate()、stop()等方法来描述,方法与函数本质上相同。类方法与普通函数的区别是类方法必须包含参数 self,而且 self 为第 1 个参数。参数 self 表示类实例对象本身(注意,不是类本身)。

【例 11-2】　构造一个计算立方体体积的类和方法(见图 11-3),程序如下:

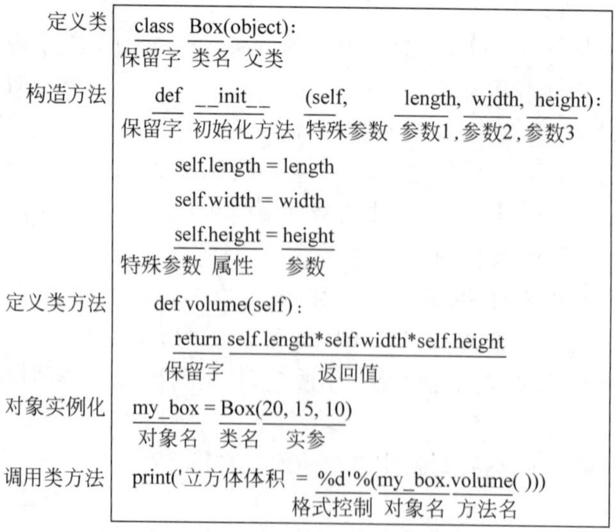

图 11-3　面向对象编程基本概念说明

```
1   class Box(object):                              # 【1. 创建类】Box 为类名
2       def __init__(self, length, width, height):  # 【2. 构造类方法】创建对象时自动执行
3           self.length = length                    # 将对象的属性与 self 绑定在一起
4           self.width = width                      # 在实例里使用类定义的函数或变量时,
5           self.height = height                    # 必须通过 self 才能使用
6
7       def volume(self):                           # 【3. 定义类方法】
8           return self.length * self.width * self.height  # 返回体积值
9                                                   # 【4. 调用类方法】
10  my_box = Box(20, 15, 10)                        # 对象实例化(定义对象 my_box)
11  print('立方体体积 = %d' % (my_box.volume()))    # 通过实例调用类方法 volume()并打印
>>> 立方体体积 = 3000                               # 程序输出
```

程序注释如下。

程序第 2~5 行、7~8 行,定义类方法,类方法的第 1 个参数必须为 self,调用时不必传入参数,Python 会将对象传给 self。

程序第 2 行,__init__()是构造方法,它用于完成类的初始化工作,当创建类的实例时(如程序第 11 行)就会自动执行该方法。

程序第 2 行,形参 length、width、height 为此类共有的属性。

程序第 3 行,实例使用类定义的函数或变量时,必须与 self 绑定才能使用。

程序第 10 行,对象 my_box 是通过 Box 类建立的实例。

程序第 11 行,方法 my_box.volume()为对象属性的访问。

3. 实例属性和类属性

实例化类在其他编程语言中一般用保留字 new,但是 Python 并没有这个保留字,类的实例化与函数调用相同。由于 Python 是动态语言,可以根据类创建的实例添加任意属性。给实例添加属性的方法是通过实例变量,或者通过 self 变量,形式与变量赋值相同。

【例 11-3】 类的实例化和向实例添加属性的方法,程序如下:

```
1   class Student(object):          # 创建 Student 类,不知道继承哪个类时写 object
2       def __init__(self, name):   # 定义类方法,self 指定实例变量,name 实例变量
3           self.name = name        # 定义类属性
4   s = Student('贾宝玉')           # 对象实例化(创建实例)
5   s.score = 80                    # 对象实例化,给实例添加一个 score 属性
6   s.score = 88                    # 对象实例化,修改实例 score 属性
```

对象的操作有属性引用和实例化。属性引用采用对象命名法,如"对象名.属性名",或"对象名.方法名()";实例化方法与变量赋值的形式相同。

【例 11-4】 创建一个类实例,并将该对象赋给变量 x。程序如下:

```
1   class NewClass(object):         # 定义一个新类 NewClass
2       num = 123456                # 定义类属性(类似于赋值)
3       def f(self):                # 定义类方法(类似于定义函数)
4           return 'hello Python'   # 类方法返回值
5   x = NewClass()                  # 实例化类(将对象赋值给变量 x)
6   print('类属性为:', x.num)       # 访问类属性 x.num(属性引用)
```

7	print('类方法为:', x.f())	# 访问类方法 x.f()
>>>	类属性为: 123456 类方法为:hello Python	# 程序输出

4. 类的实例变量 self

类中定义的函数有一点与普通函数不同,这就是第一个参数永远是实例变量 self,并且调用时,不用传递该参数。参数 self 代表类的实例。除此之外,类的方法和普通函数没有什么区别,所以,仍然可以使用位置参数、默认参数、可变参数等。

【例 11-5】 类实例变量 self 示例程序如下:

1	class Test(object):	# 构造一个 Test 类
2	def prt(self):	# 定义类方法
3	print(self)	
4	print(self.__class__)	
5	t = Test()	# 实例化对象
6	print(t)	# 访问类方法
>>>	<__main__.Test object…	# 程序输出(略)

程序注释:参数 self 代表类的实例,代表当前对象的地址。由于 self 不是 Python 的保留字,因此把它换成 runoob 也可以正常执行。

11.3　创建对象和方法

1. 方法的类型

面向对象中的方法包括普通方法(也称为实例方法)、类方法和静态方法,三种方法在内存中都归属于类,区别在于调用方式不同。

普通方法由对象调用,至少有一个 self 参数。执行普通方法时,自动将调用该方法的对象赋值给 self。类方法由类调用,至少有一个 cls 参数。执行类方法时,自动将调用该方法的类复制给 cls。

2. 普通方法

普通方法(实例方法)是对类的某个给定的实例进行操作,语法如下:

1	def 方法名(self, 形参):
2	方法体

普通方法(实例方法)调用语法如下:

1	对象名.方法名(实参)

普通方法必须至少有一个名为 self 的参数,并且是普通方法的第一个形参。参数 self 代表对象本身,普通方法访问对象属性时需要以 self 为前缀,但在类外部通过对象名调用对象方法时,并不需要传递这个参数,如果在外部通过类名调用对象方法则需要 self 参数传值。虽然普通方法的第一个参数为 self,但调用时,用户不需要也不能给 self 参数传值。事实上,Python 自动把对象实例传递给该参数。

【例 11-6】　用普通方法对同一个属性进行获取、修改、删除操作,程序如下:

1	class Goods(object):	# 定义商品类 Goods
2	def __init__(self):	# 定义类方法
3	self.original_price = 100	# 定义类属性,原价
4	self.discount = 0.8	# 定义类属性,折扣
5	def get_price(self):	# 定义获取方法
6	new_price = self.original_price * self.discount	# 折扣价 = 原价 * 折扣
7	return new_price	# 返回折扣价
8	def set_price(self, value):	# 定义修改方法
9	self.original_price = value	
10	def del_price(self, value):	# 定义删除方法
11	del self.original_price	
12	PRICE = property(get_price, set_price, del_price, '价格描述')	# 定义类属性
13	obj = Goods()	# 实例化对象
14	obj.PRICE	# 获取商品价格
15	obj.PRICE = 200	# 修改商品原价
16	del obj.PRICE	# 删除商品原价
17	print(Goods.PRICE)	# 打印类属性地址
18	print(obj.PRICE)	# 打印商品价格
>>>	< property object at 0x0000000C6FAD04F8 > 160.0	# 类属性内存地址

3. 类方法

由于 Python 类中只能有一个初始化方法,不能按照不同的情况初始化类,因此类方法用于定义多个构造函数的情况。类方法通过装饰器@classmethod 来定义,对应的类方法不需要实例化,第一个形参通常为 cls。类方法定义语法如下:

1	@classmethod	# 通过装饰器定义类方法
2	def 类方法名(cls, 形参)	# 参数 cls 是类的函数 init(构造器)
3	方法体	

类方法调用语法如下。

1	类名.类方法名(实参)	# 装饰器定义时调用语法

注意:虽然类方法的第一个参数为 cls,但调用时,用户不需要也不能给该参数传值。Python 中,类本身也是对象。

【例 11-7】　用装饰器定义和调用类方法,程序如下:

1	class Bird(object):	# 【1. 定义类】
2	@classmethod	# 用装饰器定义类方法
3	def fly(cls, color):	# 定义类方法,注意,cls 无须传输参数
4	print(f'我是一只快乐的{color}小鸟')	
5	return	
6	Bird.fly('蓝色')	# 【2. 调用类方法】无需实例化对象
>>>	我是一只快乐的蓝色小鸟	# 程序输出

11.4　面向对象特征——封装

1. 程序封装特征

程序设计中,封装是对对象的一种抽象,即将某些部分隐藏起来(简单地说,封装就是隐藏),使其在程序外部看不到。

在编程语言里,对外提供接口(API)的典型案例是函数。例如,我们在程序设计中需要调用函数 print()时,我们不需要了解它的内部程序结构,但是我们需要知道它的接口参数和形式。

2. 程序案例：自动提款机函数封装

【例 11-8】　自动提款机最基本的功能是取款,它由许多辅助功能组成,例如插卡、密码认证、输入金额、打印账单、取钱等。对用户来说,只需要知道取款这个功能即可,其余功能都可以隐藏起来,这样既隔离了复杂度,也提升了安全性。

3. 程序设计：自动提款机函数封装

案例实现程序如下：

```
1   class ATM(object):                    # 构造 ATM 类
2       def __card(self):                 # 定义"插卡"方法
3           print('插卡')
4       def __auth(self):                 # 定义"用户认证"方法
5           print('用户认证')
6       def __input(self):                # 定义"输入取款金额"方法
7           print('输入取款金额')
8       def __print_bill(self):           # 定义"打印账单"方法
9           print('打印账单')
10      def __take_money(self):           # 定义"取款"方法
11          print('取款')
12      def withdraw(self):               # 定义 ATM 取款方法
13          self.__card()                 # 调用"取款"方法
14          self.__auth()                 # 调用"用户认证"方法
15          self.__input()                # 调用"输入取款金额"方法
16          self.__print_bill()           # 调用"打印账单"方法
17          self.__take_money()           # 调用"取款"方法
18  a = ATM()                             # 实例化类,将对象赋值给变量 a
19  a.withdraw()                          # 调用 ATM 取款方法
>>> 插卡    用户认证    输入取款……        # 程序输出(略)
```

封装的优点在于明确区分程序内外。修改类的代码不会影响其外部调用。外部调用只要接口名(函数名)、参数格式不变,调用的代码就无须改变。

11.5　面向对象特征——继承

1. 程序继承特征

继承是一个对象从另一个对象中获得属性和方法的过程。例如,子类从父类继承方法,使得子类具有与父类相同的行为。继承实现了程序的重用。

在面向对象程序设计中,当我们定义一个类时,可以从某个现有的类继承,新的类称为子类,被继承的类称为基类、父类或超类。

2. 程序继承特征

【例 11-9】 创建父类 People(人),定义类方法 run()。程序如下:

1	class People(object):	# 定义父类 People(人)
2	def run(self):	# 定义类方法 run()(跑)
3	print('他正在跑步……')	# 方法内容

【例 11-10】 创建子类 Student(学生)和 Teacher(教师)时,可以直接从父类 People(人)继承。程序如下:

1	class Student(People):	# 构造子类 Student(学生),继承父类 People 的属性和方法
2	pass	# 语句 pass 为空操作,它用于给今后的代码预留位置
3	class Teacher(People):	# 构造子类 Teacher(教师),继承父类 People 的属性和方法
4	pass	# 空操作

程序注释:对 Student 来说,其父类是 People;对 People 来说,其子类是 Student。

继承的最大优点是子类获得了父类的全部功能。由于 People 实现了类方法 run(),因此 Student 和 Teacher 作为 People 的子类,就自动拥有了类方法 run()。

11.6 面向对象特征——多态

1. 多态特征

多态以封装和继承为基础,多态是一个接口,多种响应。通俗地说,多态是允许不同对象继承类的方法(一个接口),并做出不同的响应(重写方法)。

2. 程序设计:多态

【例 11-11】 如图 11-4 所示,定义一个"动物类",它有不同的动物(对象),这些动物都有一些相同的行为(类方法),但是这些相同行为会产生不同的响应(重写方法)。

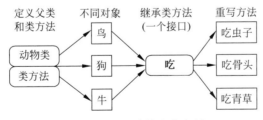

图 11-4 动物类的多态案例

1	class Animal(object):	# 【1. 定义父类】动物类
2	def func(self):	# 【2.定义父类的方法】
3	print('动物在吃饭')	
4	class Bird(Animal):	# 【3. 定义子类】鸟(继承父类 Animal)
5	def func(self):	# 在子类中重写父类的方法

6	print('鸟在吃虫子')	# 子类的方法实现不同的功能(如'吃虫子')
7	class Dog(Animal):	# 【4. 定义子类】狗(继承父类 Animal)
8	def func(self):	# 在子类中重写父类的方法
9	print('狗在吃骨头')	# 子类的方法实现不同的功能(如'吃骨头')
10	class Cattle(Animal):	# 【5. 定义子类】牛(继承父类 Animal)
11	def func(self):	# 【6. 在子类中重写父类的方法】
12	print('牛在吃草')	# 子类的方法实现不同的功能(如'吃草')
13	class Feeder(object):	# 【7. 定义饲养员类】不是 Animal 类
14	def func(self):	# 【8. 定义类方法】
15	print('饲养员在工作')	# 实现不同的功能
16	def work(eat: Animal):	# 【9. 定义调用接口】Animal 为父类说明
17	eat.func()	
18		# 【10. 调用类方法】
19	work(Bird())	# 调用鸟的方法
20	work(Dog())	# 调用狗的方法
>>>	鸟在吃虫子	# 多态1运行结果
	狗在吃骨头	# 多态2运行结果

案例分析：以上程序体现了面向对象程序设计的继承、重写、接口、多态等概念。一个父类(Animal)有多个子类(Bird、Dog、Cattle)，另外还有饲养员类(Feeder)。不同的子类采用相同的调用接口(work(eat：Animal))，它们会产生多种形态的执行结果。

3. 多态：鸭子类型

"鸭子类型"源于诗人莱利(James Whitcomb Riley)的一首诗"当看到一只鸟走起来像鸭子，游泳起来像鸭子，叫起来也像鸭子，那么这只鸟就可以称为鸭子"。鸭子类型不关心对象的类型，而是关心对象的行为。鸭子类型是一种面向对象的多态行为。

Python 中，函数的参数没有类型限制，所以多态在 Python 中的体现并不是很严谨。多态的概念主要用于 Java 等强类型语言，而 Python 崇尚鸭子类型，鸭子类型并不要求严格的继承关系，它不关注对象的类型，而是关注它的调用方法(行为)。

4. 程序设计：鸭子类型

【例 11-12】 在 Python 中，对象数据类型是一个典型的"鸭子类型"。程序如下：

1	def add(x, y):	# 定义鸭子类型函数 add()，对象(x, y)为形参
2	return x + y	# 返回值为 x + y
3	print(add(500, 20))	# 调用函数 add()，实参(500, 20)为"鸭子1"
4	print(add('三国', '演义'))	# 调用函数 add()，实参('三国', '演义')为"鸭子2"
>>>	520	# 运行结果:鸭子1
	三国演义	# 运行结果:鸭子2

Python 解释器并不关心对象 x、y 是什么数据类型，只要它们都可以进行加法运算，那就是一群相同的鸭子。

文本处理案例

文本可以看作是一段自然语言的数据，一个短语或一篇文章都可以看作是字符或单词的序列。文本数据处理的步骤是对文本数据进行预处理；对文本进行中文分词；提取文本特征数据；对文本数据进行计算训练；对文本进行数据挖掘。

1. 中文分词

英文单词之间以空格作为分界符。中文只有语句和段有分界符，词与词之间没有分界符，词与词组的边界也很模糊。虽然英文也存在短语划分的问题，但是中文分词比英文要复杂得多、困难得多。中文分词目前面临分词规范、歧义切分、新词识别等挑战。

为了使计算机理解文本，中文信息处理的第一步工作就是中文分词。中文分词是在中文语句的词与词之间加上边界标记。边界标记有空格、逗号、斜线(见例 12-2)等。

2. 统计方法提取文本关键字

关键字可以代表一篇文档的主题，自然语言处理最基本的工作是关键字提取，提取文本中的关键字有多种方法，按统计方法提取关键字有以下三种方法。

(1) 统计词频。一个词在文本中出现地越频繁，这个词就越有可能作为核心词。

(2) 统计词性。绝大多数关键字为名词或者动名词。

(3) 位置统计。文本标题、摘要、段首、段尾等位置的词具有代表性。

3. 结巴分词的模式

流行的中文分词软件包有 Jieba(结巴分词，开源免费)、SnowNLP(开源免费)等。结巴分词是一个简单实用的中文分词软件包，结巴分词官网提供了详细说明文档(https://github.com/fxsjy/jieba)。结巴分词默认采用隐马尔科夫模型(一种语言统计模型)进行中文分词，分词模式有精确模式、全模式和搜索引擎模式，并且支持中文简体和繁体分词，支持自定义词典，支持多种编程语言。结巴分词软件包使用 UTF-8 编码，如果语料文本不是UTF-8 编码，可能会出现乱码的情况。

【例 12-1】 在 Windows shell 窗口下，安装结巴分词软件包。

```
1   > pip install  jieba                    # 版本 0.42.1(输出略)
```

4. 程序设计：结巴分词的分词模式

【例 12-2】 结巴分词精确模式案例，程序如下：

```
>>>   import jieba                                      # 导入第三方包
>>>   lst1 = jieba.cut('已结婚的和尚未结婚的青年')      # 设为精确分词模式(默认)
>>>   print('/ '.join(lst1))                            # 分词之间用/连接
      已/ 结婚/ 的/ 和/ 尚未/ 结婚/ 的/ 青年            # 难点：和/尚未；和尚/未
>>>   lst2 = jieba.cut('请上传一卡通图片')              # 精确分词
>>>   print('/ '.join(lst2))
      请/ 上传/ 一/ 卡通图片                            # 难点：一/卡通图片；一卡通/图片
>>>   lst3 = jieba.cut('请上传一卡通照片')
>>>   print('/ '.join(lst3))
      请/ 上传/ 一卡通/ 照片                            # 难点：一卡通/照片；一/卡通照片
```

【例 12-3】 结巴分词全模式案例，程序如下：

```
>>>   import jieba                                      # 导入第三方包
>>>   s = '南京市长江大桥'
>>>   cut = jieba.cut(s, cut_all = True)                # cut_all = True 设为全模式分词
>>>   print(','.join(cut))
      南京,南京市,京市,市长,长江,长江大桥,大桥          # 难点：南京/市长/江大桥
```

可见全模式就是把文本分成尽可能多的词。

5. 用 TF-IDF 算法提取关键字

TF-IDF 是一种关键字排序算法，它对文本所有关键字进行加权处理，然后根据权值对关键字进行排序。结巴分词软件可以实现 TF-IDF 算法的关键字提取，语法如下：

```
1   keywords = jieba.analyse.extract_tags(content, topK = 5, withWeight = True, allowPOS = ())
```

（1）参数 content 为待提取文本语料或语料变量名。

（2）参数 topK＝5 为返回权重最大的 5 个关键字。

（3）参数 withWeight＝True 为返回关键字权重值；withWeight＝False 为不返回。

（4）参数 allowPOS＝()为不过滤词性；allowPOS＝(['n'，'v'])为过滤名词、动词。

6. 程序设计：结巴分词的关键字提取

【例 12-4】 对莫言《檀香刑》中的片段提取 5 个关键字，用空格隔开，程序如下：

```
1   import jieba.analyse                                # 导入第三方包
2   text = '世界上的事情，最忌讳的就是个十全十美，你看那天上的月亮，一旦圆满了，马上就要
3   亏厌；树上的果子，一旦熟透了，马上就要坠落。凡事总要稍留欠缺，才能持恒。'
4   keywords = jieba.analyse.extract_tags(text, topK = 5)   # 提取 5 个关键字
5   print(keywords)                                     # 输出关键字
>>> ['亏厌', '持恒', '马上', '就要', '一旦']            # 程序输出
```

案例 29：《全唐诗》字数和行数统计

在文本处理中，经常需要统计文本中的行数和字数。

1.《全唐诗》概述

《全唐诗》是康熙四十六年(1707 年)编撰的古籍,主编是曹寅、彭定求等。1960 年中华书局对《全唐诗》进行了断句排印,并改正了一些明显的错误,1979 年中华书局改为平装本 25 册。《全唐诗》共收集诗人 2200 余家,诗作 48 900 余首。唐代诗歌是中国古典诗歌发展的黄金时代,《全唐诗》为唐代诗歌研究提供了极大的方便。

2. 程序设计:统计字数和行数

【例 12-5】　统计"全唐诗.txt"文本中的总计字数和行数。文件"全唐诗.txt"(UTF-8 编码)保存在"D:\test\资源\"目录中。程序如下:

```
1  with open('D:\\test\\资源\\全唐诗.txt', encoding = 'utf - 8') as file1:   # 打开文件
2      word = file1.read()                                              # 读取全部字符
3  print('全唐诗总字数:', len(word))                                     # 打印全部字符数
4  with open('D:\\test\\资源\\全唐诗.txt', encoding = 'utf - 8') as file2:   # 打开文件
5      lines = file2.readlines()                                        # 按行读入文件
6  print('全唐诗总行数:', len(lines))                                    # 打印文件行数
>>> 全唐诗总字数: 4646026                                                 # 程序输出
    全唐诗总行数: 387171
```

3. 程序设计:统计文本中特定字符

【例 12-6】　统计"全唐诗.txt"全部文本中,"春""梅花"两个词出现的次数。可以用函数 count('字符串')进行字符串统计,程序如下:

```
1  with open('d:\\test\\资源\\全唐诗.txt', 'r', encoding = 'utf - 8') as file:   # 打开文件
2      content = file.read()                                            # 读全部文件
3      num1 = content.count('春')                                       # 统计"春"字数
4      num2 = content.count('梅花')                                     # 统计"梅花"字数
5      print(f"'春'出现次数 = {num1}\n'梅花'出现次数 = {num2}")            # 打印信息
>>> '春'出现次数 = 13091                                                  # 程序输出
    '梅花'出现次数 = 190
```

程序说明:注意第 5 行中,双引号和单号混用的情况。

程序单词:content(内容),join(连接),replace(替换),word(字数)。

4. 编程练习

练习 12-1:编写和调试例 12-5 和例 12-6 的程序,掌握统计字数和行数的方法。

案例 30:《红楼梦》人物出场数统计

1. 程序案例:人物出场数统计

【例 12-7】　统计《红楼梦》中出场次数最多的人物。文件"红楼梦 gb18030.txt"(GB18030 编码)保存在 D:\test\资源\目录下。

案例分析:对文本中出场人物进行统计时,需要解决以下问题。

(1) 由于分词软件中的人名不是一个专用字典,所以分词后会出现很多没有意义的高

频词,如"的""什么""这里""只是""我们"等,这些词在文本处理中称为"停止词",需要在程序中清除这些停止词。

（2）在小说文本中,人物姓名会有不同的称呼,如《红楼梦》中王熙凤的别名有"凤姐""琏二奶奶""凤辣子""凤哥儿""凤丫头"等,这些别名在程序设计中都应当考虑。另外一些指代不明的人物（如"你""他""夫人""公子"等）程序很难分辨,因此不予考虑。

（3）文件读取时容易遇到三类问题,一是文件路径错误;二是文件编码错误;三是文件中可能有不可见的控制码。当文件中含有不可见的控制码时,读文件很容易出现错误,这时可以将参数'r'（读文本）修改为'rb'（读字节码）。

2. 程序设计:人物出场数统计

案例实现程序如下:

```
1    import jieba                                              # 导入第三方包—结巴分词
2
3    stop_words = {'什么', '一个','我们','那里','如今','你们','说道','起来','姑娘','这里',
4        '出来', '他们','众人','奶奶','自己','一面','太太','只见','怎么','两个','没有',
5        '不是', '不知', '这个','知道','听见','这样','进来','告诉','东西','咱们','就是',
6        '回来', '大家','只是','老爷','只得','丫头','这些','不敢', '出去','所以','不过'}
                                                               # 定义停止词
7    txt = open('d:\\test\\资源\\红楼梦 gb18030.txt', 'r', encoding = 'gb18030').read()
                                                               # 读文件内容
8    words = jieba.cut(txt)                                    # 对文本进行结巴分词
9    counts = { }                                              # 初始化计数字典
10   for word in words:                                        # 统计姓名关键字出现的次数
11       if len(word) == 1:
12           continue
13       elif word == '宝玉' or word == '贾宝玉':
14           rword = '贾宝玉'
15       elif word == '黛玉' or word ==  '林黛玉':
16           rword = '林黛玉'
17       elif word == '宝钗' or word == '薛宝钗':
18           rword = '薛宝钗'
19       elif word == '凤姐' or word == '王熙凤' or word == '凤姐儿':
20           rword = '王熙凤'
21       elif word == '袭人' or word ==  '花袭人':
22           rword = '袭人'
23       elif word == '平姐姐' or word ==  '平儿':
24           rword = '平儿'
25       elif word == '老太太' or word ==  '贾母':
26           rword = '贾母'
27       elif word == '二太太' or word ==  '王夫人':
28           rword = '王夫人'
29       elif word == '琏二爷' or word ==  '贾琏':
30           rword = '贾琏'
31       else:
```

32	rword = word	
33	counts[rword] = counts.get(rword, 0) + 1	＃ 累计关键字(人物出场数统计)
34	for word in stop_words:	
35	del(counts[word])	＃ 删除停止词
36	items = list(counts.items())	
37	items.sort(key = lambda x:x[1], reverse = True)	＃ 按键值排序(降序排序)
38	for i in range(10):	
39	word, count = items[i]	＃ 循环读取人物名称和出场次数
40	print(f'人物:{word} - {count}次')	
>>>	人物:贾宝玉 - 3799 次 人物:贾母 - 2205 次 人物:王熙凤 - 1592 次 ……	

3. 程序注释

程序第 3 行,定义停止词。

程序第 7 行,本例文件为 GB18030 编码,如果将解码参数设置为 encoding＝'gbk',或者 encoding＝'utf-8',将导致文件读错误。

程序第 38 行为统计《红楼梦》中出场次数最多的人物,而程序 12～30 行仅列举了 9 个可能出场最多的人物,第 10 位出场人物留给程序进行筛选。

程序单词:cut(切分),items(项目),jieba(结巴分词),reverse(反转),rword(人物姓名),stop_words(停止词)。

4. 编程练习

练习 12-2:编写和调试例 12-7 的程序,掌握统计指定词语的方法。

练习 12-3:注释例 12-7 程序第 2～6 行、34～35 行,检查运行结果,说明原因。

案例 31:《全宋词》关键字提取

1. 程序案例:关键字提取

【例 12-8】　中华书局 1999 年出版了唐圭璋编写的《全宋词》一书,全书共计收集两宋词人 1330 余家,收录词作约 2 万首。对《全宋词》进行高频词汇统计,基本可以反映出宋代文人的诗词风格和生活情趣。文件"全宋词.txt"(ANSI/GBK 编码)保存在 D:\test\资源\目录下。

2. 程序设计:关键字提取

案例实现程序如下。

1	import jieba	＃ 导入第三方包
2	from collections import Counter	＃ 导入标准模块—记数
3		
4	def get_words(txt):	＃ 定义词频统计函数
5	lst = jieba.cut(txt)	＃ 利用结巴分词进行词语切分

6	`    c = Counter()`	# 统计文件中每个单词出现的次数
7	`    for x in lst:`	# x 为 lst 中的一个元素,遍历所有元素
8	`        if len(x)>1 and x != '\r\n':`	# x>1 表示不取单字,取 2 个字以上词
9	`            c[x] += 1`	# 往下移动一个词
10	`    print('《全宋词》高频词汇统计结果:')`	
11	`    print(c.most_common(20))`	# 输出前 20 个高频词汇
12		
13	`with open('d:\\test\\资源\\全宋词.txt', 'r') as file:`	# 读模式打开统计文本,并读入 file 变量
14	`    txt = file.read()`	# 将统计文件读入变量 txt
15	`get_words(txt)`	# 调用词频统计函数
>>>	《全宋词》高频词汇统计结果:	# 程序输出
	[('东风', 1371), ('何处', 1240), ('人间', 1159), ('风流', 897), ('梅花', 828), ('春风', 808), ('相思', 802), ('归来', 802), ('西风', 780), ('江南', 735), ('归去', 733), ('阑干', 663), ('如今', 656), ('回首', 648), ('千里', 632), ('多少', 631), ('明月', 599), ('万里', 574), ('黄昏', 561), ('当年', 537)]	

由以上统计可知,宋代诗词的基本风格是"江南流水,风花雪月",宏大叙事极少。

程序单词:collections(收集),Counter(计算),get_words(词频统计),most_common(最常见)。

3. 编程练习

练习 12-4:编写和调试例 12-8 的程序,掌握提取关键字的方法。

练习 12-5:参考例 12-8 的程序,提取"红楼梦 utf8.txt"文件中的关键字。

案例 32:汉字拼音和笔画排序

1. 汉字编码概述

Python 根据字符的 Unicode 编码值大小进行比较。排序函数 sort()可以为数字和英文字母排序,因为它们在 Unicode 字符集中就是顺序排列的。

中文通常有拼音和笔画两种排序方式,在中文字符编码标准 GB2312 中,3755 个一级中文汉字按照拼音序进行编码,另外 3008 个二级汉字则按部首笔画排列。后来扩充的 GBK 和 GB18030 编码标准为了向下兼容,都没有更改之前的汉字顺序,因此排序后的汉字次序很乱。Unicode 编码中,汉字按《康熙字典》的 214 个部首和笔画数排列,所以排序结果与 GB2312 编码也不相同。

2. 中文处理软件包

软件包 PyPinyin 支持中文转拼音,它可以根据词组智能匹配拼音、带声调拼音,支持多音字、自定义拼音、简单的繁体字拼音、注音符号、多种不同拼音风格的转换。

【例 12-9】 在 Windows shell 窗口下,安装 PyPinyin 拼音软件包。

| 1 | `>pip install  pypinyin` | # 版本 0.49.0(输出略) |

软件包 PyPinyin 使用指南见 https://pypinyin.readthedocs.io/zh_CN/master/#contents。函数 pinyin()语法如下。

```
1   pinyin(hans, style = Style.TONE, heteronym = False, errors = 'default', strict = True)
```

（1）参数 hans 为中文字符串。

（2）参数 style＝Style.NORMAL 为不带声调（默认），style＝Style.TONE 为带声调。

（3）参数 heteronym＝False 为非多音字（默认），heteronym＝True 加注多音字拼音。

（4）参数 errors＝'default' 为默认输出，errors＝'ignore' 为不输出非拼音字符。

（5）参数 strict＝True 为控制声母和韵母是否严格遵循《汉语拼音方案》标准。

（6）返回各种拼音形式的列表。

3. 程序设计：汉字拼音处理

【例 12-10】 字符串的拼音操作案例，程序如下：

```
>>>   from pypinyin import lazy_pinyin, pinyin          # 导入第三方包
>>>   pinyin('茕茕孑立')                                  # 函数 pinyin()默认带声调
      [['qióng'], ['qióng'], ['jié'], ['lì']]           # 列表输出（用于识别生僻字）
>>>   lazy_pinyin('月是故乡明')                            # 函数 lazy_pinyin()默认不带声调
      ['yue', 'shi', 'gu', 'xiang', 'ming']
>>>   lazy_pinyin('月是故乡明', 1)                         # 返回拼音（1 为用标准声调标注）
      ['yuè', 'shì', 'gù', 'xiāng', 'míng']             # 用于识别诗歌韵律
>>>   lazy_pinyin('月是故乡明', 2)                         # 返回拼音（2 为用数字标注声调）
      ['yue4', 'shi4', 'gu4', 'xia1ng', 'mi2ng']        # 语调为"仄仄仄平平"
>>>   lazy_pinyin('周光尽', 2)                            # 返回姓名拼音
      ['zho1u', 'gua1ng', 'ji3n']                       # 姓名语调为"平平仄"(佳)
>>>   lazy_pinyin('王天江', 2)
      ['wa2ng', 'tia1n', 'jia1ng']                      # 姓名语调为"平平平"（欠佳）
>>>   pinyin('朝阳', heteronym = True)                    # 返回多音字的多个读音
      [['zhāo', 'cháo'], ['yáng']]
>>>   lazy_pinyin('朝云暮雨', 2)                           # 智能识别多音字 1,2 为数字声调
      ['zha1o', 'yu2n', 'mu4', 'yu3']                   # 语调为"平平仄仄"
>>>   lazy_pinyin('百鸟朝凤', 2)                           # 智能识别多音字 2,2 为数字声调
      ['ba3i', 'nia3o', 'cha2o', 'fe4ng']
>>>   lazy_pinyin('百鸟朝凤', 10)                          # 数字 10 为注音符号
      ['ㄅㄞˇ', 'ㄋㄧㄠˇ', 'ㄔㄠˊ', 'ㄈㄥˋ']
>>>   lazy_pinyin('☀明媚!')                              # 非拼音字符原样输出（默认）
      ['☀', 'ming', 'mei', '!']
>>>   lazy_pinyin('☀明媚!', errors = 'ignore')           # 非拼音字符不输出
      ['ming', 'mei']                                   # 不输出☀和!符号
>>>   s = '百尺竿头'
>>>   sorted(s, key = lambda ch:lazy_pinyin(ch))        # 按拼音排序输出
      ['百', '尺', '竿', '头']
```

程序第 14 行，使用了 Python 内置标准排序函数 sorted()；内置标准匿名函数 lambda；以及第三方软件包拼音转换函数 lazy_pinyin()。

【例 12-11】 对函数返回的拼音不满意时，可以定义自己的拼音字典，程序如下：

```
>>>   from pypinyin import lazy_pinyin, load_phrases_dict     # 导入第三方包
>>>   print(lazy_pinyin('大夫'))                               # 返回拼音（默认不带声调）
```

```
>>>     ['dai', 'fu']
>>>     personalized_dict = {'大夫': [['da'], ['fu']]}              # 定义拼音字典
>>>     load_phrases_dict(personalized_dict)                       # 载入自定义的字典
>>>     print(lazy_pinyin('大夫'))                                  # 打印自定义汉字的拼音
        ['da', 'fu']
```

4. 程序设计：汉字拼音排序

【例 12-12】 对"梁山 108 将 utf8.txt"文件按拼音排序，该文件（见图 9-12）保存在 D:\
test\资源\目录中。程序如下：

```
1    from itertools import chain                                                        # 导入标准模块
2    from pypinyin import pinyin, Style                                                 # 导入第三方包
3
4    file = open('D:\\test\\资源\\梁山 108 将 utf8.txt', 'r', encoding = 'utf - 8')       # 打开文件
5    data = file.read()                                                                 # 读文件
6    s = data.splitlines()                                                              # 删除前后空格
7    file.close()                                                                       # 关闭文件
8    def to_pinyin(s):                                                                  # 定义排序函数
9        return ''.join(chain.from_iterable(pinyin(s, style = Style.TONE3)))            # 返回排序列表
10   print(sorted(s, key = to_pinyin))                                                  # 输出排序
>>>  ['安道全', '白胜', '鲍旭', '蔡福', ……                                             # 程序输出（略）
```

5. 课程扩展：汉字笔画排序

（1）创建笔画字典。汉字按笔画排序首先需要一个汉字笔画文件，文件中包含 GBK 字库中的所有汉字和每个汉字的笔画数。然后构造成一个大型"汉字笔画字典"文件，字典的"键"是汉字，"值"是笔画数。"汉字笔画字典"用于后续的排序函数。

（2）创建排序函数。汉字按笔画排序时，首先读出待排序序列中的一个字符，在"汉字笔画字典"中找到对应字符的"键"，然后将字典中对应字符的"键值对"存入一个新列表中。待排序文件中每个字符的"键值对"都存入新列表后，对新列表中的字典按"值"进行排序。排序时，先排序数字，再排序英文字母，最后排序汉字。

（3）软件包 chinese-stroke-sorting 已经将"汉字笔画字典"和汉字笔画排序函数封装好了，我们安装这个软件包后，就可以简单调用汉字笔画排序函数了。

【例 12-13】 在 Windows shell 窗口下，安装汉字笔画排序软件包。

```
1    > pip install  chinese-stroke-sorting      # 版本 0.3.1（输出略）
```

【例 12-14】 对"梁山 108 将 utf8.txt"文件按笔画排序。

```
1    from chinese_stroke_sorting import sort_by_stroke                                  # 导入第三方包
2    file = open('D:\\test\\资源\\梁山 108 将 utf8.txt', 'r', encoding = 'utf - 8')       # 打开文件
3    data = file.read()                                                                 # 读入文件
4    name_list = data.splitlines()                                                      # 删除首尾空格
5    file.close()                                                                       # 关闭文件
6    print(sort_by_stroke(name_list))                                                   # 汉字笔画排序
>>>  ['丁得孙', '马麟', '王英', ……                                                     # 程序输出（略）
```

程序单词：chain(中文)，iterable(迭代器)，lazy(简化)，load(载入)，personalized(个性化)，phrases_dict(短语字典)，pinyin(拼音)，pypinyin(拼音模块)，sorted(排序)，splitlines(删除换行符)，stroke(笔画)，style(风格)，TONE(特色)。

6．编程练习

练习12-6：参考例12-9，安装拼音软件包 PyPinyin。

练习12-7：参考例12-13，安装汉字笔画排序软件包 chinese-stroke-sorting。

练习12-8：编写和调试例12-10的程序，掌握汉字拼音输出的各种方法。

练习12-9：编写和调试例12-12的程序，掌握文件中汉字按拼音排序的方法。

练习12-10：编写和调试例12-14的程序，了解文件中汉字按笔画排序的方法。

案例33：古代诗歌的平仄标注

1．声调的平仄

声调是指语音的高低、升降、长短。平仄是古代诗词中用字的声调，平指平直，仄指曲折（注意，平仄与押韵不同）。古汉语有平、上、去、入四声，除平声外，上、去、入三种声调都有高低变化，故统称为仄声。现代普通话中，入声归入上、去两声中，这导致用普通话判别古代诗词的平仄会有少许误读。诗歌写作中，如果懂得古代音韵的平仄当然最好，如果搞不懂古代音韵，用今韵亦可。现代拼音中，一二声为平，三四声为仄。

2．程序案例：古诗平仄标注

【例12-15】　用现代拼音的四声，标注诗词的平仄。

案例分析：标注诗词的平仄有两种方法，一是利用古代韵书（如《平水韵》等）为字典，查找诗词对应的平仄；二是根据拼音的声调数字标注，判断诗词的平仄。

3．程序设计：古诗平仄标注

案例实现程序如下：

```
1   from pypinyin import lazy_pinyin, pinyin      # 导入第三方包
2   import re                                      # 导入标准模块
3
4   def py_num(py_str):                            # 定义拼音转数字函数
5       mould = (r'\d')                            # 定义正则模板，匹配1~4的数字
6       list_str = re.findall(mould, py_str)       # 过滤出数字字符串，如：['3','2','4','2','4']
7       list_num = []                              # 初始化数字列表
8       for num in list_str:                       # 循环将数字字符串转为数值列表
9           num = int(num)                         # 字符串数字转为整数，如：'3'转为3
10          list_num.append(num)                   # 建立数字列表，如：[3,2,4,2,4]
11      return list_num                            # 返回数字列表，如：[3,2,4,2,4]
12
13  poems = input('请输入诗句:\n')                  # 符号"\n"为换行，假设输入为：举头望明月
14  py_list = lazy_pinyin(poems, 2)                # 诗句转拼音列表，如：['ju3', 'to2u', 'wa4ng', …]
15  py_str = ''.join(py_list)                      # 列表转字符串，如：'ju3, to2u, wa4ng, …'
```

16	num_list = py_num(py_str)	# 调用拼音转数字函数,返回数值列表
17	for pz in num_list:	# 循环标注诗句中单字的平仄
18	if pz < 3:	# 如果声调数值小于3(不含3)
19	print('平', end = '')	# 打印诗句中的字为平声(end = ''为不换行)
20	else:	# 否则
21	print('仄', end = '')	# 输出诗句为仄声
>>>	请输入诗句:	# 程序输出
	举头望明月	# 输入诗句或姓名
	仄平仄平仄	# 打印诗句平仄

4. 程序注释

程序第 2 行,模块 re 是 Python 标准模块,全称为"正则表达式模块",它的功能主要是过滤出字符串中的指定元素。例如,在字符串中过滤出数字(删除非数字符号);过滤文本中的换行符号(\n);在中英文混合文本中过滤出中文字符(删除英文字符和符号)。正则表达式功能强大,但是语法复杂,容易出错,本书不做介绍。

程序第 5 行,语句"mould = (r'\d')"为创建正则模版,符号"'\d'"为匹配所有数字。

程序第 6 行,语句"list_str = re.findall(mould, py_str)"为过滤出字符串 py_str 中的数字符号(即用数字表示的声调),然后将这些数字符号赋值给变量 list_str。

程序第 11 行,注意,当函数返回值为多个元素时(如[3,2,4,2,4]),返回值会自动转换为元组,如(3,2,4,2,4)。

程序单词:append(添加元素),findall(正则匹配),mould(正则模板),poems(诗),py_str(拼音字符串),pz(平仄),re(正则表达式),word(分词),flag(词性)。

5. 程序设计:标注语句词性

【例 12-16】 语句分词和标注词性,程序如下:

1	import jieba.posseg as pseg	# 导入软件包—结巴分词
2		
3	words = pseg.cut("我爱北京天安门")	# 定义文本语料
4	for w in words:	# 循环进行
5	print(w.word, w.flag)	# 输出分词,词性
>>>	我 r	# 程序输出
	爱 v	
	北京 ns	
	天安门 ns	

6. 编程练习

练习 12-11:编写和调试例 12-16 和例 12-17 的程序,掌握标注诗词平仄的方法。

GUI程序案例

GUI(图形用户界面)是指用窗口方式显示和操作的用户界面程序。GUI 程序是一种基于事件驱动的程序,程序的执行依赖于与用户的交互,程序实时响应用户的操作。GUI 程序执行后不会主动退出,程序在循环等待接收消息或事件,然后根据事件执行相应的操作。GUI 程序的三要素是组件(widget)、布局(layout)和事件(event)。

13.1 GUI 程序基本概念

1. 标准模块 Tkinter

Tkinter 是 Python 的 GUI 标准模块,它主要用来快速设计 GUI 程序。使用 Tkinter 时不需要安装额外的软件包,直接用 import 命令导入即可。Tkinter 的不足之处在于不支持组件的拖拽式布局,而且只有 21 种常用组件,显示效果比较简陋。Tkinter 语法简单易学,它提供了各种常用组件,如窗口、标签、按钮、文本框、复选框、选项卡、菜单、消息框等。所有 Python 函数和命令都可以通过 Tkinter 图形用户界面显示。

2. 窗口属性

图形用户界面程序中,都会有一个主窗口。主窗口里包含了需要用到的组件对象,如标签、按钮、文字、图片等,也就是说,所有组件都需要附着在主窗口中。如果程序没有指定组件的窗口,组件默认在主窗口中。

3. 事件驱动与回调函数

运行 GUI 程序后,如果用户什么都不操作,Tkinter 就处于事件循环检测状态。当用户对窗口中的组件进行操作时(如单击按钮),这些操作(事件)就会产生消息,GUI 程序会根据这些消息采取相应地操作(如触发回调函数),这个过程称为事件驱动。

回调函数是一个作为参数传递的函数。回调函数的工作过程是先定义一个事件处理函数;当某个事件发生时,程序调用定义好的回调函数对事件进行处理。回调函数就是一个指针,当调用回调函数时,相当于调用了指针指向的函数。

回调函数应用参见案例 35、案例 36 和案例 37。

4. 常用组件

组件也称为部件,每个组件都有一些属性,如大小、位置、颜色等,同时还必须指定该组件的父窗口,即该组件放置在何处。最后,还需要设置组件布局管理器,组件布局管理器主要解决组件在窗口中的位置。Tkinter 常用组件如图 13-1 和表 13-1 所示。

图 13-1　Tkinter 常用组件

表 13-1　Tkinter 常用组件

组件名称	说　　明	示　　例
Button	按钮	tk. Button(self. frame, text='确定', width = 10)
Canvas	画布	tk. Canvas(top,width=400,height=300,bg='orange')
Checkbutton	复选框	tk. Checkbutton(top, text='数学', command=myEvent2)
Combobox	下拉列表框	ttk. Combobox(master=win, height=10, width=20, state='readonly', cursor='arrow', font=('黑体', 15), textvariable=value)
Entry	单行文本框	tk. Entry(top, width = 50)
Frame	框架	tk. Frame(win, width=200, height=200)
Label	标签	tk. Label(win, text='无边丝雨细如愁', font=('楷体', 20, 'bold'))
LabelFrame	标签框架	tk. LabelFrame(win, text='君向潇湘我向秦', padx=5, pady=5)
Listbox	列表框	tk. Listbox(win, selectmode=MULTIPLE)
Menu	菜单	显示主菜单,下拉菜单,弹出菜单。例如 tk. Menu(win)
Menubutton	菜单项	tk. Menubutton(win, text='确定', relief=RAISED)　♯凸起菜单
Message	消息框	tk. Message(win, bg='lightyellow', text='提示', font='黑体 16')
Notebook	选项卡	ttk. notebook. add(frame1, text='选项卡 1')

续表

组件名称	说明	示例
Radiobutton	单选框	tk.Radiobutton(win, text='儒家', variable=v, value=1)
Scrollbar	滚动条	tk.Scrollbar(win, orient=HORIZONTAL)
Separator	分隔线	ttk.Separator(win, orient=tk.HORIZONTAL)
Text	多行文本框	tk.Text(win, width=30, height=4)

5. 组件共同属性

Tkinter 中组件没有分级,所有组件都是兄弟关系。这些组件有很多共同的属性,如锚点、换行、位置、边框形状、内边距等。每个组件都有不同的功能,即使有些组件功能相似,但它们的适用场景不同。Tkinter 中,图形组件受到各种参数(属性)的约束,有些参数是组件的独有属性,如 command、expand、fill 等,这些参数在以下讨论各个组件时进行具体说明。有些参数是多个组件的共同属性,它们如表 13-2 所示。

表 13-2 组件常用共同属性

序号	组件属性	属性说明和示例
1	anchor	锚点,E 东/W 西/S 南/N 北/CENTER 居中。例如 compound='center'
2	borderwidth 或 bd	组件边框的宽度,单位像素(默认 2 像素)。例如 bd=5
3	background 或 bg	背景颜色(默认灰色)。例如 bg='pink'
4	bitmap	Tkinter 内置位图。例如 bitmap='error'
5	command	回调命令,command=回调函数名。例如 command=win.destroy
6	compound	图文混排,left/right/top/bottom。例如 compound='center'(图文叠加)
7	destroy	结束程序,关闭窗口。例如 command=win.destroy(回调函数)
8	foreground 或 fg	组件前景色,即文字颜色(默认黑色)。例如 fg='red'
9	font	字体设置,中文默认为宋体 10 像素。例如 font=('楷体', 15, 'bold')
10	height	组件高度。例如 height=20(注意,有像素和字符两个单位)
11	image	组件中显示的图片。例如 image='花.png'
12	ipadx	水平内边距,文字与边框之间的内边距(像素)。例如 ipadx=15
13	ipady	垂直内边距,文字与边框之间的内边距(像素)。例如 ipady=10
14	justify	文字对齐,'left'左对齐,'right'右对齐,'center'居中。例如 justify='left'
15	padx	组件与组件之间的水平外边距(像素)。例如 padx=20
16	pady	组件与组件之间的垂直外边距(像素)。例如 pady=10
17	relief	边框样式,flat/raised/sunken/groove/ridge。例如 relief='ridge'
18	separator	分隔线。例如 orient=HORIZONTAL 水平分隔线
19	text	显示文本包含换行符。例如 text='欢迎使用'
20	width	组件宽度。例如 width=60(注意,有像素和字符两个单位)
21	wraplength	文字行长度控制,单位像素。例如 wraplength=200

13.2 GUI 基本设计步骤

使用 Tkinter 图形用户界面编程时,可以将组件看作一个一个的积木块,用户界面编程就是将这些积木块(窗口、标签、按钮等)拼装起来。

1. 字体函数语法

用元组作为 font 参数,语法如下:

```
1   win, text = '字符串', fg = '颜色', bg = '颜色', font = ('字体名', 大小, '属性'), justify = '对齐',
    wraplength = n)
```

(1) 参数 win 为主窗口名称。

(2) 参数 text = '字符串'为组件中要显示的文字。

(3) 参数 fg = '颜色'为前景色,一般是组件中字符的颜色。

(4) 参数 bg = '颜色'为组件的背景颜色。

(5) 参数 font=()可以简化为 font=('字体名 大小 属性');字体名有'黑体'、'楷体'等;大小为像素(px);属性有'bold'(加粗)、'italic'(斜体)、'underline'(下画线)、'overstrike'(删除线)。

(6) 参数 justify = '对齐'为多行文字的对齐方式,参数有 left、right、center。

(7) 参数 wraplength=n 为多行文字显示时,n 为行的最大长度(像素)。

2. 程序设计:标签组件设计

【例 13-1】 将标签中的文字分行左对齐显示(见图 13-2),程序如下:

```
1   import tkinter as tk                                          #【1.导入标准模块】
2   win = tk.Tk()                                                 #【2.创建主窗口】
3   win.geometry('450x130')                                       #【3.定义窗口大小】
4   lab = tk.Label(win, text = '时间冲走的是青春,留下的是回忆。',      #【4.定义标签文字】
5       fg = 'red', bg = 'bisque', height = 5, width = 30,        #【颜色,尺寸】
6       font = ('楷体', 20, 'bold'), justify = 'left', wraplength = 300)   #【字体,对齐,长度】
7   lab.place(x = 0, y = 0)                                       #【5.组件布局】
8   win.mainloop()                                                #【6.事件循环】
>>>                                                              # 程序输出见图 13 - 2
```

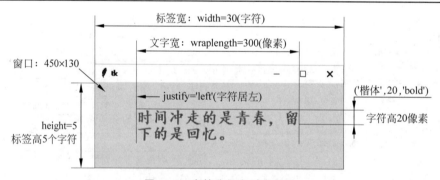

图 13-2 字符分行左对齐显示

3. 程序注释

程序第 2 行,创建主窗口。主窗口也称为根窗口、顶层窗口(一般命名为 win 或 root),注意 tk.TK()的大小写不可出错。窗口是一种容器,可以在窗口中创建许多组件,如标签、按钮、文本框、列表框、框架等,也可以在主窗口中创建其他的子窗口。

程序第3行,定义窗口大小(可省略)。窗口大小单位为像素。如果不定义窗口大小,Tkinter会根据窗口内部组件的大小,自动创建一个合适组件的最小窗口。

程序第4~6行,变量lab是组件对象;tk.Label()是标签创建函数;参数win是主窗口名;参数fg='red'表示标签前景为红色(字体颜色);参数bg='bisque'表示标签背景为橙色;参数height=5为标签高度(单位:行数);参数width=30为标签宽度(单位:英文字符数);参数font=('楷体',20,'bold')为字体、大小、加粗;参数justify='left'为文字左对齐;参数wraplength=300为文字宽度(单位:像素)。

程序第5行,当标签为文字时,参数width和height的单位是字符数和行数。字符与字符之间的间隔会随不同字体和不同大小而变化。如字体为楷体字20像素时,字符间距大约为10像素。如图13-2所示,(20像素/字符+10像素间距)×10个字符≈300像素(wraplength)。

程序第7行,函数lab.place()是组件坐标布局,它负责组件在窗口中的布置。

程序第8行,事件循环。它的功能是不断检测事件消息,不断循环刷新窗口。

4. 课程扩展:事件驱动程序特征

现在大部分的程序都是事件驱动程序,如Windows操作系统、Linux操作系统、图形用户界面(GUI)程序、游戏程序、网络程序、多线程程序等。简单地说,事件驱动程序是由用户的操作(如鼠标动作等)触发运行的图形窗口程序。

早期程序没有太多的人机交互性,因此计算科学专家认为"程序=数据结构+算法",这种设计思想在当时无疑是正确的。现在的图形用户界面程序主要采用事件驱动程序设计,对图形界面程序来说,"程序=图形界面+事件监听+事件处理"更为合适。

(1) 事件驱动程序的执行过程由事件决定。简单地说,操作什么按钮(产生事件),程序就执行什么操作(调用函数)。

(2) 事件驱动程序可以用大部分程序语言编程,因为事件驱动是一种编程方法,而不是一种编程语言。当然,有些编程语言设计事件驱动程序更加简单方便。

(3) 程序设计的基本方法是设计一个事件循环程序段(死循环),循环程序段不断地检查需要处理的事件消息,根据事件消息调用相关函数(如回调函数)进行处理。

(4) 事件驱动程序拥有一个事件队列,它用于存储未能及时处理的事件。

(5) 事件驱动程序采用协作式处理任务,CPU时间片只有很短的生命周期(20~50ms)。没有事件发生时,进程会释放占用的CPU和内存资源。

(6) 事件驱动程序模型如图13-3所示。

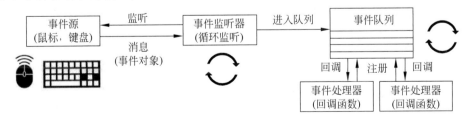

图13-3　事件驱动程序模型

案例34：登录窗口的布局

1. Tkinter 组件布局管理器

图形用户界面程序设计的一个烦琐工作是组件布局。由于 Tkinter 不支持拖拽式组件布局，因此必须对每个组件的布局进行尺寸定位。组件布局不仅要调整组件自身大小和位置，还需要调整本组件与其他组件的位置与大小。

Tkinter 提供了 Place（见图 13-4）、Grid（见图 13-5）、Pack（见图 13-6）三个组件布局管理器。Place 按组件坐标布局，这种方法简单直观，易于程序控制（推荐）；Grid 用虚拟网格形式布局，这种方法适用于简单规范的布局；Pack 按组件添加顺序布局，这种方法灵活性很差，常用于坐标布局的补充方法。

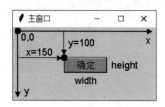

图 13-4　Place 坐标布局

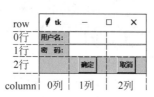

图 13-5　Grid 虚拟网格布局

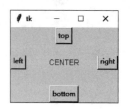

图 13-6　Pack 顺序布局

2. 程序设计：坐标布局 Place

坐标布局函数 place() 定位精确，便于程序控制，而且概念简单，函数语法如下：

```
1    tk.place(参数)
```

参数为组件与窗口左上角的坐标，如 place(x=150，y=100)，如图 13-4 所示。

【例 13-2】　用组件坐标布局函数 place() 设计一个登录窗口（见 13-7）。图片素材"小蜜蜂.png"（见图 13-8）保存在 D:\test\资源\目录中。程序如下：

图 13-7　登录窗口（坐标布局）

小蜜蜂.png
(61×52)

图 13-8　图片素材

```
1    import tkinter as tk                                    # 导入标准模块—GUI
2
3    win = tk.Tk()                                          # 创建主窗口
4    win.title('登录')                                      # 窗口标题
5    win.geometry('300x120')                               # 窗口大小(必要语句)
6    win.config(bg = 'pink')                               # 定义背景颜色
7    photo = tk.PhotoImage(file = 'D:\\test\\资源\\小蜜蜂.png')  # 读入图片
8    tk.Label(win, image = photo).place(x = 220, y = 10)    # 图片标签坐标布局
```

9	tk. Label(win, text = ',用户名',width = 6).place(x = 5, y = 5)	# 定义标签和坐标布局
10	tk. Entry(win, width = 20).place(x = 60, y = 8)	# 定义文本框和坐标布局
11	tk. Label(win, text = '密　码', width = 6).place(x = 5, y = 40)	# 定义标签和坐标布局
12	tk. Entry(win, width = 20, show = ' * ').place(x = 60, y = 40)	# 定义文本框和坐标布局
13	tk. Button(win, text = '登录', width = 8).place(x = 40, y = 75)	# 定义按钮和坐标布局
14	tk. Button(win, text = '取消', width = 8).place(x = 130, y = 75)	# 定义按钮和坐标布局
15	win. mainloop()	# 事件循环
>>>		# 程序输出见图 13-8

3. 程序设计：网格布局 Grid

网格布局 Grid 中，表格中行的高度，以这行的最高组件为基准；表格中一列的宽度，以这列最宽组件为基准；表格的行、列都从 0 开始。组件网格布局函数语法如下：

1	tk.grid(参数)

（1）参数 columnspan 为组件跨行，默认 1 个组件占 1 行 1 列。

（2）参数 rowspan 为组件跨列，默认 1 个组件占 1 行 1 列。

【例 13-3】　用组件网格布局函数 grid() 设计一个登录窗口，程序如下。

案例分析：如图 13-9 所示，布局和定位窗口中的组件时，如果窗口布置比较简单，我们可以虚拟画出表格线；如果窗口中组件比较多，布局复杂，可以在草稿纸中简单的画出窗口的表格和组件布局。虚拟表格的原则是保证一个组件放在一个单元格中；如果组件太长，可以让组件横向占 2 个或更多的单元格（用 columnspan 参数控制）；如果组件太高，可以让它占 2 个或更多的纵向单元格（用 rowspan 参数控制）。如图 13-10 所示，将窗口分为 9 个单元格。先将这些组件放入对应的单元格里，然后再微调组件的位置。

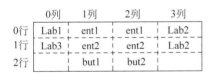

图 13-9　登录窗口虚拟网格划分

图 13-10　登录窗口（网格布局）

1	import tkinter as tk	# 导入标准模块
2		
3	win = tk.Tk()	# 创建主窗口
4	lab1 = tk.Label(win, text = '用户名:')	# 标签 1(用户名)
5	lab1.grid(row = 0, column = 0)	# 位置 0 行 0 列，占用 1 行 1 列
6	ent1 = tk.Entry(win)	# 文本框 1
7	ent1.grid(row = 0, column = 1, columnspan = 2)	# 位置 0 行 1 列，占用 1 行 2 列
8	lab2 = tk.Label(win, text = '欢迎使用', font = ('楷体', 12))	# 标签 2(欢迎)
9	lab2.grid(row = 0, column = 3, rowspan = 2)	# 位置 0 行 3 列，占用 2 行 1 列
10	lab3 = tk.Label(win, text = '密　码:')	# 标签 3(密码)
11	lab3.grid(row = 1, column = 0)	# 位置 1 行 0 列，占用 1 行 1 列
12	ent2 = tk.Entry(win)	# 文本框 2
13	ent2.grid(row = 1, column = 1, columnspan = 2)	# 位置 1 行 1 列，占用 1 行 2 列
14	but1 = tk.Button(win, text = '登录')	# 按钮 1(登录)

15	but1.grid(row = 2, column = 1)	# 位置 2 行 1 列,占用 1 行 1 列
16	but2 = tk.Button(win, text = '退出')	# 按钮 2(退出)
17	but2.grid(row = 2, column = 2)	# 位置 2 行 2 列,占用 1 行 1 列
18	win.mainloop()	# 事件消息循环
>>>		# 程序输出见图 13-10

4. 程序设计:顺序布局 Pack

组件顺序布局管理器 Pack 根据组件创建顺序,将组件添加到父组件(如主窗口)中。如果不指定组件任何参数,默认在主窗口中从上到下,从左到右布局组件,并且居中显示。Pack 管理器使用简单,程序代码量少,其语法如下:

图 13-11　登录窗口(顺序布局)

| 1 | tk.pack(参数) |

【例 13-4】　登录窗口布局如图 13-11 所示,用组件顺序布局函数 pack()设计一个登录窗口,程序如下:

1	import tkinter as tk	# 导入标准模块
2		
3	win = tk.Tk()	# 创建主窗口
4	lab1 = tk.Label(win, text = '用户名:').pack()	# 标签 1 和顺序布局
5	ent1 = tk.Entry(win).pack()	# 文本框 1 和顺序布局
6	lab3 = tk.Label(win, text = '密　码:').pack()	# 标签 2 和顺序布局
7	ent2 = tk.Entry(win).pack()	# 文本框 2 和顺序布局
8	but1 = tk.Button(win, text = '登录').pack(side = 'left')	# 按钮 1 和顺序布局
9	but2 = tk.Button(win, text = '退出').pack()	# 按钮 2 和顺序布局
10	win.mainloop()	# 事件消息循环
>>>		# 程序输出见图 13-11

程序单词:bg(背景),Button/but(按钮),column(列),config(重新配置),Entry/ent(文本框),expand(扩大),fill(填充),geometry(窗口尺寸),grid(网格布局),image(图像),ipadx/ipady(内边距),Label/lab(标签),left(左),mainloop(主循环),pack(顺序布局),PhotoImage(图片),place(坐标布局),right(右边),row(行),side(侧边),title(标题),top(上边),win(主窗口)。

5. 编程练习

练习 13-1:编写例 13-2~例 13-4 的程序,掌握 GUI 组件布局方法。

案例 35:健康指数的计算

1. 事件触发命令 command

用户通常会有一些操作行为,如鼠标操作、键盘输入、退出程序等,这些行为统称为事件。这些事件有一个共同的特点,即事件都是由用户直接或者间接的操作而触发的。程序根据事件采取的操作称为回调(callback)。

Tkinter 的事件触发命令是 command,用户操作组件时,将会触发回调函数(参见例 13-5

程序第12~23行)。按钮(Button)、菜单(Menu)等组件可以在创建时通过事件触发命令command绑定回调函数。也可以通过绑定函数bind()等,将事件绑定到回调函数上。事件触发命令的语法格式如下:

1	command = 回调函数名	♯ 注意,回调函数名后不需要括号和参数

回调函数名后面没有括号和参数。Tkinter要求回调函数不能含有参数,目的是为了以统一的方式调用这些组件。如果回调函数需要强制传入参数,那么可以使用匿名函数的形式传入,如command=lambda:回调函数名(参数),应用案例参见案例37程序的第35~65行。

2. 事件绑定函数 bind()

事件绑定函数bind()比事件触发命令command的应用更为广泛。其支持的常见事件类型有鼠标事件(单击/双击/右击、滚动、经过等)、键盘事件(按下、组合键、虚拟键盘映射等)、退出事件、窗口位置改变事件等。所有组件都可以通过函数bind()绑定到具体事件上,从而实现与用户的交互(参见例13-5程序的第26行)。事件绑定函数语法如下:

1	组件变量名.bind('<事件类型>', 回调函数)

(1)参数'<事件类型>'表示键盘或鼠标事件,如< Key-Return >表示回车键。

(2)参数"回调函数"(callback)是事件触发时的处理函数,一般由用户定义。

(3)绑定函数bind()除了使用全局变量外,没有更好的办法传入参数。

(4)函数bind()可以与事件绑定,而函数unbind()可以解除绑定。

3. 程序案例:GUI 健康指数计算

在字符界面程序设计中,我们用input()函数获取用户在Python shell窗口中输入的数据。在图形窗口程序设计中,可以用get()函数接收用户在文本框中输入的字符。如果需要将字符串转换为数值,可以通过int()或float()函数进行转换。

【例13-5】 设计一个计算BMI指数的程序。输入数据为体重和身高,在弹出的消息框中返回BMI指数(见图13-12)。

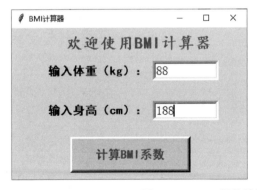

图 13-12　BMI 指数计算器

4. 程序设计:GUI 健康指数计算

案例实现程序如下:

```
1    import tkinter as tk                                          # 导入标准模块
2    from tkinter import messagebox                                # 导入标准模块
3
4    def get_height():                                             # 定义读取身高数据的函数
5        height = float(ent2.get())                               # 读取文本框2的输入数据
6        return height                                            # 返回身高值
7
8    def get_weight():                                             # 定义读取体重数据函数
9        weight = float(ent1.get())                               # 读取文本框1的输入数据
10       return weight                                            # 返回体重值
11
12   def myBMI():                                                  # 定义BMI回调函数
13       try:                                                     # 异常捕获
14           height = get_height()                                # 调用身高函数
15           weight = get_weight()                                # 调用体重函数
16           height = height/100.0                                # 单位换算
17           bmi = weight/(height ** 2)                           # 计算BMI指数
18       except ZeroDivisionError:                                # 捕获被0除异常
19           messagebox.showinfo('提示', '请输入有效数据!')         # 消息框显示提示信息
20       except ValueError:                                       # 捕获数据异常
21           messagebox.showinfo('提示', '请输入有效数据!')         # 消息框显示提示信息
22       else:                                                    # 消息框显示BMI值
23           messagebox.showinfo('您的BMI指数是:', bmi)           # 消息框显示BMI值
24
25   win = tk.Tk()                                                 # 创建主窗口
26   win.bind('< Return >', myBMI)                                 # 按钮绑定BMI回调函数
27   win.geometry('400x250')                                      # 设置窗口的宽和高
28   win.configure(background = 'lightblue')                      # 窗口背景亮蓝色
29   win.title('BMI计算器')                                       # 窗口标题
30   lab1 = tk.Label(win, bg = 'lightblue', fg = 'blue',          # 定义标签1
31       text = '欢迎使用BMI计算器',                              # 背景亮蓝,字符蓝
32       font = ('楷体 20 bold'))                                 # 字体、大小、加粗
33   lab1.place(x = 90, y = 10)                                    # 标签1坐标布局
34   lab2 = tk.Label(win, bg = 'lightblue', text = '输入体重(kg):',  # 定义标签2
35       bd = 6, font = ('黑体 15 bold'))                         # 字体、大小、加粗
36   lab2.place(x = 55, y = 50)                                    # 标签2坐标布局
37   ent1 = tk.Entry(win, bd = 5, width = 10, font = 'Roboto 15')  # 定义单行文本框1
38   ent1.place(x = 240, y = 55)                                   # 文本框1的坐标布局
39   lab3 = tk.Label(win, bg = 'lightblue', text = '输入身高(cm):',  # 定义标签3
40       bd = 6, font = ('黑体 15 bold'))                         # 边框宽度,字体
41   lab3.place(x = 55, y = 115)                                   # 标签3的坐标布局
42   ent2 = tk.Entry(win, bd = 5, width = 10, font = 'Roboto 15')  # 定义单行文本框2
43   ent2.place(x = 240, y = 120)                                  # 文本框2的坐标布局
44   but = tk.Button(bg = 'pink', fg = 'blue', bd = 5, text = '计算BMI系数',  # 定义计算按钮
45       command = myBMI, font = ('黑体 15 bold'))                # 事件触发回调函数
46   but.place(x = 140, y = 180)                                   # 按钮坐标布局
```

47		
48	`win.mainloop()`	# 事件循环
>>>		# 程序输出见图 13-12

程序第 26 行,函数 win.bind('<Return>',myBMI)为按钮绑定回调函数 myBMI。

注意:参数<Return>为光标单击按钮,它不是回车键事件。

程序单词:background(背景色),bd(边框宽度),bind(事件绑定),BMI(健康指数),bold(粗体),Button/but(按钮),command(回调命令),configure(更新配置),Entry/ent(文本框),Error(错误),font(字体),geometry(窗口设置),get(获取数据),get_height(获取身高),get_weight(获取体重),Label/lab(标签),lightblue(加亮蓝色),mainloop(事件循环),messagebox(消息框),myBMI(健康指数),pink(粉红色),place(坐标布局),Return(按钮),Roboto(英文字体),showinfo(显示消息),text(文本),ZeroDivision(被 0 除)。

5. 编程练习

练习 13-2:编写和调试例 13-5 的程序,掌握 GUI 程序的数据获取方法。

案例 36:石头剪刀布游戏

1. 游戏说明

石头剪刀布是一种跨地域、跨文化、跨种族的古老游戏。游戏的规则是石头赢剪刀,剪刀赢布,布赢石头(见图 13-13),人们普遍认可石头、剪刀、布三者之间是相互克制、平衡的关系。这个游戏具有公平的、随机的特性,不仅可以活跃气氛,也能作为一种相对公平的解决争议的手段。这个游戏广泛应用在解决分歧、决定顺序、确定归属等场景中。

游戏规则

石头砸剪刀,石头赢
剪刀剪布,剪刀赢
布包石头,布赢

图 13-13 石头剪刀布游戏规则

2. 程序案例:石头剪刀布游戏

【例 13-6】 对石头剪刀布游戏进行程序设计。

案例分析:石头剪刀布是一种流行的博弈游戏,石头、剪刀、布三者之间是相生相克、互相克制的关系。

用图形用户界面设计石头剪刀布游戏,游戏界面如图 13-14 所示。

如图 13-15 所示,组件坐标布局应注意以下问题。

(1)采用坐标布局时,编程人员对组件位置比较容易控制。

(2)组件没有在框架(Frame)内时,组件定位以窗口为基准(如 Label、Button);窗口中有框架时,框架内组件定位以框架为基准。注意,框架在窗口中不会显示。

(3)组件中没有字符时,宽度(width)和高度(height)以像素为单位(如本例的框架 frm1、frm2);组件中有字符时,组件以字符个数为单位(如本例的标签 lab4)。

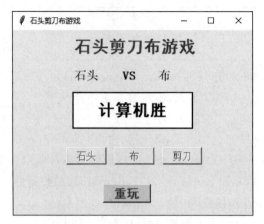

图 13-14 石头剪刀布游戏界面

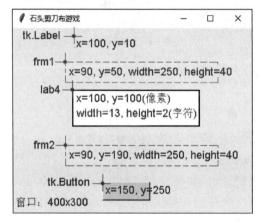

图 13-15 游戏组件布局尺寸

3. 程序设计：石头剪刀布游戏

案例实现程序如下：

```
1    import tkinter as tk                          # 导入绘图模块
2    import random                                 # 导入随机数模块
3
4    win = tk.Tk()                                 # 【窗口初始化】
5    win.geometry('400x300 + 400 + 300')           # 定义窗口尺寸
6    win.title('石头剪刀布游戏')                     # 设置标题名称
7    d = {0:'石头', 1:'布', 2:'剪刀'}               # 定义字典
8
9    def reset_game():                             # 【复位回调函数】
10       but1['state'] = 'active'                  # 按钮置激活状态
11       but2['state'] = 'active'
12       but3['state'] = 'active'
13       lab1.config(text = '玩家')                 # 刷新文本显示
14       lab3.config(text = '计算机')
15       lab4.config(text = '')
```

```
16
17  def button_disable():                               # 【无效回调函数】
18      but1['state'] = 'disable'                        # 按钮置无效状态
19      but2['state'] = 'disable'
20      but3['state'] = 'disable'
21
22  def isrock():                                       # 【"石头"的回调函数】
23      computer = d[random.randint(0, 2)]              # 生成随机数
24      if computer == '石头':                           # 计算机为"石头"
25          match_result = '平局'                        # 结果为平局
26      elif computer == '剪刀':                         # 计算机为"剪刀"
27          match_result = '玩家胜'                      # 玩家胜
28      else:                                           # 否则
29          match_result = '计算机胜'                    # 计算机胜
30      lab1.config(text = '石头')                       # 显示"石头"
31      lab3.config(text = computer)                     # 标签3刷新
32      lab4.config(text = match_result)                 # 标签4刷新
33      button_disable()                                # 按钮禁用
34
35  def ispaper():                                      # 【"布"的回调函数】
36      computer = d[random.randint(0, 2)]              # 生成随机数
37      if computer == '布':                            # 计算机为"布"
38          match_result = '双方平局'                    # 结果为平局
39      elif computer == '剪刀':                         # 计算机为"剪刀"
40          match_result = '计算机胜'                    # 结果为计算机胜
41      else:                                           # 否则
42          match_result = '玩家胜'                      # 玩家胜
43      lab1.config(text = '布')                         # 显示"布"
44      lab3.config(text = computer)                     # 标签3刷新
45      lab4.config(text = match_result)                 # 标签4刷新
46      button_disable()                                # 按钮禁用
47
48  def isscissor():                                    # 【"剪刀"的回调函数】
49      computer = d[random.randint(0, 2)]              # 生成随机数
50      if computer == '石头':                           # 计算机为"石头"
51          match_result = '计算机胜'                    # 计算机胜
52      elif computer == '剪刀':                         # 计算机为"剪刀"
53          match_result = '平局'                        # 结果为平局
54      else:                                           # 否则
55          match_result = '玩家胜'                      # 玩家胜
56      lab1.config(text = '剪刀')                       # 显示"剪刀"
57      lab3.config(text = computer)                     # 标签3刷新
58      lab4.config(text = match_result)                 # 标签4刷新
59      button_disable()                                # 按钮禁用
60
61  tk.Label(win, text = '石头剪刀布游戏', font = '黑体 20 bold',   # 【组件布局】
```

62	fg = 'blue').place(x = 100, y = 10)	# 显示标签
63	frm1 = tk.Frame(win)	#【定义框架 1】
64	frm1.place(x = 90, y = 50, width = 250, height = 40)	# 框架 1 布局
65	lab1 = tk.Label(frm1, text = '玩家', font = '宋体 15')	# 定义标签 1
66	lab1.place(x = 10, y = 10)	# 标签 1 布局
67	lab2 = tk.Label(frm1, text = 'VS', font = 'normal 15 bold')	# 定义标签 2
68	lab2.place(x = 90, y = 10)	# 标签 2 布局
69	lab3 = tk.Label(frm1, text = '计算机', font = '宋体 15')	# 定义标签 3
70	lab3.place(x = 150, y = 10)	# 标签 3 布局
71	lab4 = tk.Label(win, text = '', font = '黑体 20 bold',	# 定义标签 4
72	bg = 'white', width = 13, height = 2, relief = 'solid')	# relief 为'黑框'
73	lab4.place(x = 100, y = 100)	# 标签 4 布局
74		
75	frm2 = tk.Frame(win)	#【定义框架 2】
76	frm2.place(x = 90, y = 190, width = 250, height = 40)	# 框架 2 布局
77	but1 = tk.Button(frm2, text = '石头', font = 15, width = 7, command = isrock)	# 回调"石头"函数
78	but1.place(x = 0, y = 0)	# 按钮 1 布局
79	but2 = tk.Button(frm2, text = '布', font = 15, width = 7, command = ispaper)	# 回调"布"函数
80	but2.place(x = 80, y = 0)	# 按钮 2 布局
81	but3 = tk.Button(frm2, text = '剪刀', font = 15, width = 7, command = isscissor)	# 回调"剪刀"函数
82	but3.place(x = 160, y = 0)	# 按钮 3 布局
83	tk.Button(win, text = '重玩', font = ('黑体 15 bold'), fg = 'red', bg = 'light blue',	# 定义"复位"按钮
84	command = reset_game).place(x = 150, y = 250, width = 80, height = 30)	# 回调"复位"函数
85		
86	win.mainloop()	#【事件循环】
>>>		# 输出见图 13 – 14

　　程序单词：active(激活)，bg(背景色)，computer(计算机)，disable(无效)，fg(前景色)，ispaper(布)，isrock(石头)，isscissor(剪刀)，light blue(亮蓝)，match_result(匹配结果)，normal(标准)，player(玩家)，random(随机数模块)，relief(形状)，reset_game(复位游戏)，solid(黑色框)，state(状态)，width(宽度)。

4. 课程扩展：函数的兼容性

　　程序设计中，经常会遇到以前能够正常运行的程序，现在不能正常运行了，这就是通常所说的程序兼容性问题。

　　Python 升级新版本时，通常会保持良好的向下兼容性，即老程序在新版本 Python 环境下运行正常，而且运行效率更高，即使新版本 Python 增加了不少新功能，也不会影响老版本程序的正常运行。在一些第三方软件包中，函数的兼容性问题就比较多见。

　　如图 13-16 所示，软件包中的函数如果仅修改了程序代码，没有改变函数 API（见图 13-16(b)），这不会造成程序兼容性问题；如果函数新增加了一些参数，但是没有改变原有参数和返回值(见图 13-16(c)),同样不会造成程序兼容性问题;但是一旦函数修改了原有参数和返回值(见图 13-16(d)),就肯定会造成程序的兼容性问题,导致程序运行出错。

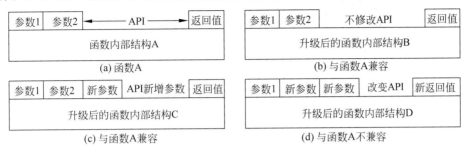

图 13-16 函数的兼容性问题

5. 编程练习

练习 13-3:编写和调试例 13-6 的程序,掌握回调函数的使用方法。

练习 13-4:例 13-6 的程序中第 17~20 行为按钮无效函数,如果注释掉这个函数和调用这个函数的语句,请问程序会发生什么问题?

练习 13-5:例 13-6 的程序,如图 13-14 所示,将窗口中的"计算机胜"修改为红色背景、白色字体。

练习 13-6:例 13-6 的程序,如图 13-14 所示,将图形窗口缩小到 400 像素×260 像素,重新布局组件位置。

案例 37:简单计算器设计

1. 变量关联

Python GUI 程序中,普通变量不能直接传递给图形组件。可以通过 Variable 类与普通变量进行双向关联,当组件内容发生改变时(如操作按钮),变量值也会随之改变。Variable 类用函数 StringVar()关联字符串变量(如例 13-7 程序第 26、30 行),函数 IntVar()关联整数变量,函数 DoubleVar()关联浮点数变量,函数 BooleanVar()关联布尔值变量。

关联变量可以通过函数 get()读取变量的当前值(如例 13-7 程序第 5、13 行),也可以用函数 set()对变量赋值(如例 13-7 程序第 6、14、16 行)。

2. 程序案例:简单计算器

【例 13-7】 设计一个简单计算器程序(见图 13-17)。

3. 程序设计:简单计算器

案例实现程序如下:

```
1    import tkinter as tk                    # 导入标准模块
2    import tkinter.messagebox as mes        # 导入标准模块
3
4    def operation(num):                      # 【表达式获取函数】
5        content = buf_bottom.get()           # 获取显示框底部表达式信息
6        buf_bottom.set(content + num)        # 设置显示框底部表达式信息
```

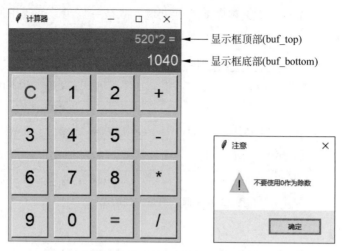

显示框顶部(buf_top)

显示框底部(buf_bottom)

图 13-17　简单计算器图形界面

```
7
8    def clear():                                    ＃【内容清除函数】
9        buf_top.set('')
10       buf_bottom.set('')
11
12   def calculate():                                ＃【计算求值函数】
13       content = buf_bottom.get()                  ＃ 获取显示框底部表达式信息
14       buf_top.set(content + ' = ')                ＃ 设置显示框顶部表达式信息
15       try:                                        ＃【捕获异常】
16           buf_bottom.set(eval(content))           ＃ 对显示框中的表达式进行计算(重要)
17       except ZeroDivisionError:                   ＃ 处理除数为零的异常
18           buf_bottom.set('表达式错误')             ＃ 在显示框设置出错信息
19           mes.showwarning('注意', '不要使用 0 作为除数')
20       except:                                     ＃ 处理所有异常事件
21           mes.showerror('错误', '输入表达式有错误,请重新输入')      ＃ 弹出消息框
22
23   win = tk.Tk()                                   ＃ 创建主窗口
24   win.title('计算器')                              ＃ 设置窗口标题
25   win['background'] = '＃d9d6c3'                   ＃ 设置主窗口背景颜色
26   buf_top = tk.StringVar()                        ＃ 定义关联字符串变量,便于后续获取变量值
27   buffer = tk.Label(win, textvariable = buf_top, bg = '＃6f6d85', fg = '＃d3d7d4', height = 1,
28       width = 10, font = ('arial', 14), anchor = 'se', pady = 3, padx = 2)    ＃ 定义顶部暂存标签
29   buffer.grid(sticky = tk.W + tk.E, row = 0, column = 0, columnspan = 4)   ＃ sticky 为横向铺满
30   buf_bottom = tk.StringVar()                     ＃ 定义关联字符串变量
31   buffer = tk.Label(win, textvariable = buf_bottom, bg = '＃6f6d85', fg = '＃fff', height = 1,
32       width = 10, font = ('arial', 18), anchor = 'se', pady = 3, padx = 2)    ＃ 定义顶部暂存标签
33   buffer.grid(sticky = tk.W + tk.E, row = 1, column = 0, columnspan = 4)   ＃ 顶部标签网格布局
34   tk.Button(win, text = 'C', cursor = 'hand2', width = 3, height = 1, fg = 'blue', bg = '＃f2eada', font =
     'arial 22',
35       command = lambda: clear()).grid(row = 2, column = 0, padx = 5, pady = 5)      ＃ 按钮 C
```

36	tk.Button(win, text = 0, cursor = 'hand2', width = 3, height = 1, bg = '#f2eada', font = 'arial 22',
37	command = lambda: operation('0')).grid(row = 5, column = 1, padx = 5, pady = 5) #按钮 0
38	tk.Button(win, text = 1, cursor = 'hand2', width = 3, height = 1, bg = '#f2eada', font = 'arial 22',
39	command = lambda: operation('1')).grid(row = 2, column = 1, padx = 5, pady = 5) #按钮 1
40	tk.Button(win, text = 2, cursor = 'hand2', width = 3, height = 1, bg = '#f2eada', font = 'arial 22',
41	command = lambda: operation('2')).grid(row = 2, column = 2, padx = 5, pady = 5) #按钮 2
42	tk.Button(win, text = 3, cursor = 'hand2', width = 3, height = 1, bg = '#f2eada', font = 'arial 22',
43	command = lambda: operation('3')).grid(row = 3, column = 0, padx = 5, pady = 5) #按钮 3
44	tk.Button(win, text = 4, cursor = 'hand2', width = 3, height = 1, bg = '#f2eada', font = 'arial 22',
45	command = lambda: operation('4')).grid(row = 3, column = 1, padx = 5, pady = 5) #按钮 4
46	tk.Button(win, text = 5, cursor = 'hand2', width = 3, height = 1, bg = '#f2eada', font = 'arial 22',
47	command = lambda: operation('5')).grid(row = 3, column = 2, padx = 5, pady = 5) #按钮 5
48	tk.Button(win, text = 6, cursor = 'hand2', width = 3, height = 1, bg = '#f2eada', font = 'arial 22',
49	command = lambda: operation('6')).grid(row = 4, column = 0, padx = 5, pady = 5) #按钮 6
50	tk.Button(win, text = 7, cursor = 'hand2', width = 3, height = 1, bg = '#f2eada', font = 'arial 22',
51	command = lambda: operation('7')).grid(row = 4, column = 1, padx = 5, pady = 5) #按钮 7
52	tk.Button(win, text = 8, cursor = 'hand2', width = 3, height = 1, bg = '#f2eada', font = 'arial 22',
53	command = lambda: operation('8')).grid(row = 4, column = 2, padx = 5, pady = 5) #按钮 8
54	tk.Button(win, text = 9, cursor = 'hand2', width = 3, height = 1, bg = '#f2eada', font = 'arial 22',
55	command = lambda: operation('9')).grid(row = 5, column = 0, padx = 5, pady = 5) #按钮 9
56	tk.Button(win, text = '=', cursor = 'hand2', width = 3, height = 1, bg = '#f2eada', font 'arial 22',
57	fg = 'red', command = calculate).grid(row = 5, column = 2, padx = 5, pady = 5) #按钮 =
58	tk.Button(win, text = '+', cursor = 'hand2', width = 3, height = 1, bg = '#f2eada', font = 'arial 22',
59	command = lambda: operation('+')).grid(row = 2, column = 3, padx = 5, pady = 5)#按钮 +
60	tk.Button(win, text = '−', cursor = 'hand2', width = 3, height = 1, bg = '#f2eada', font = 'arial 22',
61	command = lambda: operation('−')).grid(row = 3, column = 3, padx = 5, pady = 5)#按钮 −
62	tk.Button(win, text = '*', cursor = 'hand2', width = 3, height = 1, bg = '#f2eada', font = 'arial 22',
63	command = lambda: operation('*')).grid(row = 4, column = 3, padx = 5, pady = 5)#按钮 *
64	tk.Button(win, text = '/', cursor = 'hand2', width = 3, height = 1, bg = '#f2eada', font = 'arial 22',
65	command = lambda: operation('/')).grid(row = 5, column = 3, padx = 5, pady = 5) #按钮/
66	win.mainloop() # 程序主循环
>>>	# 程序输出见图 13 − 17

4. 程序注释

程序第 16 行,函数 eval(content)为对表达式变量 content 进行求值计算。

程序第 27 行,标签内容是字符串变量时,Label 参数不能用 text,需要用 textvariable。

程序第 34 行,tk.Button()为定义按钮。其中 win 为主窗口;text = 'C'为按钮显示字符;cursor = 'hand2'为光标变为手形;width=3 为按钮宽度;height=1 为按钮高度;fg= 'blue'为字符颜色;bg = '#f2eada'为背景颜色;font = 'arial 22'为按钮字体和大小;command=lambda:clear()为回调函数(用匿名函数传递参数);grid()为按钮网格布局;row=2 表示按钮在第 2 行;column=0 表示按钮在第 0 列;padx=5 表示按钮 x 方向外边距;pady=5 表示按钮 y 方向外边距。

程序第 34~65 行,定义按钮和进行按钮网格布局,意义与程序第 34 行基本相同。

程序单词:#f2eada(十六进制颜色值),anchor(锚点),arial(英文字体名),backspace

（前删），bg（背景），buf_bottom（框底部），buf_top（框顶部），buffer（顶部暂存标签），Button（按钮），buttonString（按钮字符），calculate（计算），clear（清除），column（列），columnspan（跨列数），command（命令），content（内容），cursor（光标形状），fg（前景），font 字体，get（获取），grid（网格布局），E（东，左边），hand（手形光标），height（高度），Label（标签），messagebox（消息框），num（数字），operation（操作），padx/pady（外边距），lambda（匿名函数），row（行），se（右下方），set（设置），showerror（错误），showwarning（警告），sticky（位置），StringVar（字符变量），text（文本），textvariable（文本变量），W（西，右边），win（主窗口），width（宽度）。

5. 编程练习

练习 13-7：编写和调试例 13-7 的程序，掌握变量关联、回调函数、数据获取、匿名函数等 GUI 程序设计方法。

第 14 章

网络爬虫案例

从互联网中获取资料（如文字、表格、图片、视频等）有两种基本方法，一是用手工方法复制网页中的文字和表格、下载网页中的图片和文件，这种方法仅适用于少量的、随机的网络信息获取；另一种方法是利用爬虫程序，获取某个网站中的特定资料（如天气预报数据），它适用于大量网络资料的自动下载和处理。

1. 爬虫程序

爬虫程序按照一定的步骤和算法规则自动抓取和下载网页内容。如果将互联网看成一个大型蜘蛛网，爬虫程序就是在互联网上获取需要的数据资源的工具。爬虫程序也是网络搜索引擎的重要组成部分，百度搜索引擎之所以能够找到用户需要的资源，就是通过大量的网络爬虫时刻在互联网上爬来爬去，获取各种网页数据。

2. 网页基本组成

用爬虫程序从网页中获取资料时，我们需要了解网页的基本组成。网页由内容和代码两部分组成。内容是网页中可以看到的信息，如文字、图片、视频等；代码是网页制作过程中用到的特殊程序代码，这些代码对网页进行组织和编排（如文字大小、颜色、表格、超链接等），通过浏览器软件对网页代码进行翻译后，才是我们最终看到的网页。程序代码不会显示在网页中。我们打开一个网页，在网页空白处右击（见图 14-1），选择"查看网页源代码"，就可以看到这些隐藏的网页源代码了。

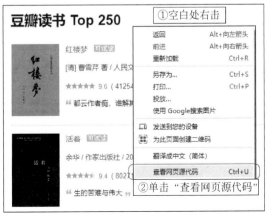

图 14-1　网页内容（左）和网页 HTML 代码（右）

网页代码有 HTML(Hyper Text Mark-up Language,超文本标记语言)、CSS(Cascading Style Sheets,层叠样式表)、JavaScript(一种网页标准程序语言)等。

HTML 是一种标记语言,它使用标签来描述网页结构(见图 14-2)。HTML 标签由尖括号和关键字组成,如标签"< a href＝"www. baidu. com">百度</a>)"中,"a"为标签开始;"href＝"www. baidu. com""为标签属性,"</a>"为标签结束,字符"百度"为网页显示内容。标签通常成对出现,浏览器不会显示 HTML 标签,而是使用标签来解释网页中的内容。

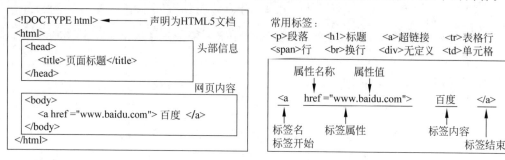

图 14-2　网页 HTML 代码和标签结构

3. 爬虫程序工作过程

爬虫程序通过 URL(Uniform Resource Locator,统一资源定位器,简称网址)来查找目标网页,将用户关注的网页内容直接返回给用户,爬虫程序不需要用户以浏览网页的形式去获取信息。爬虫程序可以高效地自动获取网页信息,它有利于对数据进行后续的分析和挖掘。爬虫程序工作过程如图 14-3 所示。

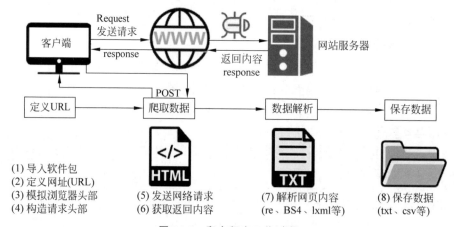

图 14-3　爬虫程序工作过程

(1) 导入软件包。常用爬虫软件包有 urllib(标准模块)、requests(爬虫软件包)、Scrapy(爬虫软件包)、re(正则表达式模块)、BeautifulSoup(解析模块)、lxml 等。

(2) 定义网址(URL)。定义要爬取数据网站的网址。

(3) 模拟浏览器头部。模仿浏览器访问的数据包头部,防止网站反爬虫技术。

(4) 构造请求头部。构造一个网络请求的数据包头部。

(5) 发送网络请求。爬虫程序向目标网站(URL)发送网络请求 request,request 中包含请求头、请求体等。爬虫程序有标准模块中的 http、urllib 等;也有第三方爬虫软件包,如

requests、Scrapy 等。

（6）获取返回内容。如果 request 请求的内容存在于访问的服务器，那么服务器就会返回响应（response）内容给客户端机器。响应内容包括响应头和网页内容。响应头说明这次访问是不是成功（如 404 为网页未找到），返回网页编码方式（如 UTF-8）等；网页内容就是获得的网页源代码，它包含 HTML 标签、字符串、图片、视频等。

（7）解析网页内容。对用户而言，有用信息是网页中特定位置的文字或图片。对爬虫程序而言，爬取内容既有用户需要的信息（文字和图片），也包含了 HTML 标签、JavaScript 脚本程序、CSS 代码等，更麻烦的是这些内容全部混杂在一起，因此需要利用网页解析技术，提取用户感兴趣的网页内容。网页解析可以利用标准模块中的正则表达式（re），也可以利用第三方软件包进行解析（如 BeautifulSoup、lxml、PyQuery 等）。

（8）保存数据。解析得到的数据可能有多种形式，如文本、图片、音频、视频等，可以将它们保存为单独的文件，也可以保存在数据库中。

注意：爬虫程序与网页设计密切相关，网页中的字段一旦变化（如标签修改、位置修改、名称修改等），都将导致爬虫程序失效。或者说，爬虫程序都是针对某一个具体网页而设计。爬虫程序没有通用性，需要根据不同的网页设计不同的爬虫程序。

4. 课程扩展：爬取数据的合法性

从互联网获取海量数据的需求，促进了爬虫程序技术的飞速发展。同时，一些网站为了保护自己宝贵的数据资源，运用了各种反爬虫技术。与黑客攻击与防黑客攻击技术一样，爬虫技术与反爬虫技术也一直在相互较量中发展。或者说，某些爬虫技术也是一种黑客技术，爬虫程序设计是一项复杂的工作。

多数网站允许爬取的数据用于个人使用或者科学研究，但是如果将爬取的数据用于其他用途（如内容转载或者商业用途），将会触犯相关法律。一般来说，有三种数据不能爬取，更不能用于商业用途。一是个人隐私数据（如姓名、年龄、手机号码、血型、住址等），爬取这类数据将触犯个人信息保护类法律；二是相关法律明确禁止的安全数据（如用户账号、密码、网络交易数据、资金支付数据等）；三是网站具有知识产权的数据（如音乐、电影、书籍等）。

网络爬虫只要不影响被爬取网站的正常运行，也不是出于商业目的，被爬取网站最多也就是采取封锁爬虫主机的 IP 地址、登录账号等处理方法，不至于承担法律风险。建议一次不要爬取太多的数据，这样不会对网站服务器造成流量负载；数据爬取也应当有所节制，不可连续大量地爬取网站数据资源。

案例38：网页简单爬取方法

1. Newspaper 软件包

Newspaper 软件包操作非常简单，即使对爬虫知识没有了解的初学者，通过简单学习也能轻易上手。它不需要掌握太多爬虫方面的专业知识，不需要考虑网页 header、IP 代理、网页解析、网页源代码等问题。但是它的优点同时也是它的缺点，如果不考虑以上问题，可能访问某些网页时会被拒绝。Newspaper 爬虫软件适用于用简单方法获取网页语料。

软件包 Newspaper 可以方便地爬取和解析网页内容，它的缺点是不能爬取图片、音频、视频等文件。爬取此类内容需要利用其他爬虫程序软件包。

【例14-1】　在 Windows shell 窗口下,安装 Newspaper 网络爬虫软件包及 HTML 转 TXT 文件格式软件包。

```
1  > pip install   newspaper3k          # 版本 0.2.8(输出略)
2  > pip install   html2text            # 版本 2020.1.16(可选,输出略)
```

2. 程序设计:爬取一个网页的内容

爬取单条新闻首先需要定义爬取网页的网址,然后使用 Article()函数爬取,它的第一个参数是网址,第二个参数是语言 language,中文网页以 language='zh'表示。然后再使用 download()函数和 parse()函数对网页进行加载和解析,这两步执行完之后,网页所有内容就已经加载出来了,剩下来就是从中使用函数分解出自己需要的内容了。

【例14-2】　用 Newspaper 中的 Article()函数爬取单个新闻网页,程序如下:

```
1   from newspaper import Article                              # 导入第三方包—爬虫
2
3   url = 'https://www.thepaper.cn/newsDetail_forward_25332849'  # "苏州新闻"网址
4   news = Article(url, language = 'zh')                       # 网页语言
5   news.download()                                           # 下载网页
6   news.parse()                                              # 解析网页
7   print('题目:', news.title)                                 # 网页题目
8   print('正文:\n', news.text)                               # 正文内容
9   print(news.authors)                                       # 网页作者
10  print(news.keywords)                                      # 网页关键词
11  print(news.summary)                                       # 网页摘要
12  # print(news.top_image)                                   # 网页配图地址
13  # print(news.movies)                                      # 网页视频地址
14  # print(news.publish_date)                                # 网页发布日期
15  # print(news.html)                                        # 网页源代码
>>> 题目:苏州相城坐轨交直达无锡,……                            # 程序输出(略)
```

说明:如没有指明网页使用语言,Newspaper 会尝试自动识别。Newspaper 目前支持 35 种语言的网页,能够覆盖绝大多数国家和地区。

3. 程序设计:爬取网页内容保存为文件

【例14-3】　将 Newspaper 爬取网页内容保存为文件,程序如下:

```
1   from newspaper import Article                              # 导入第三方包—爬虫
2   import html2text as ht                                    # 导入第三方包—格式转换
3
4   url = 'https://www.thepaper.cn/newsDetail_forward_25332849'  # 定义网址
5   article = Article(url)                                    # 加载网页
6   article.download()                                        # 下载网页
7   html = article.html                                       # 获取文章 html 内容
8   runner = ht.HTML2Text()                                   # 实例化 html2text 对象
9   res = runner.handle(html)                                 # 转换 html 为 markdown
10  print(res)                                                # 输出文章内容
```

11	with open ('out 苏州新闻.txt', 'w', encoding = 'utf – 8') as file:	# 创建文件
12	file.write(res)	# 将爬取内容写入文件
13	print('文件保存成功。')	
>>>	文件保存成功。	# 程序输出

4．程序设计：爬取多个网页内容

【例 14-4】　访问苏州旅游网站中，爬取"苏州博物馆"网页（见图 14-4）中所有超链接网页（http://www.suzhoulvyou8.com/xlg20160322/products/2790957.html），程序如下：

图 14-4　苏州博物馆网页

1	import newspaper	# 导入第三方包
2	from newspaper import Article	# 导入第三方包
3		
4	def spider_newspaper_url(url):	# 定义网页获取函数
5	web_paper = newspaper.build(''.join(url),	# 创建超链接列表
6	language = "zh", memoize_articles = False)	# 设置网页语言
7	print('提取新闻页面的 URL')	# 输出网页 URL
8	for article in web_paper.articles:	# 循环调用网页列表
9	print('新闻页面 URL:', article.url)	# 获取网页 URL
10	spider_newspaper_information(article.url)	# 获取网页数据
11	print(f'一共爬取{web_paper.size()}篇文章')	# 文章数目
12		
13	def spider_newspaper_information(url):	# 获取网页信息
14	article = Article(url, language = 'zh')	# 建立链接，设置语言
15	article.download()	# 下载文章
16	article.parse()	# 解析网页
17	print('title = ', article.title)	# 获取文章标题
18	print('text = ', article.text, '\n')	# 获取文章正文
19		
20	web_lists = ['http://www.suzhoulvyou8.com/xlg20160322/'	# 苏州博物馆 URL
21	'products/2790957.html']	

22	`for web_list in web_lists:`
23	`    spider_newspaper_url(web_list)`
>>>	提取新闻页面的 URL ♯ 程序输出(略)
	……
	一共爬取 48 篇文章

说明 1：以上 48 篇文章中，并不是全部超链接都有内容，有些新闻链接可能只有一个标题，没有正文内容。没有正文内容时，读出内容会显示为空字符。

说明 2：输出 text ="Squeezed text(xxx)lines"提示时，说明网页内容非常多，Python 做了折叠显示。用光标在上述提示信息上右击，选择 view 即可看到网页内容。

说明 3：网页中超链接太多时，爬取时间会很长，可以按 Ctrl+C 中断运行程序。

程序单词：Article(文章)，authors(作者)，download(下载)，html(网页源码)，handle(句柄)，HTML2Text(HTML 格式转换为 Text 格式)，information(信息)，keywords(关键字)，language(语言)，movies(视频)，newspaper(新闻)，parse(分析)，publish_date(发布日期)，spider(网络蜘蛛)，summary(摘要)，top_image(图网址)，url(网址)，web_list(网页列表)，web_paper 网页，zh(中文)。

5. 编程练习

练习 14-1：参考 14-1 的程序，安装网络爬虫软件包 Newspaper3k。

练习 14-2：编写和调试例 14-2 和例 14-3 的程序，掌握简单网页爬取方法。

案例 39：网页复杂爬取方法

1. 程序设计：通过 request 标准模块爬取豆瓣网

Python 爬虫标准模块有 http、urllib 等。模块 urllib.request 提供了构造 HTTP 请求的方法，利用它可以模拟浏览器的一个请求发起过程，同时它还可以处理 authenticaton(授权验证)、redirections(重定向)、cookies(浏览器 cookies)及其他内容。例如，函数 urllib.request.urlopen()可以用来访问一个 URL；函数 data.read()可以用于读取 URL 上的数据；函数 urllib.request.urlretrieve()可以将网页内容复制到本地文件中。

【例 14-5】 设计爬虫程序，爬取豆瓣网站图书排行榜页面，程序如下：

1	`import urllib.request`	♯【1. 导入标准模块】
2	`url = 'https://book.douban.com/top250?'`	♯【2. 定义网络地址 URL】
3	`herders = {'User-Agent':'Mozilla/5.0 (Windows NT 6.1;WOW64) AppleWebKit/537.36 (KHTML,\`	
4	`    like GeCKO) Chrome/45.0.2454.85 Safari/537.36 115Broswer/6.0.3',`	
5	`    'Referer':'https://book.douban.com/top250?', 'Connection':'keep-alive'}`	
		♯【3. 模拟浏览器】
6	`req = urllib.request.Request(url, headers=herders)`	♯【5. 构造网络请求】
7	`response = urllib.request.urlopen(req)`	♯【6. 获取网站返回内容】
8	`html = response.read().decode('utf-8')`	♯【7. 读取网页内容】
9	`with open('out 豆瓣 250.txt', 'w', encoding='utf-8') as file:`	♯【8. 创建一个新文件】
10	`    file.write(html)`	♯【9. 向文件写入爬取数据】
11	`print('打印网页源码:', html)`	♯【10. 打印 HTML 文档】
>>>	打印网页源码:……	♯ 程序输出(略)

2. Requests 软件包

爬虫程序常用软件包有 request(标准模块)、Requests(注意,尾部有 s)、ScrapPy 等。第三方软件包 Requests(官网地址为 https://requests.readthedocs.io/en/master/)是在标准模块 urllib3 的基础上改进封装而成,它具有完全自动化和 HTTP 连接功能。

【例 14-6】 在 Windows shell 窗口下,安装 Requests 网络爬虫软件包。

```
1    >pip install  requests          # 版本 2.31.0(输出略)
```

该软件包最常用的网络请求方式为 requests.post()、requests.get() 等,它可以构造一个向服务器请求资源的对象,并返回一个包含服务器资源的 Response(响应)对象。通过 Response 对象,可以获得请求的返回状态、HTTP 响应、页面编码方式等。函数 requests.get() 语法如下:

```
1    requests.request(method, url, params, **kw)    # 构造一个基本的网络请求
2    requests.get(url, params)                       # 获取网页,对应 HTTP 中的 GET 方法
3    requests.post(url, params)                      # 提交信息,对应 HTTP 中的 POST 方法
```

(1) 参数 method 为请求方式,它有 post、get、put 等参数。

(2) 参数 url 是爬取网站的网址,如 requests.post(url, data=d)。

(3) 参数 params 是可选关键字,它采用字典格式,如 params={'wd':'爬虫'}。

(4) 参数 **kw 是可选的控制参数,如 data(文件对象,作为 requests 的内容);json(JSON 格式的数据,作为 requests 的内容);files(字典类型,传输文件);timeout(设置超时时间,单位为秒);proxies(设置访问代理服务器,可以作为登录验证)等。

3. 程序设计:Requests 软件包爬取百度翻译网站

【例 14-7】 爬取百度翻译网站,输入单词时,程序返回翻译结果,程序如下:

```
1    import requests                                      # 导入软件包
2
3    url = 'https://fanyi.baidu.com/sug'                  # 定义网址
4    s = input('请输入要翻译的词(中/英文均可):')           # 输入翻译词语
5    d = {'kw':s}                                         # 定义数据字典
6    resp = requests.post(url, data = d)                 # 发送 post 请求
7    s = resp.json()                                      # 返回数据打包为字典
8    resp.close()                                         # 关闭网络连接
9    dict_lenth = len(s['data'])                          # 计算字典长度
10   for i in range(dict_lenth):                          # 循环处理
11       print('词:'+s['data'][i]['k']+''+'单词意思:'+s['data'][i]['v'])  # 打印字典内容
>>>  请输入要翻译的词(中/英文均可):book                   # 程序输出(略)
     词:book 单词意思:n. 书;卷;课本……
```

程序第 6 行,语句 requests.post(url,data=d) 中,通过 post() 方法发送请求,发送参数 url 为网址;参数 data=d 接收返回结果。

程序第 7 行,将服务器返回的内容(resp)处理成字典格式。

4. 程序设计:Requests 软件包爬取豆瓣电影网站

【例 14-8】 编程爬取 'https://movie.douban.com/top250' 网站(豆瓣电影 Top 250)。

案例实现程序如下：

```
1   import requests                                    # 导入软件包
2   import re                                          # 导入标准模块
3
4   url = 'https://movie.douban.com/top250?start = 0&filter = '
5   headers = {"User - Agent": "Mozilla/5.0 (Windows NT 10.0; WOW64) "
6   AppleWebKit/537.36 (KHTML, like Gecko) Chrome/58.0.3029.110
7   Safari/537.36 SE 2.X MetaSr 1.0}                   # 模拟浏览器头部
8   response = requests.get(url, headers = headers)    # 发送请求,返回结果
9   text = response.text
10  regix = '< div class = "item">. * ?< div class = "pic">. * ?< em class = "">\
11  (. * ?)</em>. * ?< img. * ?src = "(. * ?)" class = "">. * ?div class = "info. * ?class = \
12  hd. * ?class = "title">(. * ?)</span>. * ?class = "other">(. * ?)</span>. * ?\
13  < div class = "bd">. * ?< p class = "">(. * ?)< br>(. * ?)</p>. * ?class = "star. * ?\
14  < span class = "(. * ?)"></span>. * ?span class = "rating_num". * ?average">(. * ?)</span>'
15  results = re.findall(regix, text, re.S)            # 使用正则表达式匹配所有信息字段
16  for item in results:
17      dict1 = {
18          '电影名称': item[2] + '' + re.sub(' ', '', item[3]),
19          '导演和演员': re.sub(' ', '', item[4].strip()),
20          '评分': item[7] + '分',
21          '排名': item[0]
22      }
23      print(dict1)
>>> {'电影名称': '肖申克的救赎 /月黑高飞(港)  /  刺激 1995(台)', '导演和演员': '导演: 弗兰克·德
拉邦特 Frank Darabont 主演: 蒂姆·罗宾斯 Tim Robbins / …', '评分': '9.7 分', '排名': '1'} …
```

5. 程序注释

程序第 2 行,语句 import re 为导入正则表达式模块。正则表达式的功能是过滤网页中用户不需要的文本信息(如 HTML 标签、版权信息、广告信息等),仅保留用户感兴趣的信息(如电影名称、演员名称、评分、排名等)。

程序第 5～7 行,语句定义了一个网络请求的头部(headers)信息,这是浏览器网络请求头部的标准写法(内容照抄即可,无需改变)。这个语句的目的是使爬虫程序伪装成一个浏览器访问网站,预防网站的反爬虫技术。

程序第 8 行,参数 url 为发送到网站的网络连接请求;参数 headers＝headers 表示网站返回的网页结果保存到变量 headers 中。

程序第 10～14 行,这是一个长语句,它设计了一个正则表达式模版。

程序第 16～22 行,循环遍历所有字段,并清洗字段,将结果构成字典保存。

程序单词: cord(评分),findall(正则匹配),headers(数据包头),name(电影名),rank(行号),re(正则表达式),requests(爬虫模块),zip(解包函数)。

6. 编程练习

练习 14-3:参考 14-4 的程序,安装网络爬虫软件包 Requests。

练习 14-4:编写和调试例 14-5、例 14-7、例 14-8 的程序,掌握网页爬取方法。

案例 40：艺术签名网页爬取

1. 程序案例：爬取艺术签名网站

艺术签名有两种方法，一种是网站安装了多种中文字体，用户输入姓名后，网站会自动匹配相应中文字体的签名；另外一种方法是网站专业人员对输入姓名进行专门的手写签名设计。一般来说，前一种方法大多为免费设计，后一种方法为收费设计。

【例 14-9】 艺术签名设计网站 http://www.uustv.com/ 提供九种字体风格的免费个性签名设计，利用爬虫程序访问网站，设计个性化签名图片（见图 14-5）。

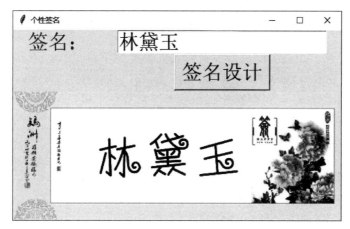

图 14-5 个性化签名

2. 案例分析：爬取艺术签名网站

（1）数据输入界面。访问艺术签名网站需要解决的问题一是要构建一个如图 14-6 所示的图形界面，用于输入姓名；二是要将签名的姓名（data）传送到签名设计网站；三是获取网站设计好的签名图片，将它下载到本地并且显示该图片。

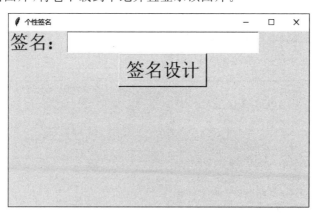

图 14-6 签名输入图形界面

（2）查看网页源代码。在浏览器中输入艺术签名设计网址 http://www.uustv.com/，网站首页如图 14-7 所示，在网页空白处右击（图 14-7①）；在弹出菜单中选择"查看网页源"

（图 14-7②），这时就会看到该网页的全部源码（见图 14-8）。

图 14-7　访问艺术签名网站

（3）查找字段名。在网页源代码中查找我们需要的字段，如图 14-8 所示，找到爬虫需要的关键字段，如 input type＝"word" name＝"word"（姓名字段）、value＝"yqk.ttf"（签名字体）、img src＝"weixin.gif"（签名图片）。这些字段程序中需要用到。

```
30  <table align="center">
31  <tr><td>输入你的名字:<input type="word" name="word" id="id" maxlength="50" class="in1" value=""></td><t
32      <td>      <select name="sizes" onchange="document.form1.submit();" style="display:none;">
33          <option VALUE="60" >60像素</OPTION>
34          </select>
...  ......                                    <input type="word" name="word"
43          <option value="2.ttf" >行书签</option>
44          <option value="3.ttf" >个性签</option>
45          <option value="yqk.ttf" >可爱签</option>
46          </select>
47              <input f="bnn" data-target="bn2" name="fontcolor" class="bn" type="text" id="bn2" value="#000
48          </td><t        value="yqk.ttf"
49  <td><input clas              e="马上给我设计" /></td></tr></table>
50  </form>
...  ......
63  </td>
64  <td width="336"><script type="text                                 <img src="weixin.gif">            pt></td>
65  </tr>
66  </table>
67  <div style="text-align:center;"><img src="weixin.gif"></div>
68  <div class="bottom">Copyright 2012 - 2015 www.uustv.com <a href="http://www.miibeian.gov.cn" target="_b
69  </body>
70  </html>
```

图 14-8　查看网页源代码的相关标签

3. 程序设计：爬取艺术签名网站

案例实现程序如下：

1	import tkinter as tk	# 导入标准模块
2	from tkinter import messagebox	# 导入标准模块
3	import requests	# 导入第三方包
4	import re	# 导入标准模块
5	from PIL import Image, ImageTk	# 导入第三方包
6		
7	def func():	
8	name = ent.get()	# 获取文本框输入字符
9	print(name)	# 打印输入字符
10	name = name.strip()	# 删除输入字符中的空格
11	if name == '':	# 如果输入为空,显示提示消息框

12	messagebox. showinfo('提示', message = '请输入完整的名字')
13	else:
14	data = {'word': name, 'sizes': '60', 'fonts': 'yqk.ttf',
15	'fontcolor': '#000000'}　　　　　　　　　　# 定义显示字体参数
16	url = 'http://www.uustv.com/'　　　　　　　# 定义网址
17	result = requests.post(url, data)　　　　　# 获取返回信息
18	result.encoding = 'utf-8'　　　　　　　　　# 返回数据解码
19	html = result.text　　　　　　　　　　　　# 返回 html 文本
20	pattern = r'< img src = "(. * ?)"/></div>'　# 正则表达式过滤字符
21	img_path = re.findall(pattern, html)[0]　# 过滤 html.txt 中字符
22	img_url = url + img_path　　　　　　　　　# 图片网址连接
23	with open(f'{name}的签名照.gif', 'wb') as f:　# 创建保存文件
24	f. write(requests.get(img_url).content)　# 保存签名图片到本地
25	photo = ImageTk. PhotoImage(file = f'{name}的签名照.gif')　# 图片赋值
26	lab2 = tk. Label(win, image = photo)　　　# 定义签名图片标签
27	lab2. photo = photo　　　　　　　　　　　# 图片实例化
28	lab2. grid(row = 3, columnspan = 2)　　　# 在 3 行 2 列网格中布局签名图片
29	
30	win = tk. Tk()　　　　　　　　　　　　　　　　# 创建窗口
31	win. geometry('540x305 + 400 + 300')　　　　　# 设置窗口大小
32	win. title('个性签名')　　　　　　　　　　　　　# 设置窗口标题
33	lab = tk. Label(win, text = '签名:', font = ('宋体', 25), fg = 'red')　# 定义标签组件
34	lab. grid()　　　　　　　　　　　　　　　　　　# 标签组件网格布局
35	ent = tk. Entry(win, font = ('宋体', 25), fg = 'black')　　# 定义输入框
36	ent. grid(row = 0, column = 1)　　　　　　　　　# 输入框组件网格布局
37	but = tk. Button(win, text = '签名设计', font = ('宋体', 25), fg = 'blue', command = func)
	# 回调函数
38	but. grid(row = 1, column = 1)　　　　　　　　　# 按钮组件网格布局
39	win. mainloop()　　　　　　　　　　　　　　　　# 事件循环
>>>	# 程序输出见图 14 – 5

程序第 5 行,图像处理软件包 PIL(Pillow)安装方法参见例 1-17。

程序第 14～15 行,语句{'word': name, 'sizes': '60', 'fonts': 'yqk. ttf', 'fontcolor': '#000000'}中,参数'word':name 为输出名称;参数'sizes':'60'为输出字体大小;参数'fonts': 'yqk. ttf'为输出字体(可爱体),它可以修改为 jfcs. ttf(个性体)、zql. ttf(商务体)、qmt. ttf(连笔体)、bzcs. ttf(潇洒体)、lfc. ttf(草体)、haku. ttf(合同体);参数'fontcolor': '#000000'为设置输出字体为黑色。

程序单词:Button/but(按钮),column(列),content(内容),encoding(字符编码),Entry/ent(文本框),fontcolor(字体颜色),func(函数),geometry(窗口设置),grid(网格布局),Label/lab(标签),messagebox(消息框),PIL(图像处理模块),post(网络请求),result(结果),row(行),showinfo(显示消息)。

4. 编程练习

练习 14-5:编写和调试例 14-9 的程序,掌握网页爬取方法。

第15章

语音合成案例

语音合成可以在任何时候将任意文本转换成高度自然的语音，让机器"像人一样开口说话"。语言合成技术涉及声学、语言学、数字信号处理、计算科学等领域。

TTS(Text To Speech，文本语音转换)是把文字转换为语音的合成引擎。TTS技术可以对文本文件进行实时转换，转换时间以秒计算。文本输出的语音音律流畅，听者感觉自然，毫无机器语音输出的冷漠与生涩感。语音合成过程如图15-1所示。

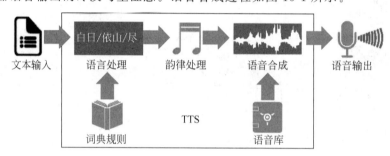

图 15-1　语音合成过程

(1) 文本输入。读入文本，对文本内容进行预处理。如清除文本中的表格、公式、控制符号等，消除换行、断句、空格、空行等容易发生错误的文本。

(2) 语言处理。模拟人对自然语言的理解过程，对输入文本进行语言学分析，逐句进行词汇、语法和语义分析，以确定句子底层结构和每个单字音素的组成。这些工作包括文本断句、字词切分、多音字处理、数字处理、中英文区分、缩略语处理等，并给出后两部分所需要的各种发音提示。

(3) 韵律处理。合成音质是指语音合成系统所输出的语音质量，一般从清晰度、自然度、连贯性等方面进行主观评价。清晰度是正确听辨有意义词语的百分率；自然度用来评价合成语音音质是否接近人说话的声音，合成词语的语调是否自然；连贯性用来评价合成语句是否流畅。这个阶段为合成语音规划出音段特征，如音高、音长和音强等，使合成语音能正确表达语意，听起来更加自然。

(4) 语音合成。把处理好的文本所对应的单字或短语从语音合成库中提取出来，把文字的语言学描述转化成语言波形。根据前两部分处理结果的要求输出语音，即合成语音。

案例41：文本语音朗读

1. 语音合成软件包安装

软件包 pyttsx3 是一个开源语音合成引擎,它在 32 位 Python 3.x 版本下兼容性很好,但是在 64 位 Python 3.x 下运行时会发生错误。我们可以借助 pyttsx3 实现在线朗读文本文件,而且 pytts3 对中文的支持也很好。

【例15-1】　在 Windows shell 窗口下,安装 pyttsx3 语言合成软件包。

1	> pip install　pyttsx3 　　　　　　　# 版本 2.90(输出略)

使用指南参见 https://pyttsx3.readthedocs.io/en/latest/engine.html。

2. 程序设计：短语朗读

函数 pyttsx3 通过初始化来获取语音引擎。当程序第一次调用 init()时,会返回一个 pyttsx3 的 engine 对象。再次调用时,如果存在 engine 对象实例,就会使用现有的对象实例;否则会重新创建一个对象实例。

【例15-2】　朗读英文短语"Hello World!",程序如下:

```
1   import pyttsx3                          # 导入第三方包
2   teacher = pyttsx3.init()                # 语音模块初始化
3   teacher.say('Hello World!')            # 文本内容语音合成
4   teacher.runAndWait()                    # 朗读英文文本
>>>                                         # 程序输出,输出朗读声音
```

【例15-3】　朗读朱自清《春》中文短语,程序如下:

```
1   import pyttsx3                          # 导入第三方包
2   msg = '盼望着,盼望着,东风来了'
3   teacher = pyttsx3.init()                # 语音模块初始化
4   teacher.say(msg)                        # 文本内容语音合成
5   teacher.runAndWait()                    # 朗读中文文本
>>>                                         # 程序输出,输出朗读声音
```

【例15-4】　调节朗读语速,程序如下:

```
1   import pyttsx3                          # 导入第三方包
2   msg = '盼望着,盼望着,东风来了'          # 朗读文本赋值
3   teacher = pyttsx3.init()                # 语音模块初始化
4   rate = teacher.getProperty('rate')
5   teacher.setProperty('rate', rate - 50)  # 调节语速,-50(慢),50(快)
6   teacher.say(msg)                        # 文本内容语音合成
7   teacher.runAndWait()                    # 朗读中文文本
>>>                                         # 程序输出,输出朗读声音
```

【例15-5】　调节朗读音量,程序如下:

```
1   import pyttsx3                          # 导入第三方包
2   engine = pyttsx3.init()                 # 语音模块初始化
```

3	volume = engine.getProperty('volume')	
4	engine.setProperty('volume', volume − 0.25)	# 调整音量
5	engine.say('盼望着,盼望着,东风来了')	# 文本内容语音合成
6	engine.runAndWait()	# 朗读文本
>>>		# 程序输出,输出朗读声音

3. 程序设计:文件朗读

【例 15-6】 朗读朱自清《春》文本文件全部内容,程序如下。

文件素材"春.txt"(ANSI/GBK 编码)保存在 D:\test\资源\目录中。

1	import pyttsx3	# 导入第三方包
2	engine = pyttsx3.init()	# 语音模块初始化
3	engine.setProperty('voice', 'zh')	# 定义语音引擎为中文
4	file = open('D:\\test\\资源\\春.txt', 'r')	# 定义文件句柄
5	line = file.readline()	# 按行读取文本文件内容
6	while line:	# 定义循环事件
7	line = file.readline()	# 读取行文本
8	engine.say(line)	# 文本内容语音合成
9	engine.runAndWait()	# 朗读文本
10	file.close()	# 关闭文件
>>>		# 程序输出朗读声音

程序单词:close(关闭),engine(语音引擎),getProperty(获取属性),init(初始化),pyttsx(语言合成模块),readline(读一行),runAndWait(朗读),say(语音合成函数),teacher(教师),voice(嗓音),volume(音量)。

4. 编程练习

练习 15-1:参考例 15-1 的程序,安装语音合成软件包 pyttsx3。

练习 15-2:编写和调试例 15-6 的程序,掌握朗读文本语音合成方法。

案例 42:语音天气预报

1. 网页解析软件包 BeautifulSoup

爬虫程序获取的网页源代码中包含了 HTML/XML 标记、程序脚本、正文、广告等内容。清除网页标签,获取网页中数据的软件称为 HTML/XML 解析器。常用的 HTML/XML 解析器第三方软件包有 BeautifulSoup(简称 bs4)、lxml、html5lib 等。

BeautifulSoup 使用简单(中文指南参见 https://beautifulsoup.readthedocs.io/zh_CN/v4.4.0/),仅需要很少的代码就可以写出一个完整爬虫程序。注意,BeautifulSoup 软件包安装名称是 beautifulsoup4,但是在程序导入时是 bs4,因为软件包目录名称为 bs4。

【例 15-7】 在 Windows shell 窗口下,安装 BeautifulSoup、lxml 网页解析软件包。

1	> pip install Beautifulsoup4	# 版本 4.12.2(输出略)
2	> pip install lxml	# 版本 4.9.3(输出略)

2. 程序案例：语音天气预报

【例 15-8】　用爬虫程序爬取天气网（http://www.weather.com.cn/，见图 15-2）天气预报信息，并用语音播报。

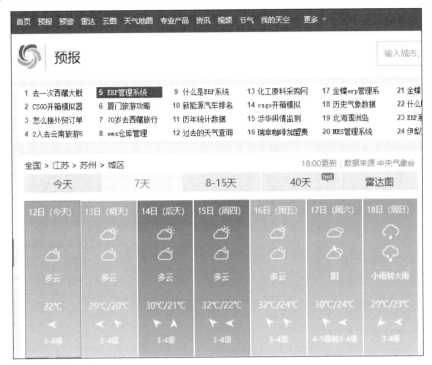

图 15-2　天气网网站

语音天气预报的工作步骤为获取天气数据；加载语音引擎；播报天气数据。

天气预报数据可以通过爬虫程序获取。提供天气预报数据的网站很多，如天气网（http://www.weather.com.cn/）、中国气象网（https://weather.cma.cn/）、气象大数据平台（http://www.weatherdt.com/）等，大部分网站都免费提供短期气象预报数据。可以通过网站提供的 API 获取天气数据，也可以通过网页分析，爬取需要的数据。

语音播报引擎很多，如百度语音合成模块 AipSpeech、微软 TTS 语音引擎、Python 第三方语音引擎包 pyttsx3 等。不同语音引擎的 API 不同，可以在程序中加载语音引擎，并设置相关的语音 API 参数。

将天气预报数据转换成 Python 可以识别的数据。可以在程序中指定播报的数据，如天气状况、温度、风级等，还可以用 Matplotlib 模块绘制温度变化图。

3. 程序设计：语音天气预报

案例实现程序如下。

1	# E1508【语音气象预报】	#【1. 导入软件包】
2	import urllib.request	# 导入标准模块
3	import re	# 导入标准模块
4	from bs4 import BeautifulSoup	# 导入第三方包
5	import pyttsx3	# 导入第三方包

```
 6
 7   def voice(engine, date, win, temp, weather):        #【2. 打印天气预报】
 8       print(date)                                     # 输出日期
 9       print('天气:' + weather)                        # 输出天气
10       print('最低温度:' + temp[4:8])                  # 输出最低温度
11       print('最高温度:' + temp[1:3])                  # 输出最高温度
12       print('风级:' + win)                            # 输出风级
13       print('\n')                                     # 输出换行
14       engine.say(date)                                # 调用语音播报函数
15       engine.say('天气:' + weather)                   # 语音播报天气
16       if temp[5:8] != '':                             # 是否为最低温度
17           engine.say('最低温度:' + temp[4:8])         # 播报最低温度
18       if temp[1:4] != '':                             # 是否为最高温度
19           engine.say('最高温度:' + temp[1:3])         # 播报最高温度
20       engine.say('风级小于:' + win[1:4])              # 播报风力
21       engine.runAndWait()                             # 播报暂停
22
23   def parse_weather_infor(url):                       #【3. 天气预报函数】
24       #【3-1 爬取网络数据】
25       headers = ('User - Agent', 'Mozilla/5.0 (Macintosh;\    # 伪装成浏览器访问
26       Intel Mac OS X 10_12_6) \
27       AppleWebKit/537.36 (KHTML, like Gecko) '
28       'Chrome/61.0.3163.100 Safari/537.36')
29       opener = urllib.request.build_opener()          # 发送请求,获取数据
30       opener.addheaders = [headers]                   # 读取网页头部信息
31       resp = opener.open(url).read()                  # 读取网页内容
32       soup = BeautifulSoup(resp, 'html.parser')       # 解析网页数据
33       tagDate = soup.find('ul', class_ = 't clearfix')  # 获取当前日期
34       #【3-2 转换网络数据】
35       tgs = soup.findAll('h1', tagDate)               # 解析一周天气数据
36       dates = tgs[0:7]                                # 获取一周数据列表
37       for d in range(len(dates)):                     # 循环输出日期数据
38           print(dates[d].getText())                   # 打印预报日期
39       tagAllTem = soup.findAll('p', class_ = 'tem')   # 获取网页天气信息
40       tagAllWea = soup.findAll('p', class_ = 'wea')   # 获取网页天气温度
41       tagAllWin = soup.findAll('p', class_ = 'win')   # 获取网页风力信息
42       location = soup.find('div', class_ = 'crumbs fl')  # 网页位置定位
43       text = location.getText()                       # 获取数据文本
44       #【3-3 语音初始化】
45       engine = pyttsx3.init()                         # pyttsx3 语音初始化
46       rate = engine.getProperty('rate')              # 获取当前语速
47       print(f'默认语速:{rate}, 设置语速:{175}')       # 打印当前语音速率
48       engine.setProperty('rate', 175)                 # 定义语音速率
49       volume = engine.getProperty('volume')           # 获取当前音量水平
50       print('音量级别:', volume)                      # 打印当前音量级别
51       engine.setProperty('volume', 1.0)               # 定义音量(0~1 之间)
```

52	#【3-4 语音特征设置】	
53	# voices = engine.getProperty('voices')	# 获取当前语音信息
54	# engine.setProperty('voice', voices[0].id)	# 语音参数(0 男性)
55	# engine.setProperty('voice', voices[1].id)	# 语音参数(1 女性)
56	#【3-5 开始语音播报】	
57	print('以下播报' + str(text.split(">")[2]) +	
58	'未来 7 天天气情况……')	
59	engine.say('以下播报' + str(text.split(">")[2]) +	
60	'未来 7 天天气情况……')	
61	engine.runAndWait()	# 播报暂停
62	for k in range(len(dates)):	# 循环播报
63	voice(engine, dates[k].getText(), tagAllWin[k].i.string,	
64	tagAllTem[k].getText(), tagAllWea[k].string)	
65	engine.say('天气播报完毕')	# 播报提示信息
66	engine.runAndWait()	# 播报暂停
67		
68	if __name__ == '__main__':	#【4. 主程序】
69	url = 'http://www.weather.com.cn/weather/101190401.shtml'	# 网址赋值
70	parse_weather_infor(url)	# 调用语音播报函数
>>>	苏州未来 7 天天气情况……	# 程序输出(略)

4. 程序注释

程序第 29 行,函数 urllib.request.build_opener()为向网站服务器发送请求,并且获取服务器返回的响应数据。

程序第 31 行,函数 opener.open(url).read()为读取网页中的具体内容。

程序第 45 行,函数 pyttsx3.init()为构造一个新的 TTS 引擎实例,函数有 2 个参数,第 1 个参数是"驱动设备名",即当前程序在什么设备上运行,如果为 None,则选择操作系统默认的驱动程序,一般使用默认参数就好;第 2 个参数是 debug,就是要不要以调试模式输出,一般也设置为空。

程序第 63～64 行,函数 voice()为语音播报的数据;参数 engine 上面注释已经说明;参数 dates[k].getText()、参数 tagAllWin[k].i.string、tagAllTem[k].getText()、tagAllWea[k].string 为需要进行语音播报的数据文本。

程序单词:addheaders(网页属性),BeautifulSoup(解析器),bs4(解析器模块),build_opener(打开网页),class_(网页标签),date(日期),engine(语音引擎),find(查找标签),getProperty(获取音量),getText(获取文本),headers(请求头部),html.parser(网页解析),infor(信息),location(标签定位),rate(速度),request(请求模块),resp(网页内容),setProperty(设置语速),soup(解析内容),split(字符串切片),tagAllTem(天气信息),tagAllWea(温度信息),tagAllWin(风力信息),tagDate(日期标签),temp(临时),tgs(标签变量),url(网址),urllib(网址模块),voice(语音函数),weather(天气),wind(风级)。

5. 编程练习

练习 15-3:参考例 15-7 的程序,安装网页解析软件包 BeautifulSoup、lxml。

练习 15-4:编写和调试例 15-8 的程序,掌握爬取天气预报后用语音播报的方法。

第16章

人工智能案例

计算科学家约翰·麦卡锡(John McCarthy)在 1956 年提出了人工智能的概念"人工智能就是要让机器的行为看起来就像人所表现出的智能行为一样。"人工智能的先驱们有一个美好的愿望——希望机器像人类一样思考,但是别像人类一样犯错。

1. 人工智能概述

人工智能的研究起源于英国科学家阿兰·图灵(Alan Mathison Turing)。1955 年,斯坦福大学的计算科学家麦卡锡在美国达特茅斯会议上第一次提出了"人工智能"(Artificial Intelligence,AI)的概念。人工智能的研究经历了从以逻辑推理为重点,发展到以知识规则为重点,再发展到目前的以机器学习为重点的不同阶段。

2. 机器学习的基本特征

计算机的能力是否能超过人类? 很多持否定意见的人主要论据是"机器是人造的,其功能和动作完全由设计者规定,因此无论如何其能力也不会超过设计者本人。"这种意见对不具备学习能力的计算机来说也许是正确的,但是具备学习能力的计算机就值得另外考虑了,因为具有学习能力的计算机可以在应用中不断地提高它们的智能,一段时间之后,也许设计者本人也不知道它们的能力达到了何种水平。

计算科学家西蒙教授(Simon Haykin)曾对"机器学习"下了一个定义"如果一个系统能够通过执行某个过程来改进性能,那么这个过程就是学习"。在具体形式上,机器学习可以被看作一个数学模型(如函数),通过对大量输入数据进行处理(数据训练),获得一些很好的特征参数(如人脸分类器),然后利用这个模型和特征参数对新输入的数据进行预测(如人物识别、语言翻译等),并且获得比较满意的预期结果。例如,一个识别手写数字的分类算法通过大样本数据训练后(如文字识别中汉字偏旁部首特征的数据训练),机器也就学习到了手写数字不同的特征和分类方法。

机器学习的核心思想是统计和归纳。机器学习往往涉及大量线性代数、矩阵计算、卷积计算、寻找非线性函数的最小值等问题,而这些问题会占用大量的计算资源。机器学习中,模型给出的预测结果也不一定可靠,各种因素会导致输出结果的不确定性。随着数据精度的提升,不确定性带来的计算量也会进一步增大。

3. 机器学习的过程

机器学习通过大样本数据训练出数学模型,然后用数学模型预测事物或识别对象。机器学习过程中,首先需要在计算机中存储海量历史数据。然后将这些数据通过机器学习算法进行处理,这个过程称为"训练",然后将训练结果总结为一个识别模型(分类器),它可以用来对新数据进行预测。机器学习的过程是"获取数据→数据预处理→训练数据→创建模型→预测对象"。例如,Google 公司为了训练 AI 系统识别图片中的猫,他们在 16 000 台计算机组成的集群系统中,测试了 1000 万张从 YouTube 网站获取的猫图片。

在机器学习中,每组训练数据都有一个标签(分类名称),如手写数字识别训练中,每个手写符号都标注了 1,2,3,…分类名称(标签,见图 16-1)。

【例 16-1】 如图 16-1 所示,手写数字识别的机器学习步骤如下:

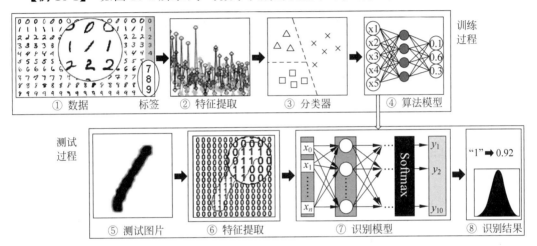

图 16-1　手写数字识别的机器学习过程示意图

(1) 手写数字识别需要一个数据集,假设数据集为 160 个数据样本(商业软件会达到数亿个数据样本);数据集对 0~9 的 10 个数字进行了分类标记(标签);

(2) 通过算法对数据集的 10 个数字进行特征数据提取(如每一行中 0 或 1 的个数和出现频率,这一过程称为"训练");

(3) 通过特征数据创建一个分类器(即特征数据集);

(4) 由分类器创建一个手写数字的算法模型(如神经网络识别模型);

(5) 输入一个新的手写数字(测试图片,如手写数字 1);

(6) 对输入图片的数字进行特征提取,虽然新写的数字与数据集中的数字不完全一样,但是特征高度相似;

(7) 分类器和识别算法模型对输入的测试数据进行识别;

(8) 识别模型最终给出这个数字为某个数字(如 1)的概率值(如 0.92)。

从以上过程可以看出,机器学习的主要任务就是分类。数据训练和数据测试都是为了提取数据特征,便于按标签分类。识别模型和分类器也是为了分类而设计。

机器学习通过训练将图像特征抽象成数学模型,用它来发现数据的分布特征。机器学习的计算量很大(如矩阵运算等),依赖高端硬件设备(如 GPU 等)。

案例43：判断古诗的作者

1. 自然语言处理软件包 NLTK

NLTK（Natural Language Tool Kit，自然语言处理工具包）是一个开源软件项目，是自然语言处理领域常用的软件包，它包含 Python 软件包、数据集和教程。NLTK 常用于实体识别（如车牌识别）、信息提取（如文章关键字提取）、问答系统（如聊天机器人）、情感分析（如商品用户评价）、机器翻译（语言翻译、语音合成）等。

NLTK 收集了大量公开的语言数据集、语言处理模型。NLTK 的功能包括分词（区分单字、短语、段落等）、词性标注（如标注名词、动词等）、命名实体识别（专有名词识别，如人名、地名等）、句法分析（语法分析）、识别相似关键字（同义词识别）、词汇统计图、生成文本（如生成短文、提要等）、词汇统计（如高频词、重复词）等功能。

NLTK 语料库有古腾堡语料库（gutenberg）、网络聊天语料库（webtext、nps_chat）、布朗语料库（brown）、路透社语料库（reuters）、就职演说语料库（inaugural）等。

【例 16-2】 在 Windows shell 窗口下，安装 NLTK 自然语言处理软件包。

1	> pip install nltk	# 版本 3.8.1(输出略)

2. 程序案例：诗歌作者判断

【例 16-3】 判断诗歌作者是李白还是杜甫。

数据文件 libai.txt（李白诗，UTF-8 编码）、dufu.txt（杜甫诗，UTF-8 编码）保存在 D:\test\资源\目录中。

3. 程序设计：诗歌作者判断

本案例实现程序如下：

```
1    import jieba                                        # 导入第三方包
2    from nltk.classify import NaiveBayesClassifier      # 导入第三方包
3
4    # 【收集文件】收集李白的诗,放在 libai.txt 文件中
5    text1 = open('d:\\test\\资源\\libai.txt', 'rb').read()   # 读取李白诗集文件
6    list1 = jieba.cut(text1)                            # 李白诗集分词
7    result1 = ''.join(list1)                           # 分词连接成列表 1
8    # 【收集文件】收集杜甫的诗放在 dufu.txt 文件中
9    text2 = open('d:\\test\\资源\\dufu.txt', 'rb').read()    # 读取杜甫诗集文件
10   list2 = jieba.cut(text2)                            # 杜甫诗集分词
11   result2 = ''.join(list2)                           # 分词连接成列表 2
12   # 【数据准备】
13   libai = result1
14   dufu = result2
15   # 【特征提取】
16   def word_feats(words):                             # 提取特征词
17       return dict([(word, True) for word in words])
18                                                       # 用列表推导式返回一个元组
```

19	libai_features = [(word_feats(lb), 'lb')for lb in libai]	# 李白特征词列表(列表推导式)
20	dufu_features = [(word_feats(df), 'df')for df in dufu]	# 杜甫特征词列表(列表推导式)
21	train_set = libai_features + dufu_features	# 李白杜甫训练数据集
22	#【训练决策】	
23	classifier = NaiveBayesClassifier.train(train_set)	# 朴素贝叶斯算法训练数据集
24	#【分析测试】	
25	sentence = input('请输入一句你喜欢的诗:')	# 输入诗句
26	print('\n')	# 空行
27	seg_list = jieba.cut(sentence)	# 用结巴分词创建分词列表
28	result1 = ''.join(seg_list)	# 列表连接
29	words = result1.split('')	# 删除空格
30	#【统计结果】	
31	lb = 0	
32	df = 0	
33	for word in words:	# 统计关键字
34	classResult = classifier.classify(word_feats(word))	
35	if classResult == 'lb':	# 统计李白关键字
36	lb = lb + 1	
37	if classResult == 'df':	# 统计杜甫关键字
38	df = df + 1	
39	#【输出比例】	
40	x = float(str(float(lb) / len(words)))	# 计算李白的概率
41	y = float(str(float(df) / len(words)))	# 计算杜甫的概率
42	print('李白的可能性:%.2f%%' % (x * 100))	
43	print('杜甫的可能性:%.2f%%' % (y * 100))	
>>>	请输入一句你喜欢的诗:门泊东吴万里船	# 程序输出
	李白的可能性:25.00%	
	杜甫的可能性:75.00%	

程序单词:Classifier(分类词),classify(分类),classResult(分类结果),dict(字典函数),dufu(杜甫),features(特征),jieba(结巴分词),libai(李白),NaiveBayes(贝叶斯),nltk(自然语言处理),result(结果),seg_list(关键词列表),sentence(句子),train_set(训练数据集),word_feats(单词列举),word_feats(特征词)。

4. 编程练习

练习 16-1:参考例 16-2 的程序,安装自然语言处理软件包 NLTK。

练习 16-2:编写和调试例 16-3 的程序,判断诗歌作者。

案例 44:人脸识别和跟踪

1. 安装 OpenCV 软件包

OpenCV(http://opencv.org)是一个开源软件包,它包含数百种视觉处理算法,拥有核心功能模块、图像处理模块、视频分析模块、二维特征框架模块、对象检测模块、图形用户界面、视频 I/O 模块、其他辅助模块。OpenCV 应用领域有图像处理、人脸识别、车牌识别、视频监控、医学图像处理、机器人控制、深度学习等。

【例16-4】 在 Windows shell 窗口下,安装 OpenCV 视觉计算软件包。

1	> pip install opencv – contrib – python	# 版本 4.8.1.78
2	> pip install opencv – python – verbose	# 版本 4.8.1.78

注意：直接使用 pip install opencv 安装时,容易出现错误。

2. 下载人脸分类器

人脸识别需要使用分类器文件。分类器是采用机器学习算法模型,通过大规模集群计算机测试和训练后得到的特征文件。分类器通过海量的正图像(需要分类的目标图像)和负图像(不是训练目标的图像)来获得图像的各种特征值,就可以对输入图像进行识别和判断。普通用户用少数计算机和很少的数据量,要训练和生成一个分类器非常困难,幸好 OpenCV 提供了现成的人脸识别分类器。可以在 OpenCV 官网或者开源网站下载 OpenCV 分类器,它们一般为封装好的 XML 文件。

【例16-5】 下载和安装 OpenCV 分类器的方法和步骤如下。

(1) 在以下网址中选择一个来下载。

开源网站参见 https://sourceforge.net/projects/opencvlibrary/(本例使用,见图 16-2①)

OpenCV 官网参见 https://opencv.org/releases/(下载速度很慢)

(2) 单击 Download 按钮(见图 16-2②),开始下载 opencv-4.8.0-windows.exe 文件(大小为 168MB),保存在浏览器设置的文件下载目录中,如"D:\网络下载"。

图 16-2　下载 OpenCV 人脸识别分类器

(3) 在"D:\网络下载"目录中找到 opencv-4.8.0-windows.exe 分类器文件,双击该文件,在弹出的窗口中单击 Extract 按钮(解压缩,见图 16-3),文件开始解压缩。

图 16-3　解压缩的目标文件夹

(4) 找到"D:\网络下载\opencv\sources\data\"目录,右击 data(见图 16-4)目录,在弹出菜单中选择"复制"。

(5) 找到 D:\test\目录,在目录空白处右击,在弹出菜单中单击"粘贴"。最后形成的目录为"D:\test\

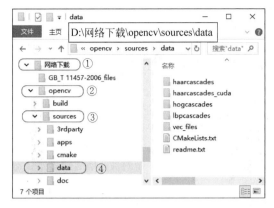

图 16-4 已解压缩的文件

data\",该目录下都是不同的分类文件,共 40 个文件,大小为 39.8MB。

注意:分类器文件与 opencv-python 版本有关联,版本差别太大时容易出错。

3. OpenCV 语法

OpenCV 最重要的功能是图像读取、显示、识别、写入等。

1	cv2. imread(filename[, flags])	# 图像读入(文件名,图像的样式)
2	cv2.imshow(window_name, image)	# 图像显示(窗口标题,显示图像变量名)
3	cv2.imwrite(filename, image[, params])	# 图像写入(文件名,保存名[, params])
4	cv2.CascadeClassifier()	# 图像识别模型(级联分类器)

4. 程序设计:人物视频图像显示

【例 16-6】 用摄像头将编程者图像显示在屏幕中,程序如下:

1	import cv2	# 导入第三方包
2		
3	frameWidth = 640	# 窗口宽度
4	frameHeight = 480	# 窗口高度
5	capture = cv2.VideoCapture(0)	# 参数 0 默认是电脑自带摄像头
6	capture.set(3, frameWidth)	# 参数 3 为图像帧的宽度
7	capture.set(4, frameHeight)	# 参数 4 为图像帧的高度
8	capture.set(10,150)	# 参数 10 为图像帧的亮度
9	while True:	
10	success, img = capture.read()	
11	cv2.imshow("Result", img)	# 图像显示
12	if cv2.waitKey(1) & 0xFF == ord('q'):	# 判断是否退出
13	break	# 按 q 键后,强制退出永真循环
>>>		# 程序输出(略)

5. 程序案例:人脸识别和跟踪

【例 16-7】 利用 OpenCV 分类器,进行电脑摄像头的人脸识别和动态跟踪(见图 16-5)。注意,本例为 opencv-python 4.8.1.78 版本;分类器为 opencv-4.8.0;文件保存在目录 D:\test\data\haarcascades\haarcascade_frontalface_default. xml 中。本例要求计算机带有摄像头,或者计算机有外接 USB 摄像头。

图 16-5　摄像头图像识别和跟踪

6. 程序设计: 人脸识别和跟踪

案例实现程序如下:

```
1    import cv2                                            # 导入第三方包
2
3    capture = cv2.VideoCapture(0)                         # 打开摄像头,获取视频内容
4    face = cv2.CascadeClassifier('D:\\test\\data\\haarcascades\\haarcascade_frontalface_
     default.xml')
5                                                          # 载入人脸识别模型(分类器)
6    cv2.namedWindow('OpenCV')                             # 获取摄像头画面
7    while True:
8        ret, frame = capture.read()                      # 视频截图
9        gray = cv2.cvtColor(frame, cv2.COLOR_RGB2GRAY)   # 转为灰度图像
10       faces = face.detectMultiScale(gray, 1.1, 3, 0, (100,100))# 人脸检测参数设置
11       for (x, y, w, h) in faces:
12           cv2.rectangle(frame, (x, y), (x + w, y + h), (0, 255, 0), 2)
13           cv2.imshow('CV', frame)                       # 显示人像跟踪画面
14           if cv2.waitKey(5) & 0xFF == ord('q'):         # 按[q]键退出
15               break
16   capture.release()                                     # 释放资源
17   cv2.destroyAllWindows()                               # 关闭窗口
>>>                                                        # 程序运行结果见图 16 - 5
```

7. 程序注释

　　程序第 4 行,函数 cv2. CascadeClassifier( )是人脸识别模型(级联分类器),它是 OpenCV 官方训练后的人脸识别模型,它采用的分类器为 XML 文件。OpenCV 提供的训练文件是 haarcascade_frontalface_default. xml(默认值),它可以被理解为人脸的特征数据。本程序中,分类器文件存放在 D:\test\data\目录下(5 个子目录,40 个文件,大小为 39.8MB);其次本语句采用 haarcascade_frontalface_alt. xml 文件也可以进行人脸识别。

程序第 9 行,cv2. cvtColor()函数为将读取的彩色图像灰度化,降低运算强度。

程序第 10 行,face. detectMultiScale(gray,1. 1,3,0,(100,100))为图像多尺度检测函数。

（1）参数 gray 是捕获的人脸灰度图像。

（2）参数 scaleFactor(＝1.1)是图像缩放因子,因为不同人距离镜头的远近程度不同,有的人脸比较大,有的人脸比较小,scaleFactor 参数用来对此进行补偿。

（3）参数 minNeighbors(＝3)为图像矩形框邻近的个数(一个人周边有几个人脸),它返回的是一个 Numpy array 数组,函数检测出有几个人脸,列表的长度就是多少,faces 中每一行的元素分别表示检出人脸在图中的参数(坐标 x、坐标 y、宽度、高度)。

（4）参数 minSize＝(100,100)是检测窗口的大小。

这些参数都可以针对图片进行调整,处理结果是返回一个人脸的矩形对象列表。

程序第 10 行也可以写为 faces ＝ faceCascade. detectMultiScale(gray, scaleFactor＝1. 1, minNeighbors＝5, minSize＝(30,30))的形式。

程序第 11 行,for 语句循环读取人脸的矩形对象列表,为每个人脸画一个矩形框。循环获得矩形的坐标和宽、高,然后在原图片中画出该矩形框。

程序第 12 行,cv2. rectangle()为人脸画矩形框,frame 为捕获的人脸图像;(x, y)为坐标原点;(x＋w, y＋h)为识别图像的大小;(0,255,0)为绿色矩形框;2 为矩形框线宽。

程序第 13 行,cv2. imshow()显示人像跟踪画面。可以按 Ctrl＋PrSc 组合键捕获画面,然后启动 Windows 中的"画图"程序,按 Ctrl＋V 粘贴捕获的图像,再保存为图片文件。

程序单词：capture(捕获),capture. read(视频截图),CascadeClassifier(级联分类器),COLOR_RGB2GRAY(彩转灰),cv2(计算视觉模块),destroyAllWindows(关闭窗口),detectMultiScale(多尺度),face(人脸),frame(框架),gray(灰色),imshow(图像显示),ord(字符 ASCII 码函数),rectangle(长方形),release(释放),ret(返回),VideoCapture(视频捕获),waitKey(等待按键)。

8. 编程练习

练习 16-3：编写和调试例 16-6 和例 16-7 的程序,识别动态人脸图像。

提示：调试例 16-7 程序需要进行以下准备工作。

(1) 调试程序的计算机必须有摄像头,或者已经安装和调试好摄像头。

(2) 参考例 16-4 程序,安装视觉计算软件包 OpenCV。

(3) 参考例 16-5,下载和安装 opencv-4.8.0-windows. exe 分类器文件。

(4) 在 OpenCV 官方网站下载人脸识别分类器文件,将文件复制到 D:\test\data 目录下。

第17章

可视化案例

可视化包括科学可视化和信息可视化两个方面。科学可视化是对科学技术数据和模型的解释、操作与处理；信息可视化包含数据可视化、知识可视化、视觉设计等技术。可视化致力于以直观方式表达抽象信息，使用户能够迅速理解大量信息。

1. 可视化软件包 Matplotlib

Matplotlib 是 Python 中广泛应用的开源绘图软件包，它可以生成折线图、曲线图、散点图、直方图、饼图、2D 图形、GIF 动画等。

可以在英文官网（https://matplotlib.org/）和中文网站（https://www.matplotlib.org.cn/）查看 Matplotlib 的使用指南。使用 Matplotlib 绘制图形时，一般还会用到 NumPy（科学计算包）、Pandas（数据分析包）等。可视化绘图软件包 Matplotlib 的安装参见例 1-14。

2. 绘图函数 plot()

在 Matplotlib 中，会频繁使用函数 plt.plot() 进行图形绘制，图形绘制语法如下：

```
1    plt.plot(x, y,格式符代码, **kw)
```

（1）函数 plt.plot() 中，前缀 plt 是别名（不是函数名），也可以是其他名称。

（2）参数 x、y 为对象（如数据点、文字、曲线等）坐标值。

（3）参数"格式符代码"为控制图形曲线的格式字串，它由颜色代码、线条风格代码、数据点标记代码组成，具体代码如表 17-1～表 17-4 所示。

（4）参数 **kw 是字典形式的属性，如线条粗细（如 linewidth＝2）等。

表 17-1　函数 plt.plot() 中的颜色代码

字　符	颜　色	字　符	颜　色	字　符	颜　色
'r'	red(红色)	'k'	black(黑色)	'c'	cyan(青色)
'g'	green(绿色)	'w'	white(白色)	'm'	magenta(品红)
'b'	blue(蓝色)	'y'	yellow(黄色)	'#00ff00'	RGB 模型的绿色

表 17-2　函数 plt.plot() 中的线条形状代码（见图 17-1）

符　号	说　明	符　号	说　明	符　号	说　明
'-'	实线	'-.'	点画线	'|'	垂直线
'--'	虚线	':'	细小虚线	'_'	水平线

表 17-3 函数 plt.plot()中的数据点标记代码（见图 17-1）

符　号	标 记 显 示	符　号	标 记 显 示	符　号	标 记 显 示
'o'	●（圆点）	's'	■（正方形）	'h'	⬢（六角形）
'*'	★（星形）	'p'	⬠（五角形）	'H'	⬢（六角形）
'v'	▼（倒三角形）	'+'	＋（十字形）	'D'	◆（钻石形）
'^'	▲（正三角形）	'x'	×（叉号）	'd'	◆（小钻石形）

表 17-4 函数 plt.plot()基本绘图（见图 17-1）

命　令	说　明
plt.figure(figsize)	定义画布大小，figsize 为画布的长和高（单位：英寸）
plt.legend()	显示图例标签
plt.savefig('文件名.png')	保存绘制图形
plt.show()	显示所有绘图对象
plt.text(x, y, '注释')	绘制注释，例如 plt.text(x, y, '注释', fontproperties = 'KaiTi', fontsize = 14)
plt.title('字符串')	绘制标题，例如 plt.title('文字', fontproperties = 'simhei', fontsize = 20)
plt.xlabel('字符串')	绘制 x 轴的标签文字，例如 plt.xlabel('时间')
plt.xticks(x, 列表)	设置 x 轴刻度，例如 plt.xticks(x, ['数学', '语文', '计算机'])
plt.ylabel('字符串')	绘制 y 轴的标签文字，例如 plt.ylabel('产值')

注意：必须在 import matplotlib.pyplot as plt 语句中说明 plt 为 matplotlib.pyplot 的别名。

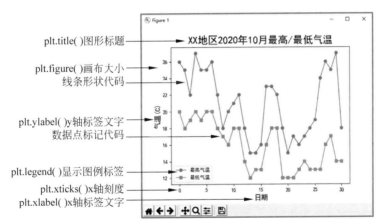

图 17-1 图形常见名称说明

3. Matplotlib 使用中文字体

Matplotlib 可以使用中文字体的英文文件名（如 simhei），不使用中文字体的中文名（如黑体），而且只支持 TTF 格式字体。常用中文字体有 simhei（黑体）、simsun（宋体）、kaiti（楷体）等。

【例 17-1】 在 Matplotlib 中显示中文字符时，可以采用以下语句之一。

```
1  plt.title('标题名', fontproperties = 'simhei', fontsize = 20)      # 方法1:定义局部字体
2  plt.rcParams['font.family'] = 'SimHei'                            # 方法2:定义全局字体
3  plt.rc('font', family = 'kaiti', weight = 'bold', size = 15)       # 方法3:定义全局字体
4  font = FontProperties(fname = 'C:\\Windows\\Fonts\\simhei.ttf')    # 方法4:定义全局字体
5  plt.rcParams['axes.unicode_minus'] = False                        # 解决负坐标出错问题
```

案例 45：气温变化图

1. 程序案例：折线图绘制

【例 17-2】 图 17-2 是某地区 2020 年 10 月 1 日到 31 日的数据文件"气温.csv"。对最高气温和最低气温数据用折线图进行可视化表示（见图 17-3）。

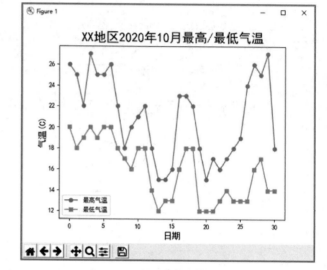

图 17-2　气温数据文件（部分）　　　　　图 17-3　气温变化折线图

数据文件"气温.csv"（UTF-8 编码）保存在 D:\test\资源\目录中。

（1）程序的第一部分是导入相关模块和软件包；第二部分是读取数据文件；第三部分是绘制折线图。

（2）绘制折线图时，用横坐标轴表示日期，纵坐标轴表示最高气温和最低气温。

2. 程序设计：折线图绘制

案例实现程序如下：

1	import csv	# 【1. 导入软件包】
2	import matplotlib.pyplot as plt	# 导入第三方包
3	plt.rcParams['font.sans - serif'] = ['simhei']	# 定义全局中文字体,解决中文乱码
4		# 【2. 读取数据文件】
5	with open('d:\\test\\资源\\气温.csv') as Temps:	# 打开 CSV 数据文件(GBK 编码)
6	data = csv.reader(Temps)	# 读取"气温.csv"文件数据
7	header = next(data)	# 读文件下一行(跳过表头)
8	highTemps = [ ]	# 最高气温列表初始化
9	lowTemps = [ ]	# 最低气温列表初始化
10	for row in data:	# 循环读取数据
11	highTemps.append(row[1])	# 读取第 2 列,添加在 highTemps 列表尾
12	lowTemps.append(row[3])	# 读取第 4 列,添加在 lowTemps 列表尾
13	high = [int(x) for x in highTemps]	# 将读取的字符数字转换为整数

14	low = [int(x)for x in lowTemps]	# 将读取的字符数字转换为整数
15		# 【3. 绘制折线图】
16	plt.title('xx 地区 2020 年 10 月最高/最低气温',	# 绘制图形标题
17	fontsize = 20)	
18	plt.xlabel('日期', fontsize = 14)	# 绘制图形水平说明标签
19	plt.ylabel('气温(C)', fontsize = 14)	# 绘制图像垂直说明标签
20	plt.plot(high, 'o - ', label = '最高气温')	# 绘制最高气温折线(圆点 + 实线)和图例
21	plt.plot(low, 's - ', label = '最低气温')	# 绘制最低气温折线(方点 + 实线)和图例
22	plt.legend()	# 显示图例标签内容
23	plt.show()	# 显示全部图形
>>>		# 程序输出见图 17 - 3

3. 程序注释

程序第 5～14 行,这部分语句主要功能为读取数据文件,并且将数据转换为整数。

程序第 7 行,语句 header＝next(data)为跳过"气温.csv"文件中的表格标题。因为变量 header 在后面程序中没有用到。

程序第 10～12 行,函数(row[1])读取数据文件第 2 列(最高气温),保存到 highTemps 变量中;函数 append()将数据顺序添加在列表尾部。注意,读取的列表数据为字符串,虽然数据也可以用于画图,但是会出现图形坐标混乱。

程序第 13 行,语句 high ＝ [int(x) for x in highTemps]为列表推导式,功能是将 highTemps 列表中的字符串数据循环转换为整数,方便下面的绘图。

程序第 14～23 行,这部分语句主要功能是绘制图形,并且将列表数据转换为整数。

程序第 20 行,语句 plt.plot(high, 'o-', label＝'最高气温')中,参数 high 为 y 轴坐标;x 轴坐标默认为日期;参数'o-'中,数据线型为"圆点 + 实线";参数 label＝'xxx'为图例说明,位置由软件自动安排;线型的颜色由软件自动分配。

程序单词：append(添加函数),csv(数据文件模块),header(表头),highTemps(最高气温),label(标签),legend(标签图例),lowTemps(最低气温),matplotlib(可视化),plt(绘图),pyplot(绘图模块),rcParams(修改参数),simhei(中文黑体),Temps(气温),title(标题),xlabel(x 轴坐标标签),ylabel(y 轴坐标标签)。

4. 编程练习

练习 17-1：编写和调试例 17-2 的程序,绘制气温数据折线图。

案例 46：饼图的绘制

1. 饼图绘制函数

饼图比较适合显示一个数据系列(表格中一列或一行的数据)。饼图用来反映各部分的构成,即部分占总体的比例。饼图适用于仅有一个要绘制的数据系列;数据没有负值;数据没有零值。

Matplotlib 中,饼图采用函数 plt.pie()绘制,函数语法如下,参数见表 17-5。

1	plt.pie(data, explode, labels, colors, autopct, pctdistance, shadow, labeldistance, startangle,
2	radius, counterclock, wedgeprops, textprops, center, frame, rotatelabels, hold)

表 17-5　函数 plt. pie()部分参数说明

参　数	说　明
autopct	百分比数字格式定义,例如 autopct＝'％2. 1f'(2 为 2 位整数,1f 为 1 位小数)
colors	饼图颜色,例如 colors＝['yellowgreen', 'gold', 'lightskyblue', 'lightcoral']
counterclock	指定方向(可选),例如 counterclock＝True(默认值,逆时针),False(顺时针)
data	每个扇区块的比例,例如[15, 20, 45, 20](注意数字和＝100)
explode	每个扇区块离饼图圆心的距离,例如 explode＝[0, 0. 2, 0, 0]
labeldistance	label 标记绘制位置,例如 labeldistance＝1. 1,labeldistance＜1 则绘制在饼图内侧
labels	每个扇区块外侧的说明文字,例如 labels＝['猪肉', '水产', '蔬菜', '其他']
pctdistance	指定 autopct 位置的刻度,例如 pctdistance＝0. 6(默认值)
radius	控制饼图半径,例如 radius＝1(默认值)
shadow	在饼图下面画一个阴影,例如 shadow＝False(不画阴影)
startangle	扇区起始绘制角度,例如 startangle＝50,默认从 x 轴逆时针画起

2. 程序案例:绘制饼图

【例 17-3】　用 Python 程序绘制饼图(见图 17-4)。

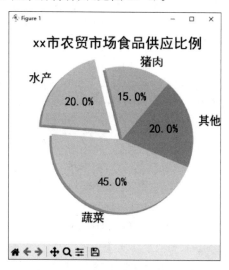

图 17-4　饼图绘制案例

3. 程序设计:绘制饼图

案例实现程序如下:

```
1   import matplotlib. pyplot as plt                              ＃ 导入第三方包
2
3   plt. rc('font', family = 'simhei', size = 20)                ＃ 定义全局字体,simhei 为黑体
4   mylabels = '猪肉', '水产', '蔬菜', '其他'                     ＃ labels 为饼图说明文字
5   mydata = 15, 20, 45, 20                                      ＃ 比例数据,猪肉为 15 ％等
6   mycolors = 'yellowgreen', 'gold', 'lightskyblue', 'lightcoral'  ＃ 颜色:黄绿,金黄,天蓝,品红
7   myexplode = 0, 0. 2, 0, 0                                    ＃ explode 为扇区离中心点距离
8   plt. figure(figsize = (5, 5))                                ＃ 定义图片大小:长 x 高
9   plt. title('xx市农贸市场食品供应比例')                        ＃ 绘制标题文字
```

10	plt.pie(mydata, explode = myexplode, labels = mylabels,	# 绘制饼图,读入定义参数
11	colors = mycolors, autopct = '%2.1f%%',	# %2.1f 为小数点位数
12	shadow = True, startangle = 50)	# True(阴影),50(起始角度)
13	plt.axis('equal')	# 使饼图长宽相等
14	plt.show()	# 显示全部图形
>>>		# 程序输出见图 17-4

4. 程序注释

程序第 10 行,函数 plt.pie()的参数含义如下:

(1) 参数 data 为饼图比例数据(如 20%);

(2) 参数 explode=explode 为扇区离中心的距离(如水产扇区部分突出);

(3) 参数 labels=labels 为饼图外文字(如"水产");

(4) 参数 colors=colors 为饼图颜色;

(5) 参数 autopct='%2.1f%%'为饼图数字(保留 2 位整数、1 位小数);

(6) 参数 shadow=True 为饼图阴影;

(7) 参数 startangle=50 为饼图开始角度。

程序单词:autopct(小数格式),axis(坐标轴),equal(相等),explode(离开距离),family(字体),figsize(图片尺寸),figure(图片),gold(金黄色),lightcoral(品红),lightskyblue(天蓝),mylabels(标签列表),pie(饼图),shadow(阴影),simhei(黑体),startangle(起始角度),yellowgreen(黄绿色)。

5. 编程练习

练习 17-2:编写和调试例 17-4 的程序,掌握饼图绘制方法。

案例 47:遮罩词云图

1. 词云绘制软件包

词云是指对文本中出现频率较高的关键字用图形方式突出表现,过滤了大量低频文本信息,读者只要看一看词云就可以领略文本的主题。当数据太少时,很难做出好看的词云,或者说词云适合展示具有大量文本的数据。

Python 下制作词云的软件包有 WordCloud、StyleCloud、Pyecharts 等。StyleCloud 是基于 WordCloud 进行二次开发的软件包,因此它必须与 WordCloud 共同使用。

软件包 WordCloud 主要提供了词云绘制、英语分词、文件读出、文件存储等功能。WordCloud 使用指南可以查看官方网站(https://wordart.com/)。绘制词云过程中,用到的软件包有 Matplotlib、Jieba(结巴分词)、Pillow 等。

【例 17-4】 在 Windows shell 窗口下,安装 WordCloud 词云绘图软件包。

1	>pip install wordcloud	# 版本 1.8.2.2(输出略)

说明 1:软件包 WordCloud 依赖于 Pillow 和 NumPy,如果 Pillow 和 NumPy 版本很旧,可能会导致安装失败。

说明 2:如果官网和镜像网站安装困难,可以按以下方法离线安装。

（1）访问网站 https://www.lfd.uci.edu/~gohlke/pythonlibs/#wordcloud。

（2）找到 wordcloud-1.8.1-cp311-cp311-win_amd64.whl，单击下载该软件包。

（3）将下载文件复制到"D:\test\"目录。

（4）运行 Windows shell。

（5）转到 D 盘；进入 test 目录（cd\test）。

（6）按以下命令离线安装 WordCloud 软件包。

```
1  > pip install wordcloud-1.8.1-cp311-cp311-win_amd64.whl     # 输出略
```

词云绘制函数的语法如下：

```
1  WordCloud(font_path, background_color, mask, colormap, width, height, min_font_size,
2      max_font_size, font_step, prefer_horizontal, scale, mode, relative_scaling)
```

函数 WordCloud() 的主要参数如表 17-6 所示。

表 17-6   词云函数 WordCloud() 的主要参数

参 数	说 明
background_color	背景颜色，例如 background_color='black'（默认黑色，white 是（白），pink 是（粉红））
colormap	单词颜色，例如 colormap='viridis'（默认翠绿色）
font_path	字体路径，例如 font_path='C:/Windows/Fonts/simhei.ttf'，缺少时不能显示中文
height	画布高度，例如 width=200（像素，默认值）
mask	遮罩，例如 mask=img（img 为遮罩图片文件）
max_font_size	显示的最大字体大小，例如 max_font_size=100（默认值）
max_words	显示单词的最大个数，例如 max_words=200（默认值）
min_font_size	显示的最小字体大小，例如 min_font_size=4（默认值）
mode	背景色彩模式，如 mode='RGBA'，background_color=None 为透明背景
relative_scaling	词频与字体大小的关联性，例如 relative_scaling=0.5（默认值） 当 relative_scaling=0 时，表示只考虑单词排序，不考虑词频数 当 relative_scaling=1 时，表示 2 倍词频的词会用 2 倍字号显示
width	画布宽度，例如 width=400（像素，默认值）

2. 程序设计：普通词云绘制

【例 17-5】 生成普通词云（见图 17-5）。文件"李白诗.txt"保存在 D:\test\资源\目录。

图 17-5   普通词云

1	`import jieba`	# 导入第三方包
2	`from wordcloud import WordCloud`	# 导入第三方包
3	`import matplotlib.pyplot as plt`	# 导入第三方包
4		
5	`book = open('d:\\test\\资源\\李白诗.txt', 'r', encoding = 'utf8')`	# 以读方式打开文件
6	`lst = book.read()`	# 将内容读到列表
7	`book.close()`	# 关闭文本文件
8	`word_list = jieba.cut(lst)`	# 用 jieba 进行分词
9	`new_text = ' '.join(word_list)`	# 对分词以空格隔开
10	`word_cloud = WordCloud(font_path =`	
11	`    'C:\\Windows\\Fonts\\simhei.ttf',`	# 文本放入词云容器
12	`    background_color = 'white').generate(new_text)`	# 背景为白色(white)
13	`plt.imshow(word_cloud)`	# 绘制词云图
14	`plt.axis('off')`	# 关闭坐标轴
15	`plt.show()`	# 显示全部图形
>>>		# 程序输出见图 17-5

程序说明：程序第 10 行，将分词处理后的文本放入 WordCloud 容器中进行分析。参数 font_path＝'C:\\Windows\\Fonts\\simhei.ttf'为设置中文字体路径，因为 WordCloud() 函数显示中文会出现乱码，因此用强制定义中文字路径来解决这个问题。即使设置了字体路径参数，也不是所有中文字体都能够正常显示，可显示的中文字体有 simhei.ttf（黑体）、simfang.ttf（仿宋）、simkai.ttf（楷体）、simsun.ttf（宋体）等。

3. 程序案例：遮罩词云绘制

遮罩（mask）是利用一张白色背景图片，让词云外观形状与遮罩图片中图形的形状相似。如利用一张地图图片做遮罩时，生成的词云外观与地图形状相似。遮罩图片可以从网络下载，WordCloud 支持的图片文件格式有 GIF、PNG、JPG。

遮罩图片必须通过 img＝imread('图片名.jpg')语句读取。遮罩图片背景必须为纯白色（♯FFFFFF），词云在非纯白位置绘制，背景全白部分将不会绘制词云。单词的大小、布局、颜色都会依据遮罩图自动生成。

【例 17-6】 绘制一个外观为树形的词云（见图 17-6）。文件"春.txt"（见图 17-7）、"树.jpg"（见图 17-8）保存在 D:\test\资源\目录中。

图 17-6 带遮罩的词云

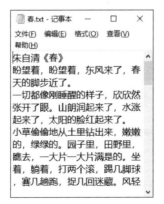

图 17-7 春.txt

图 17-8 遮罩图片

案例分析：函数 WordCloud 中，默认词云形状为长方形，高频词的颜色为自动生成。可以利用树状图片做遮罩，对词云外形进行控制，然后自定义高频词的颜色。文本文件为朱自清的散文《春》，遮罩图片为"树.jpg"。

4. 程序设计：遮罩词云绘制

案例实现程序如下：

```
1    import matplotlib.pyplot as plt              # 导入第三方包
2    from PIL import Image                        # 导入第三方包
3    import wordcloud                             # 导入第三方包
4    import jieba                                 # 导入第三方包
5    from matplotlib import colors                # 导入第三方包
6
7    txt = open('D:\\test\\资源\\春.txt', 'r').read()    # 以读方式打开文本文件
8    img = plt.imread('D:\\test\\资源\\树.jpg')          # 读入做遮罩的图片文件
9    words_ls = jieba.cut(txt, cut_all = True)          # 用 jieba 进行中文分词
10   words_split = ''.join(words_ls)                    # 分词结果以空格隔开
11   color_list = ['r', 'g', 'b', 'k']                 # 单词颜色列表(红—绿—蓝—黑)
12   mycolor = colors.ListedColormap(color_list)       # 调用颜色列表
13   wc = wordcloud.WordCloud(font_path = 'simhei.ttf',    # 词云参数, simhei.ttf(黑体)
14       width = 1000, heiht = 500,                    # 画布, 宽度 1000 像素, 高度 500 像素
15       background_color = 'white', mask = img,       # white(背景白色), img(遮罩图片)
16       colormap = mycolor)                           # mycolor 自定义颜色
17   my_wordcloud = wc.generate(words_split)           # 根据文本词频生成词云
18   plt.imshow(my_wordcloud)                          # 绘制词云图
19   plt.axis('off')                                   # 关闭坐标轴
20   plt.show()                                        # 显示全部图形
>>>                                                    # 程序输出见图 17-8
```

5. 程序注释

程序第 5 行，图像处理软件包 PIL(Pillow)的安装方法参见例 1-17。

程序第 5、11、12、16 行这 4 行语句主要控制词云中单词显示颜色的种类。但是，具体哪个单词是什么颜色每次均随机生成。

程序第 11 行中，#ff0000(红色)，#00ff00(绿色)，#0000ff(蓝色)，#320000(深棕色)。

程序第 13~16 行，可参见例 17-5 的"程序说明"部分。

程序单词：axis(坐标轴)，Background(背景色)，color_list(颜色列表)，colormap(色彩地图)，Colormap(颜色码)，generate(生成函数)，height(高)，Image(图像)，imread(读图像文件)，Listed(列表)，mask(遮罩)，PIL(图像处理)，width(宽)，wordcloud(词云模块)，words_ls(分词列表)，words_split(添加空格)。

6. 编程练习

练习 17-3：参考例 17-4 的程序，安装词云绘图软件包 WordCloud。

练习 17-4：编写和调试例 17-5 的程序，绘制普通词云图形。

练习 17-5：编写和调试例 17-6 的程序，绘制外观为树形的词云图形。

案例48：动态条形图

1. 动画制作软件包

动态可视化图形能更好地体现某些数据的变化速度和态势,尤其是一些具有时间跨度的统计数据,用动画图形表示更加直观。Pynimate是一个第三方动画图形软件包,官方网站为 https://julkaar9.github.io/pynimate/guide/starter/。

【例17-7】 软件包Pynimate安装方法如下:

```
1  > pip install  pynimate                    # 版本1.3.0(输出略)
```

注意:软件包Pynimate需要Python 3.9以上版本。

2. 动画中间画面生成函数

动画的播放速度一般为24fps(帧速24,即每秒24幅画面),这需要巨量的中间画面数据,才能播放出流畅的动画。例如,原始数据只有10条记录,如果不进行插值(增加中间帧),那么动画将只能连续播放10/24秒,而且两帧画面之间没有任何过渡,整个动画看起来十分生硬,播放时瞬间即逝。

软件包Pynimate中,函数pynimate.Barplot()的功能是制作条形数据动画,它采用线性插值方法生成成千上万的中间画面(中间帧),它的语法格式如下:

```
1  pynimate.Barplot(data, time_format, ip_freq)
```

(1)参数data是Pandas下的格式化DataFrame类型数据(二维表格数据)。

(2)参数time_format是日期数据索引,格式为%Y-%m-%d(年-月-日)。

(3)参数ip_freq是动画插值频率,数值越小,插值越多,动画较为平滑。

【例17-8】 动画函数pynimate.Barplot()示例。

```
1  bar = pynimate.Barplot(df, '%Y-%m-%d', '10d')
```

(1)参数df是符合Pandas软件包的DataFrame类型的数据。

(2)参数'%Y-%m-%d'是数据中日期类型的格式(如'2016-01-01')。

(3)参数'10d'表示每隔10天插值一个画面的数据,数值越小,动画越流畅。注意,动画帧数越多,插帧越频繁,动画文件也会越大,程序运行时间也会越长。

3. 程序设计：程序数据矩形条动画

【例17-9】 利用模拟数据设计一个动态显示的条形图,程序如下:

```
1  from matplotlib import pyplot as plt          # 导入软件包
2  import pandas as pd                           # 导入软件包
3  import pynimate as nim                         # 导入软件包
4  import warnings                                # 导入标准模块
5  warnings.filterwarnings('ignore')             # 忽视警告信息
6  plt.rcParams['font.sans-serif'] = ['simhei']  # 预防汉字显示出错
7
8  df = pd.DataFrame(                            # 【数据格式+索引】
```

9	`    {`	
10	`        'time': ['1960-01-01', '1961-01-01', '1962-01-01'],`	# 注意日期列表格式
11	`        '阿富汗': [1, 2, 3],`	# 国家名显示在左侧
12	`        '安哥拉': [2, 3, 4],`	# 注意，列表中数据的
13	`        '阿尔巴尼亚': [1, 2, 5],`	# 变化，决定矩形条的
14	`        '美国': [5, 3, 4],`	# 显示位置
15	`        '阿根廷': [1, 4, 5],`	
16	`    }`	
17	`).set_index('time')`	# 按日期索引
18	`cnv = nim.Canvas()`	# 定义画布
19	`bar = nim.Barplot(df, '%Y-%m-%d', '2d')`	# 创建动态条形图
20	`bar.set_time(callback = lambda i,\`	# 回调函数计算日期
21	`    datafier: datafier.data.index[i].year)`	
22	`cnv.add_plot(bar)`	# 绘制条形图
23	`cnv.animate()`	# 条形图加到画布中
24	`cnv.save('out_file', 24, 'gif')`	# 保存动画文件
25	`plt.show()`	# 文件名为"out_file"，24帧
>>>		# 程序输出（略）

　　程序第19行，参数df为播放数据；参数'%Y-%m-%d'为日期格式；参数'2d'表示生成中间帧的间隔为两天，它与程序第18行有关联。

　　程序第20行，函数bar.set_time()生成中间图形帧。如图17-9所示，callback为回调函数，lambda为匿名函数；参数i和[i]为日期索引号；参数datafier为日期数据过滤器；参数year为年。本语句的功能是按年生成动画中间帧，生成间隔为两天（程序第17行定义）。一年共生成360天/2=180帧，180帧/24fps=7.5s。也就是说，插值频率为两天时，一年动画可以播放7.5秒，两年可以播放15秒。注意，1962年只有一帧画面。

图 17-9　回调函数和匿名函数

4. 程序设计：文件数据矩形条动画

　　【例17-10】　绘制如图17-10所示的动画图形。图中条形的长度随数据而变化；不同地区的条形图随数据变化而上下移动；条形的颜色和宽度采用软件默认值。

　　数据文件data.csv格式如下，保存在D:\test\目录中。

1	`日期,南通,南京,苏州,无锡,常州`
2	`2012-01-01,1,2,1,3,4`
3	`2013-01-01,2,1,2,4,3`
4	`2014-01-01,2,1.5,3,2,3.2`
5	`2015-01-01,2.5,2,3.5,4.5,5`

　　绘制动态条形图程序如下。

1	`from matplotlib import pyplot as plt`	# 导入可视化包
2	`import pandas as pd`	# 导入数据分析
3	`import pynimate as nim`	# 导入动画包
4	`import warnings`	# 导入标准模块
5	`warnings.filterwarnings('ignore')`	# 忽视警告信息
6	`plt.rc('font', family = 'simhei', size = 20)`	# 汉字显示
7		
8	`df = pd.read_csv('data.csv').set_index('日期')`	# 以日期为索引
9	`cnv = nim.Canvas()`	# 创建画布
10	`bar = nim.Barplot(df, '% Y - % m - % d', '10d')`	# 数据,日期,频率
11	`bar.set_title('江苏 GDP 变化图', color = 'r', size = 20, weight = 600)`	# 显示标题
12	`bar.set_time(callback = lambda i, datafier: datafier.data.index[i].year)`	# 计算中间帧数据
13	`cnv.add_plot(bar)`	# 将图形加到画布
14	`cnv.animate()`	# 创建动画
15	`plt.show()`	# 显示动图
16	`# cnv.save('out 动态图', 24, 'gif')`	# 保存动画文件
>>>		# 程序输出见图 17 - 10

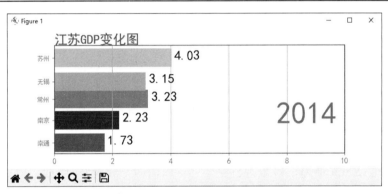

图 17-10　数据可视化动画

程序第 8 行,如果这里采用汉字目录和汉字文件名,容易发生错误。

程序单词:bar(条形图),Barplot(画条形图),callback(回调函数),Canvas(画布),datafier(数据过滤器),DataFrame(二维数组),plt(绘图),pynimate/nim(动画),save(保存),set_index(日期索引),show(显示),simhei(黑体),time(时间),year(年)。

5. 编程练习

练习 17-6:参考例 17-7 的程序,安装动态绘图软件包 Pynimate。(注意,安装 Pynimate 软件包需要 Python 3.9 以上版本)。

练习 17-7:编写和调试例 17-9、例 17-10 的程序,绘制随动态数据变化的图形。

第 18 章

游戏程序案例

游戏设计涉及编程语言、游戏引擎、图片处理、游戏策略设计、音乐等知识。Python 语言有很多第三方软件包都提供游戏编程功能,常用的 Python 游戏引擎有 PyGame、Pgzero、Kivy 等。PyGame 提供了各种模块和函数,让游戏设计者能简单快速地设计游戏程序。

18.1 游戏的基本概念

(1) 游戏引擎。游戏引擎是指一些已编写好的程序核心软件包。PyGame 用 C/C++语言编写,技术文档齐全(参见 https://www.pygame.org/docs/),在游戏开发中查看这些文档,很多问题会迎刃而解。PyGame 为编程人员提供了各种编写游戏所需的函数 API 和模块,让游戏设计者快速地设计出游戏程序。

(2) 精灵(Sprite)。精灵是指游戏中一个独立运动的画面对象。简单来说,精灵是一个会动的图片,可以和其他图形对象进行交互。可以用图片素材文件(如 JPG、PNG、GIF 图片文件)来做精灵图像。PyGame 提供了精灵类和精灵组功能。PyGame 有很多函数,这些函数能帮助我们进行精灵初始化、精灵碰撞检测、精灵删除、精灵更新等操作。

(3) 画面(Surface)。PyGame 中,Surface 就是画面(图像)。可以将 Surface 想象成一个矩形画面,它也可以由多个画面组成,Surface 用于实现游戏中的一个场景。

(4) 图像渲染(blit)。计算科学领域中,图形和图像是两个不同的概念,图像由像素组成,图形由线条和面组成,它们的处理方法差别很大。由于图像无法进行绘图、变形、变色等操作,因此,在 PyGame 中,用 blit 方法将图像渲染(绘制)到另一个图形(如背景)上,这相当于将图片贴到窗口或其他图形上,如将精灵图片贴到背景画面上。

(5) 事件(Event)。游戏中总是充满了各种事件,如精灵碰撞、单击操作、按下键盘中的某个键等。游戏中的事件都会被 PyGame 捕获,并以 Event 对象的形式放入消息队列中,pygame.event 模块提供从消息队列中获取事件对象,并对事件进行处理的功能。

(6) 游戏动画。游戏中的动画是在每一帧图形上,相对前一帧画面把精灵的坐标进行一些加减运算。从程序设计角度来看,游戏中的运动就是改变精灵的坐标值。例如,用函数 move(−2,1)改变精灵的位置时,就是精灵沿水平方向(x 轴)左移 2 像素,沿垂直方向(y 轴)下移 1 像素,然后用函数 display.update()更新画面。

18.2 软件包常用函数

1. PyGame 软件包安装

【例18-1】 PyGame 游戏引擎软件包的安装方法如下：

```
1  > pip install  pygame              ♯ 版本 2.5.2(输出略)
```

PyGame 有很多功能模块，不同模块专注于不同的功能。其中常用模块有 pygame. event 事件管理(如检测鼠标键盘事件)、pygame. image 图片加载和存储、pygame. rect 矩形区域管理(画面管理)、pygame. sprite 精灵管理(如精灵移动)、pygame. surface 显示图像、pygame. transform 图像缩放和移动(如图像变形)、pygame. mixer 声音处理等。

2. 图像缩放函数 transform. scale()

【例18-2】 用函数 pygame. transform. scale()对图像进行缩放，程序片段如下：

```
1  newimg = pygame.transform.resize(img,(640, 480))
```

(1) 参数 img 指定待缩放的源图像。

(2) 参数(640，480)为对原图进行缩放后的图像大小(水平像素×垂直像素)。

(3) 函数返回缩放后的图像。

3. 矩形对象函数 Rect()

PyGame 中，Rect(矩形)对象极为常用(见图18-1)，如调整游戏精灵的位置和大小，判断游戏精灵是否碰撞等。注意，Rect 对象是一个透明的(不可见)框架，而精灵往往是附着在这个矩形框架上的图像。

如图18-1所示，坐标值(0，0)代表窗口左上角；x 坐标值(像素)往右增大，往左减小；y 坐标值往下增大，往上减小。创建 Rect 对象的语法如下：

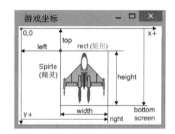

图 18-1 Rect(矩形)对象坐标值说明

```
1  pygame.Rect(left, top, width, height)
```

4. 图像渲染函数 blit()

图像渲染也称为位块传输，图像渲染就是把一个对象(如精灵)复制到另外一个对象(如背景)上。图像渲染函数 blit()语法如下：

```
1  Surface.blit(image, dest, rect)
```

(1) 参数 image 表示源图像块(精灵图像)。

(2) 参数 dest 用于指定绘图位置，它可以是一个点的坐标值(x，y)；也可以是一个矩形，但是只有矩形的左上角坐标会被使用，而且矩形的大小不会对图像造成影响。

(3) 参数 rect 是可选项，表示绘图区域内的变化。如果将图像一部分渲染出来，再加上一个简单循环，就会让绘图区域的位置发生变化，从而实现动画效果。

5. 碰撞检测：两个精灵之间的碰撞检测

碰撞是游戏魅力所在，虽然编写游戏碰撞代码较困难，但 PyGame 提供了很多检测碰撞的方法。在游戏中,如果一个精灵与另一个精灵发生碰撞,可以用 Rect 类的 collide_rect()方法进行碰撞检测,该方法接收另一个 Rect 对象,它会判断两个矩形是否有相交部分。也可以在程序中自定义精灵碰撞检测函数。

(1) 两个精灵之间的碰撞矩形检测的语法如下:

```
1   pygame.sprite.collide_rect(first, second)          # 返回布尔值
```

(2) 某个精灵与指定精灵组中精灵的碰撞矩形检测语法如下:

```
1   pygame.sprite.spritecollide(sprite, group, False)          # 返回布尔值
```

参数 sprite 表示精灵。参数 group 是精灵组。第三个参数为 False 时,表示碰撞的精灵不删除;如果为 True,则碰撞后删除组中所有精灵;返回值为被碰撞的精灵。

【例 18-3】 精灵在矩形区域内发生碰撞时,输出"我们碰撞了",程序片段如下:

```
1   tk = Tanke(width, height)                        # 创建坦克精灵
2   tk.move(100, 50)                                 # 坦克精灵移动
3   mGroup = pygame.sprite.Group()                   # 建立待碰撞检测的精灵组 mGroup
4   mGroup.add(tk)                                    # 将坦克精灵加入待碰撞检测的列表
5   hitSpriteList = pygame.sprite.spritecollide(Tanke, mGroup, False)   # 碰撞检测
6   if len(hitSpriteList) > 0:                        # 如果碰撞检测列表长度大于 0,表示精灵发生了碰撞
7       print("我们碰撞了!")                          # 输出信息
```

6. 碰撞检测:精灵组之间的碰撞检测

两个精灵组之间的碰撞矩形检测的函数语法如下:

```
1   hit_list = pygame.sprite.groupcollide(group1, group2, True, False)
```

参数 group1 和 group2 表示精灵组。第三个和第四个参数表示检测到碰撞时是否删除精灵。函数返回一个字典。

使用函数 spritecollide()检测精灵是否与其他精灵发生碰撞,函数语法如下:

```
1   spritecollide(sprite, group, dokill, collided = None)
```

(1) 参数 sprite 指定被检测的精灵。

(2) 参数 group 是指定的精灵组,它由 sprite.Group()生成。

(3) 参数 dokill 设置是否从组中删除检测到碰撞的精灵,如果值为 True,则发生碰撞后把组中与它产生碰撞的精灵删除掉。

(4) 参数 collided = None 用来指定一个回调函数,用于定制特殊的检测方法。如果忽略该参数,那么默认检测精灵之间的 rect(矩形)属性。

案例 49:贪吃蛇

1. 贪吃蛇游戏概述

贪吃蛇是一款经典小游戏。游戏方式很简单,在一个矩形窗口中,只有贪吃蛇和食物两个精灵。贪吃蛇的移动由玩家用键盘方向键控制,而食物的位置由计算机随机数控制。玩家操控贪吃蛇吃掉食物后,贪吃蛇的身体就会变长。游戏过程中,如果贪吃蛇的头碰到了自

己的身体,或者贪吃蛇的头碰到了窗口边缘,游戏失败。

贪吃蛇只是一款小游戏,但是它具备了很多爆款游戏的潜质。首先游戏的玩法非常简单,玩家用上下左右键控制贪吃蛇的移动并且获取食物,基本上可以快速上手;其次,贪吃蛇在吃到食物后,自身的长度会增加,同时旧食物消失并且随机生成新的食物,随着贪吃蛇长度的增加,贪吃蛇就很容易触碰到自己的身体或者窗口边缘,游戏难度会越来越高。可见贪吃蛇游戏的趣味性和竞技性都恰到好处。

2. 贪吃蛇程序的实现方法

贪吃蛇游戏编程中,最基本的元素只有蛇和食物。

(1)怎么表示贪吃蛇。创建一个游戏窗口作为贪吃蛇的活动范围。贪吃蛇可以由一组连接在一起的小方格组成,可以用不同的颜色来区分贪吃蛇和食物,贪吃蛇和食物的位置可以用窗口中的坐标 x、y 表示,并且用列表来存放蛇身的坐标值。

(2)贪吃蛇怎么移动。贪吃蛇移动时,每个小方块都向前移动了一格,这样程序实现起来非常麻烦。仔细想一想贪吃蛇移动位置的变化,除了贪吃蛇的头部和尾部,其他部分根本就没有变化。在程序设计时,可以将列表看成一条蛇,蛇头在列表前面,蛇尾在列表后面。贪吃蛇移动时,将蛇头下一步的坐标添加到贪吃蛇坐标列表的开头(蛇头添加一个方块);然后删除贪吃蛇列表的最后一个元素(尾部删除一个方块);这相当于贪吃蛇向前移动了一格;然后刷新画面,这样就实现了贪吃蛇的移动(见图18-2)。

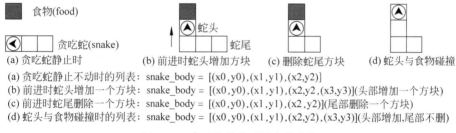

(a) 贪吃蛇静止不动时的列表: snake_body = [(x0,y0),(x1,y1),(x2,y2)]
(b) 前进时蛇头增加一个方块: snake_body = [(x0,y0),(x1,y1),(x2,y2,(x3,y3)](头部增加一个方块)
(c) 前进时蛇尾删除一个方块: snake_body = [(x0,y0),(x1,y1),(x2,y2)](尾部删除一个方块)
(d) 蛇头与食物碰撞时的列表: snake_body = [(x0,y0),(x1,y1),(x2,y2),(x3,y3)](头部增加,尾部不删)

图 18-2 贪吃蛇移动时列表的变化

(3)如何判定贪吃蛇吃到了食物。如果蛇头与食物的位置重合(见图18-2),则判定贪吃蛇吃到了食物,这时旧食物清零,在随机位置产生一个新食物;如果贪吃蛇没有吃到食物,则食物位置不变,在列表中插入蛇头新坐标值,并删除列表中最后一个坐标值。

(4)如何判定游戏结束。贪吃蛇移动时,如果超出了游戏窗口范围或者蛇头触碰到了自身,就算玩家输了。窗口范围初始化时就设置好了,不会变化,贪吃蛇超出范围时很容易判断。如何判断贪吃蛇触碰到了自己呢?这时靠画面想象就很困难,但是在程序中,贪吃蛇坐标用列表存储,只要判断列表中有没有重复坐标值就可以了(见图18-2)。

3. 程序案例:贪吃蛇游戏

【例18-4】 设计贪吃蛇游戏程序,游戏界面如图18-3所示。

4. 程序设计:贪吃蛇游戏

案例实现程序如下:

1	# 【1. 导入模块】	
2	import pygame	# 导入第三方包

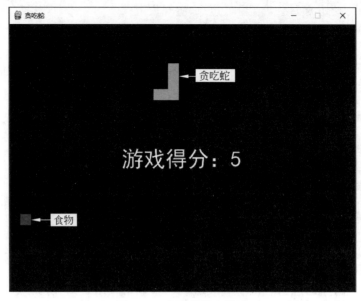

图 18-3   贪吃蛇游戏界面

```
3     import random                                          # 导入标准模块
4
5     # 【2. 游戏界面初始化】
6     pygame.init()                                          # PyGame 初始化
7     win_width = 640                                        # 窗口大小初始化
8     win_height = 480
9     win = pygame.display.set_mode((win_width, win_height))
10    pygame.display.set_caption('贪吃蛇')                    # 显示窗口标题
11    # 【3. 贪吃蛇初始化】
12    snake_x = 100                                          # 蛇初始 x 坐标
13    snake_y = 100                                          # 蛇初始 y 坐标
14    snake_size = 20                                        # 蛇大小(像素)
15    snake_speed = 5                                        # 蛇的移动速度(数字越大移动速度越快)
16    # 【4. 食物初始化】
17    food_x = random.randrange(0, win_width - snake_size, 20)  # 食物坐标随机
18    food_y = random.randrange(0, win_height - snake_size, 20)
19    food_size = 20                                         # 食物大小
20    # 【5. 移动初始化】
21    snake_direction = 'right'                              # 右移
22    snake_body = [ ]                                       # 定义一个列表,保存蛇身体的坐标
23    clock = pygame.time.Clock()                            # 定义游戏画面帧数
24
25    # 【6. 定义绘制蛇和食物的函数】
26    def draw(snake_x, snake_y, snake_body, food_x, food_y):
27        win.fill('black')                                 # 窗口背景为黑色
28        for pos in snake_body:                            # 将蛇身体放入列表中
29            pygame.draw.rect(win, 'green', [pos[0], pos[1], snake_size, snake_size])  # 画蛇
```

```
30    pygame.draw.rect(win, 'red', [food_x, food_y, food_size, food_size])    # 画食物
31    pygame.display.update()                                 # 游戏画面更新
32
33  #【7. 游戏主循环】
34  while True:
35      #【7-1 检测退出事件】
36      for event in pygame.event.get():                      # 循环检测事件
37          if event.type == pygame.QUIT:                     # 如果检测到退出事件
38              pygame.quit()                                 # 退出游戏
39              quit()                                        # 结束游戏
40          #【7-2 判断按键方向】
41          if event.type == pygame.KEYDOWN:                  # 如果事件类型为键盘事件
42              if event.key == pygame.K_UP:                  # 是否为向上按键 K_UP
43                  snake_direction = 'up'                    # 蛇方向赋值 up
44              elif event.key == pygame.K_DOWN:              # 是否为向下按键 K_DOWN
45                  snake_direction = 'down'
46              elif event.key == pygame.K_LEFT:              # 是否为向左按键 K_LEFT
47                  snake_direction = 'left'
48              elif event.key == pygame.K_RIGHT:             # 是否为向右按键 K_RIGHT
49                  snake_direction = 'right'
50      #【7-3 修改蛇头坐标值】
51      if snake_direction == 'up':                           # 如果蛇头向上移动(上移)
52          snake_y -= snake_speed                            # 蛇头 y 坐标值自减(负值向上)
53      elif snake_direction == 'down':                       # 如果蛇头向下移动(下移)
54          snake_y += snake_speed                            # 蛇头 y 坐标值自加(正值向下)
55      elif snake_direction == 'left':                       # 如果蛇头向左移动(左移)
56          snake_x -= snake_speed                            # 蛇头 x 坐标值自减(负值向左)
57      elif snake_direction == 'right':                      # 如果蛇头向右移动(右移)
58          snake_x += snake_speed                            # 蛇头 x 坐标值自加(正值向下)
59      #【7-4 蛇头与食物的碰撞检测】判断蛇是否吃到了食物
60      if (snake_x == food_x and snake_y == food_y) or \
61          (snake_x == food_x and abs(snake_y - food_y) < snake_size) or \
62          (snake_y == food_y and abs(snake_x - food_x) < snake_size):
63          food_x = random.randrange(0, win_width - snake_size, 10)    # 食物坐标随机
64          food_y = random.randrange(0, win_height - snake_size, 10)
65          snake_body.append([snake_x, snake_y])             # 蛇列表增加长度
66      #【7-5 蛇的正常移动】
67      snake_body.insert(0, [snake_x, snake_y])              # 插入蛇身长度坐标
68      if len(snake_body) > 1:                                # 如果蛇身体初始长度大于 1
69          snake_body.pop()                                  # 删除蛇尾部方块(蛇前进)
70      #【7-6 判断蛇头与窗口边缘或自身的碰撞】
71      if snake_x < 0 or \                                   # 如果蛇头 x 坐标小于 0,或者
72          snake_x > win_width - snake_size or \             # 蛇头 x 坐标大于窗口宽度,或者
73          snake_y < 0 or \                                  # 如果蛇头 y 坐标小于 0,或者
74          snake_y > win_height - snake_size or \            # 蛇头 y 坐标大于窗口高度,或者
75          [snake_x, snake_y] in snake_body[1:]:             # 新坐标在贪吃蛇列表中重复出现
```

76	#【7-7 游戏结束计分】	
77	pygame.font.get_fonts()	# 获取字体
78	font = pygame.font.SysFont('SimHei', 40)	# 定义字体为中文黑体,大小为 40
79	text = font.render('游戏得分:' + str(len(snake_body)), True, 'white')	
80	win.blit(text, ((win_width - text.get_width())/2, (win_height - text.get_height())/2))	
81	pygame.display.update()	# 画面显示更新
82	pygame.time.wait(2000)	# 延时 2000ms 关闭窗口
83	pygame.quit()	# 释放所有 PyGame 模块
84	exit()	# 退出游戏程序
85	#【7-8 绘制蛇和食物】	
86	draw(snake_x, snake_y, snake_body, food_x, food_y)	# 绘制蛇和食物
87	clock.tick(20)	# 控制蛇的移动速度
>>>		# 程序输出见图 18 - 3

5. 程序注释

（1）导入模块。导入 PyGame 游戏引擎和 random 随机数模块。

（2）游戏界面初始化。初始化 PyGame,设置窗口大小,设置游戏窗口标题。

（3）贪吃蛇初始化。游戏中贪吃蛇的身体用小方块表示,贪吃蛇身体的长度可以用几个小方块表示。将贪吃蛇身体用列表的形式存储,方便程序之后的增加和删除。程序第 12～15 行,定义贪吃蛇的初始位置（x、y 坐标）、蛇的大小（如 20 像素）、贪吃蛇的前进速度（单位为毫秒,数字越大贪吃蛇移动速度越快,太快时不易控制）。

（4）食物初始化。用随机数定义食物位置（x、y 坐标）,食物大小（方块大小）。

17	food_x = random.randrange(0, win_width - snake_size, 20)	# 食物坐标随机
18	food_y = random.randrange(0, win_height - snake_size, 20)	
19	food_size = 20	# 食物大小

程序第 17 行,函数 random.randrange(0, win_width - snake_size, 20)为生成第一个食物的 x 坐标,参数 0 为随机数起始值,参数 win_width - snake_size（窗口宽度－蛇大小）为随机数结束值;参数 20 为递增步长,目的是使食物与蛇头保持一定的距离。

（5）移动初始化。设置贪吃蛇的初始移动方向（右移）;设置一个列表 snake_body,保存贪吃蛇方块的坐标（x、y 为一个元组）;设置一个计时器用于控制游戏画面帧数。

（6）定义绘制蛇和食物的函数,用于绘制贪吃蛇和食物。

26	def draw(snake_x, snake_y, snake_body, food_x, food_y):	
27	win.fill('black')	# 窗口背景为黑色
28	for pos in snake_body:	# 将蛇身体放入列表中
29	pygame.draw.rect(win, 'green', [pos[0], pos[1], snake_size, snake_size])	# 画蛇身体
30	pygame.draw.rect(win, 'red', [food_x, food_y, food_size, food_size])	# 画食物
31	pygame.display.update()	# 游戏画面更新

程序第 29 行,函数 pygame.draw.rect(win, 'green', [pos[0], pos[1], snake_size, snake_size])实现矩形绘制,这里循环画多个连续的矩形来模拟贪吃蛇的身体,贪吃蛇的身体其实就是一个个方块的列表。函数中参数 win 为在画布上绘制矩形;参数 'green' 为矩形填充绿色;参数 pos[0]、pos[1]为矩形左上角的坐标元组（x, y）;参数 snake_size、snake_

size 为矩形的宽度和高度,由于是正方形,所以两个参数值相同。函数返回值为一个矩形列表。

程序第 30 行绘制食物,它与程序第 29 行采用同一函数,不同之处在于食物用红色 (red)表示,而且食物只有一个矩形,因此不需要用循环语句。

程序第 31 行,贪吃蛇与食物每次变化,都会刷新显示游戏画面。

(7-1)检测退出事件。游戏中要循环检测游戏退出事件。

(7-2)判断按键方向。程序通过上(K_UP)、下(K_DOWN)、左(K_LEFT)、右(K_RIGHT)键控制贪吃蛇的移动,因此需要循环监测键盘的输入。

(7-3)修改蛇头坐标值。蛇头的移动用坐标表示,如(10,0)表示向右移动;(−10,0)表示向左移动;(0,10)表示向上移动;(0,−10)表示向下移动。

(7-4)蛇头与食物的碰撞检测。用于判断蛇是否吃到了食物。

60	if (snake_x == food_x and snake_y == food_y) or \	
61	(snake_x == food_x and abs(snake_y − food_y) < snake_size) or \	
62	(snake_y == food_y and abs(snake_x − food_x) < snake_size):	♯ 蛇头与食物的坐标
63	food_x = random.randrange(0, win_width − snake_size, 10)	♯ 食物坐标随机
64	food_y = random.randrange(0, win_height − snake_size, 10)	
65	snake_body.append([snake_x, snake_y])	♯ 蛇列表增加长度

程序第 60~62 行,语句用于判断蛇头与食物是否发生了碰撞。语句可做如下简化:

A=(snake_x==food_x),蛇头 x 坐标与食物 x 坐标相等;

B=(snake_y==food_y),蛇头 y 坐标与食物 y 坐标相等;

C=(abs(snake_y-food_y)),蛇头 y 坐标与食物 y 坐标绝对值相减的值;

D=(snake_size),蛇大小;

E=(abs(snake_x-food_x)),蛇头 x 坐标与食物 x 坐标绝对值相减的值。

语句简化为(A and B) or (A and C < D) or (B and E < D),这样表达式就清晰多了。条件表达式中,如果有一个条件为假,则没有发生碰撞;如果表达式全部为真,则说明贪吃蛇与食物发生了碰撞,或者说贪吃蛇吃到了食物。

程序第 63~64 行,函数 random.randrange(0, win_width - snake_size, 20)为生成新食物的 x 坐标,参数 0 为随机数起始值,参数 win_width - snake_size(窗口宽度−蛇大小)为随机数结束值;参数 20 为递增步长,目的是使食物与蛇头保持一定距离。

程序第 65 行,函数 snake_body.append([snake_x, snake_y])为在贪吃蛇列表的末尾追加一个元素(蛇身体加长),即贪吃蛇新增加方块的 x、y 坐标值。

(7-5)部分表示蛇的正常移动。

67	snake_body.insert(0, [snake_x, snake_y])	♯ 插入蛇身长度坐标
68	if len(snake_body) > 1:	♯ 如果蛇身体初始长度大于1
69	snake_body.pop()	♯ 删除蛇尾部方块(蛇前进)

程序第 67 行,函数 snake_body.insert(0, [snake_x, snake_y])用于在索引号为 0(蛇头)的位置插入一个坐标值(蛇身体方块)。

程序第 68 行,该语句判断蛇身体的长度是否大于1,函数 len(snake_body)计算蛇身体长度,蛇身体长度大于1(1 是蛇的初始长度,可为其他整数)时,说明贪吃蛇是正常移动。

程序第 69 行,删除贪吃蛇尾部的方块(贪吃蛇前进)。

(7-6)部分用于判断蛇头与窗口边缘或自身的碰撞。

71	if snake_x < 0 or \	# 如果蛇头 x 坐标小于 0,或者
72	snake_x > win_width – snake_size or \	# 蛇头 x 坐标大于(窗口宽度 – 蛇身长度)
73	snake_y < 0 or \	# 蛇头 y 坐标小于 0
74	snake_y > win_height – snake_size or \	# 蛇头 y 坐标大于(窗口高度 – 蛇身长度)
75	[snake_x, snake_y] in snake_body[1:]:	# 新坐标在贪吃蛇列表中重复出现

程序第 71~75 行,判断蛇头与窗口边缘或自身是否发生了碰撞。语句可做如下简化:

A＝(snake_x < 0),蛇头 x 坐标小于 0;

B＝(snake_x > win_width-snake_size)为蛇头 x 坐标大于(窗口宽度－蛇身长度);

C＝(snake_y < 0)为蛇头 y 坐标小于 0;

D＝(snake_y > win_height-snake_size)为蛇头 y 坐标大于(窗口高度－蛇身长度);

E＝[snake_x, snake_y]为蛇头 x 坐标和 y 坐标值;

F＝(snake_body[1:])为蛇身体索引号 1 以后的元素(除蛇头外的身体)。

语句 71~74 可以简化为 A or B or C。

程序第 75 行,表达式[snake_x, snake_y] in snake_body[1:]为成员运算,目的是判断当前新坐标值(蛇头除外,因为蛇头索引号为 0)是否已经包含在贪吃蛇身体列表中(坐标值重复,见图 18-4)。简单地说,就是判断贪吃蛇是否发生了自身碰撞。

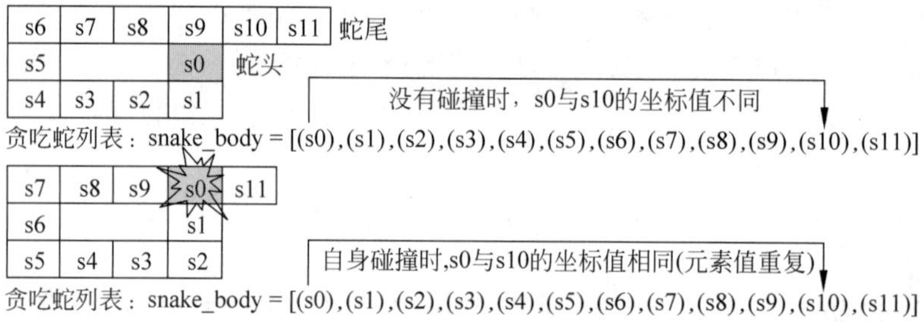

图 18-4　贪吃蛇自身碰撞时的列表

(7-7)部分用于游戏结束计分。

(7-8)部分用于绘制蛇和食物。

86	draw(snake_x, snake_y, snake_body, food_x, food_y)	# 调用函数绘制蛇和食物
87	clock.tick(20)	# 控制蛇的移动速度

程序第 86 行,调用函数绘制蛇和食物。参数 snake_x 和 snake_y 为蛇头坐标;参数 snake_body 为贪吃蛇身体列表;参数 food_x 和 food_y 为食物坐标。

程序第 87 行,函数 clock.tick(20)为 while 循环,更新频率为 20 次每秒,它实际上控制了游戏画面的更新速度,使游戏画面更加流畅。这个语句在游戏控制中非常有用,在每个循环中加上它,那么函数中的参数(如 20)就成为了游戏绘制的最大帧率,这样游戏就不会用掉所有的 CPU 资源。但这仅仅是最大帧率,并不一定是玩家最终看到的画面帧数。当计算机性能不足或者动画太复杂时,实际的画面帧率可能达不到这个最大值。

程序单词:append(追加),body(身体),direction(方向),food(食物),insert(插入),pos(位置),pop(删除),render(提交),SimHei(黑体),snake(贪吃蛇),SysFont(系统字体)。

6. 编程练习

练习 18-1：编写和调试例 18-4 的程序，理解游戏程序设计方法。

练习 18-2：例 18-4 程序第 68 行，表达式 len(snake_body) > 1 修改为 len(snake_body) > 10，程序会发生什么变化？

练习 18-3：例 18-4 程序第 75 行，说明变量"snake_body[1:]"的含义。

练习 18-4：游戏中可以增加背景音乐以及精灵碰撞时的音响效果。

练习 18-5：目前游戏背景为黑色，尝试在游戏中插入背景图片。

案例 50：河塘抓鱼

1. 游戏案例：抓鱼游戏

【例 18-5】 设计一个简单的"河塘抓鱼"游戏，游戏界面如图 18-5 所示。程序素材均存储在 D:\test\资源\目录中：大海.png(800×600，像素)、鱼 4.png(59×38，像素)、鱼 2.png(143×150，像素)、网 4.png(138×195，像素)、music1.mp3(背景音乐)、天空之城.mid(备用背景音乐)、射击.wav(碰撞效果音乐)。

图 18-5 抓鱼游戏运行界面说明

案例分析如下：

(1) 游戏是一条精灵鱼在窗口中随机斜线移动，当精灵鱼碰撞到窗口边缘或游戏玩家时，自动反向斜线移动。玩家用鼠标左右移动(相当于玩家的船左右移动)，鱼触到船板时得 1 分；玩家得分后，鱼运动速度加快。玩家船板如果没有碰到鱼，而鱼已经触碰到窗口底部时，玩家生命值减少 1 分，鱼的运动速度也降低到初始速度。

（2）游戏中有鱼和玩家两个精灵。为了简化游戏，玩家的船使用一个简单的长方形代替。在屏幕上可见游来游去的鱼、抓鱼的玩家，以及游戏背景和提示信息。游戏的核心是把这些画面呈现在屏幕上；并且判断和处理两个精灵之间的碰撞。

（3）游戏中要处理的关键事件有游戏主体用永真循环来不断刷新和显示游戏画面，画面最大刷新帧率为 60 帧/秒；检测玩家和鱼两个精灵之间是否发生碰撞；检测鱼是否游出了窗口边界；玩家的鼠标移动事件处理；背景音乐处理；游戏的计分处理等。

2. 程序设计：抓鱼游戏

案例实现程序如下：

```
1    ♯【3-1 导入软件包】
2    import pygame                                          ♯ 导入第三方包
3    import sys                                             ♯ 导入标准模块
4    ♯【3-2 初始化】
5    pygame.init()                                          ♯ 初始化 pygame
6    win = pygame.display.set_mode([800, 600])             ♯ 定义窗口大小,高 x 宽
7    ico = pygame.image.load('d:\\test\\资源\\鱼 4.png')    ♯ 载入窗口图标
8    pygame.display.set_caption('抓鱼游戏')                  ♯ 显示窗口标题
9    pygame.display.set_icon(ico)                          ♯ 在窗口左上角显示游戏图标
10   pygame.font.get_fonts()                               ♯ 获取字体
11   font = pygame.font.SysFont('SimHei', 50)             ♯ 定义中文字体,大小为 50
12   bg = pygame.image.load('d:\\test\\资源\\大海.png').convert()   ♯ 加载图片和转换像素格式
13   fish = pygame.image.load('d:\\test\\资源\\鱼 2.png')  ♯ 加载精灵鱼图片
14   playerimg = pygame.image.load('d:\\test\\资源\\网 4.png').convert_alpha()   ♯ 加载玩家图片
15   ♯【3-3 精灵定义】
16   scale = 120                                           ♯ 定义精灵图片大小(100～130)
17   pic = pygame.transform.scale(fish,(scale, scale))    ♯ 缩放图片,scale(图片, (宽度, 高度))
18   colorkey = pic.get_at((0, 0))                         ♯ 获取精灵鱼位置
19   pic.set_colorkey(colorkey)                            ♯ 定义精灵鱼,colorkey 透明背景
20   picx = picy = 0                                       ♯ 精灵鱼 x、y 初始坐标
21   timer = pygame.time.Clock()                           ♯ 初始化时间对象
22   speedX = speedY = 5                                   ♯ 精灵鱼速度初始值
23   paddleW, paddleH = 200, 25                            ♯ 船板宽和高
24   paddleX, paddleY = 300, 550                           ♯ 船板坐标
25   yellow = (255, 255, 0)                                ♯ 船板颜色(黄色)
26   picW = picH = 100                                     ♯ 精灵鱼宽和高
27   points = 0                                            ♯ 玩家积分初始值
28   lives = 5                                             ♯ 玩家生命初始值
29   ♯【3-4 音乐加载】
30   pygame.mixer.init()                                   ♯ 混音器初始化
31   pygame.mixer.music.load('d:\\test\\资源\\music1.mp3')  ♯ 加载音乐,常用 mp3 格式
32   ♯ pygame.mixer.music.load('d:\\test\\资源\\天空之城.mid')   ♯ 或者加载 mid 音乐
33   pygame.mixer.music.set_volume(0.2)                    ♯ 定义音量大小
34   pygame.mixer.music.play(-1)                           ♯ 播放背景音乐,-1 表示循环播放
35   sound = pygame.mixer.Sound('d:\\test\\资源\\射击.wav')  ♯ 加载音效,通常用 wav 格式
36   ♯【3-5 游戏主循环】
```

```
37    while True:                                           # 游戏主循环
38        for event in pygame.event.get():                  # 循环检测事件队列
39            if event.type == pygame.QUIT:                 # 接收到退出事件后
40                pygame.quit()                             # 释放所有 PyGame 模块
41                sys.exit()                                # 退出正在运行的游戏程序
42    # 【3-6 游戏彩蛋】
43            if event.type == pygame.KEYDOWN:              # 判断键盘事件【游戏彩蛋】
44                if event.key == pygame.K_F1:              # 如果按 F1 键,玩家满血复活
45                    points = 0                            # 积分恢复初始值
46                    lives = 5                             # 生命值恢复初始值
47                    picx = picy = 0                       # 精灵鱼坐标恢复初始值
48                    speedX = speedY = 5                   # 精灵鱼速度恢复初始值
49    # 【3-7 精灵坐标计算】
50        picx += speedX                                    # 精灵鱼 x 坐标加速
51        picy += speedY                                    # 精灵鱼 y 坐标加速
52        x, y = pygame.mouse.get_pos()                     # 获取玩家光标当前位置
53        x -= playerimg.get_width()/2                      # 计算玩家光标左上角 x 位置
54        y = 400                                           # 限制玩家只能在 y = 400 方向运动
55    # 【3-8 精灵边界检测】
56        if picx <= 0 or picx + pic.get_width() >= 800:    # 判断精灵鱼是否出左右边界
57            pic = pygame.transform.flip(pic, True, False) # 如果出界,则精灵图片调头转身
58            speedX = - speedX * 1.1                        # 精灵鱼加速
59        if picy <= 0:                                     # 精灵鱼如果出上边界
60            speedY = - speedY + 1                         # 精灵鱼改变坐标方向
61        if picy >= 500:                                   # 精灵鱼如果出下边界
62            lives -= 1                                    # 玩家生命值 - 1
63            speedY = - 5                                  # 精灵鱼减速
64            speedX = 5                                    # 精灵鱼减速
65            picy = 500                                    # 精灵鱼坐标重设
66    # 【3-9 精灵动画效果】
67        win.blit(bg, (0, 0))                              # 渲染,将背景图绘制到屏幕上
68        win.blit(pic, (picx, picy))                       # 渲染,将精灵鱼绘制到屏幕上
69        paddleX = pygame.mouse.get_pos()[0]               # 捕获鼠标事件
70        paddleX -= paddleW/2                              # 计算光标的左上角位置
71    # 【3-10 玩家与精灵鱼碰撞检测】
72        pygame.draw.rect(win, yellow, (paddleX, paddleY, paddleW, paddleH))      # 绘制船板
73        if picy + picH >= paddleY and picy + picH <= paddleY + paddleH and speedY > 0:  # 碰撞检测
74            if picx + picW/2 >= paddleX and picx + picW/2 <= paddleX + paddleW:  # 碰撞检测
75                sound.play()                              # 播放碰撞音效
76                points += 1                               # 船板与精灵鱼触到时积分 + 1
77                speedY = - speedY                         # 船板与精灵鱼触到时速度增加
78        win.blit(playerimg, (x, y))                       # 在船板之上渲染玩家图像
79        draw_string = '生命值:' + str(lives) + ' 积分: ' + str(points)   # 显示玩家生命值和积分
80        if lives < 1:                                     # 玩家生命值小于 1 时结束游戏
81            speedY = speedX = 0                           # 精灵鱼 X 和 Y 方向停止运动
82            draw_string = '游戏结束,你的成绩是:' + str(points)   # 显示玩家积分
```

83	# 【3-11 图形文字显示】	
84	text = font.render(draw_string, True, yellow)	# 字符串绘图(生命值,积分)
85	text_rect = text.get_rect()	# 数字值绘图(生命值数,积分数)
86	text_rect.centerx = win.get_rect().centerx	# 获取屏幕位图
87	text_rect.y = 50	# 文本显示坐标(生命值,积分)
88	win.blit(text, text_rect)	# 渲染整个窗口图形(重要)
89	pygame.display.update()	# 渲染和刷新屏幕
90	timer.tick(60)	# 控制精灵速度(帧率 60fps)
>>>		# 程序输出见图 18 - 5

3-1. 导入软件包(1～3 行)

程序第 2 行,导入游戏引擎 PyGame,这是游戏程序的核心软件包。

程序第 3 行,导入标准模块 sys,第 41 行需要用到系统退出函数 sys.exit()。

3-2. 初始化(4～14 行)

程序第 4～14 行,对游戏进行一些初步设置,这个步骤称为初始化。

程序第 6 行,函数 pygame.display.set_mode([800,600])用于创建一个游戏窗口,这个窗口是游戏中的画布。参数[800,600]表示窗口大小,单位为像素。

程序第 8 行,函数 convert()是将图像转换为 Surface 要求的像素格式。每次加载完图片后都应当做这件事(由于它太常用了,即使没有写,PyGame 也会帮你做)。

程序第 10 行,指定游戏中使用中文字体的路径和文件名。

程序第 11 行,指定游戏中的中文为系统黑体('SimHei'),大小为 50 像素。

程序第 12～14 行,加载游戏中需要用到的背景和精灵图片。

3-3. 精灵定义(15～28 行)

对游戏精灵(鱼、玩家)进行基本定义,如精灵鱼的初始位置、精灵鱼设为透明背景、精灵鱼的初始速度(5 为较慢)、精灵鱼的大小;其次对玩家精灵进行定义,如船板大小、船板坐标、船板颜色、玩家初始积分、玩家生命值(允许失败次数)。

程序第 17 行,语句 pic = pygame.transform.scale(fish,(scale,scale))为缩放图片。fish 为精灵鱼图片;第 1 个 scale 为缩放宽度(width);第 2 个 scale 为缩放高度(height)。

3-4. 音乐加载(29～35 行)

音效 Sound 可以同时播放多个,不过文件类型必须是 WAV 或者 OGG;而背景音乐 music 只能同时播放一个,文件类型可以是 MP3、MID 或者 WAV。

3-5. 游戏主循环(37～90 行)

这部分为游戏程序主循环,它是一个无限循环,直到用户关闭窗口才能跳出循环。游戏主循环需要完成的工作是绘制游戏画面到屏幕窗口中;处理各种游戏事件;渲染和刷新游戏状态。

程序第 38～41 行为事件处理。游戏所有操作都会进入 PyGame 的事件队列,我们可以用函数 pygame.event.get()捕获事件,它会返回一个事件列表,列表包含了队列中的所有事件。我们可以对事件列表进行循环遍历,根据事件类型做出相应操作。如 KEYDOWN(鼠标按键事件)处理和 QUIT(程序退出事件)处理等。

3-6. 游戏彩蛋(42～48 行)

程序第 43～48 行,这部分为游戏彩蛋,如果玩家按下 F1 键,则玩家计分、生命值、精灵鱼速度、精灵鱼位置,这些参数都恢复到初始值。注释这些行对程序无影响。

3-7. 精灵坐标计算(49~54 行)

程序第 50~51 行,程序循环一次,精灵鱼 x、y 坐标增加一些(精灵鱼加速)。

程序第 52~54 行,获取玩家 x、y 位置,并且计算玩家 x 坐标(为下面判断玩家是否移动出窗口作准备);并且限制玩家只能在 y=400 方向运动(玩家只能水平移动)。

3-8. 精灵边界检测(55~65 行)

程序第 56 行,判断精灵鱼是否出界,x≤0 则左出界;x≥800 则右出界。

程序第 57 行,函数 flip()为图片翻转;pic 为精灵鱼图片;True 为水平翻转(False 时不水平翻转);False 为不垂直翻转(True 时垂直翻转)。

程序第 59、61 行,判断精灵鱼是否出界,y≤0 则上出界;x≥500 则下出界。

3-9. 精灵动画效果(66~70 行)

程序第 67~68 行,这两行为游戏渲染操作。其中 blit(渲染对象,(坐标 x,y))是一个非常重要的函数,第 1 个参数为精灵图片;第 2 个参数为图片坐标位置(元组)。

程序第 69~70 行,捕获鼠标事件,并且计算光标位置。

3-10. 玩家与精灵鱼碰撞检测(71~82 行)

检测精灵鱼与玩家是否发生了碰撞。如果发生了碰撞,表示玩家捕获到了一条精灵鱼。这时播放碰撞音效、玩家积分+1、精灵鱼下次移动时加速并显示玩家积分和生命值。如果玩家生命值小于1,则退出游戏。

程序第 73~74 行,判断精灵鱼与否与玩家的船板发送碰撞。

程序第 78 行,在船板上渲染玩家图像。为了使捕鱼人在船板上面,程序中先绘制船板,后绘制捕鱼人。如果将这行语句移到 71 行之后,船板将会显示在人物上面。

3-11. 图形文字显示(83~90)

程序第 89 行,函数 pygame. display. update()游戏画面更新。游戏中的图形和文字即使是静止的,也需要不停地绘制它们(刷新),否则画面就不能正常显示。

程序第 90 行,语句为控制游戏画面刷新频率,数字越大,精灵速度就会越快。

程序单词:blit(渲染),centerx(中心),convert(转换),display(显示),display. update(刷新显示),draw_strin(绘制计分),event(事件),fish(精灵鱼),flip(翻转),get_fonts(获取字体),get_pos(获取位置),icon(图标),init(初始化),K_F1(设置 F1 键),KEYDOWN(键盘事件),lives(玩家生命值),load(载入),mixer(混音器),mouse(鼠标),music(背景音乐),paddle(船板),pic(图片),play(播放),playerimg(玩家),points(积分),pygame(游戏引擎),quit(退出),rect(矩形),render(提交),rotozoom(缩放旋转),scale(精灵大小),scale(缩放),set_caption(标题),set_colorkey(背景色),set_mode(窗口设置),set_volume(设置音量),SimHei(中文黑体),Sound(音效),speed(速度),SysFont(系统字体),timeClock(刷新时间),transform(缩放),type(类型),update(刷新),yellow(黄色)。

4. 编程练习

练习 18-6:编写和调试例 18-5 的程序,理解游戏程序设计方法。

参 考 文 献

［1］ 董付国.Python 程序设计［M］.2 版.北京：清华大学出版社,2018.

［2］ 明日科技.Python 编程锦囊［M］.长春：吉林大学出版社,2019.

［3］ echosun1996.根据姓名笔画数排序［EB/OL］.［2022-10-25］.https：//blog.csdn.net/echosun1996/article/details/108929416.

［4］ Lx Yu.汉字拼音转换工具：Python 版［EB/OL］.［2022-10-25］.https：//pypinyin.readthedocs.io/zh_CN/master/index.html＃.

［5］ vola9527.Python 中文排序［EB/OL］.［2022-10-6］（2017-07-11）.https：//blog.csdn.net/vola9527/article/details/74999083.

［6］ 易建勋,王晓红,孙燕.Python 应用程序设计［M］.2 版.北京：清华大学出版社,2024.

［7］ 易建勋,刘珺.计算科学导论［M］.北京：清华大学出版社,2022.

Python 3.12 保留字

表 A-1 为 Python 3.12 的保留字。

表 A-1   Python 3.12 保留字

保 留 字	说　　明	保 留 字	说　　明
and	逻辑与运算	as	别名(与 import 匹配)
assert	断言(异常处理)	async	协程(并行编程)
await	挂起协程(并行运算)	break	强制跳出循环(与 while 匹配)
class	定义类(面向对象编程)	continue	跳过剩余语句,回到循环头
def	定义函数或方法	del	删除元素
elif	其他选择(与 if 匹配)	else	否则(与 if 匹配)
except	异常处理(与 try 匹配)	False	逻辑假
finally	异常处理(与 try 匹配)	for	计数循环(与 in 匹配)
from	导入函数(与 import 匹配)	global	定义全局变量
if	条件选择(与 else 匹配)	import	导入模块
in	循环范围(与 for 匹配)	is	身份运算(语义为属于)
lambda	匿名函数	None	空(注意,空不是空格或 0)
nonlocal	函数外层作用域	not	逻辑非运算
or	逻辑或运算	pass	空语句(用于程序位置预留)
raise	异常处理,主动抛出异常	return	函数返回(与 def 匹配)
True	逻辑真	try	异常捕获(与 except 匹配)
while	条件循环	with	异常处理
yield	生成器(函数返回)		

附录

Python规定语法符号

Python 规定语法符号如表 B-1 所示。

表 B-1　Python 规定语法符号

英 文 符 号	语 法 功 能	示　　　例
,(逗号)	(1) 分隔列表、元组、字典中的元素 (2) 分隔函数中的参数 (3) 分隔变量	lst = ['宝玉', '男', 16] t. circle(200, 90) x, f = sympy. symbols('x f')
.(点号)	(1) 分隔对象 (2) 分隔模块与函数 (3) 用于小数点	self. name = name a = math. sqrt(2) pi = 3. 14159
;(分号)	一行多语句时,用于语句分隔	a=1; b=2; c=3
#(井号)	注释,放在语句尾部或单独一行	img. show( )　# 图像显示
'(单引号)	定义字符串(成对使用)	id = input('请输入编码:')
"(双引号)	在字符串中定义引号(成对使用)	print('密码是"123456" ')
'''(三引号)	定义字符串或多行注释(成对使用)	'''函数功能:计算素数'''

*(星号)	(1) 定义元组可变参数(单 * 号)
	(2) 定义字典可变参数(双 ** 号)
	(3) 乘法运算
	(4) 指数运算(双 ** 号)
	(5) 导入指定模块中的所有函数
		def sum(* numbers):
		def data(** kw):
		s = pi * r * r
		y = x ** 5　# 求 x 的 5 次方
		from math import *

/(正斜杠)	(1) 分隔路径 (2) 除法	path = r'.. /data/温度. txt' root1 = (−b+math. sqrt(delta)) / (2 * a)
\(反斜杠)	(1) 在字符串语句中表示转义字符 (2) 在语句中表示分隔路径 (3) 在行尾时表示下一行为续行	print('查询数据如下: \n') path = r'd:\test\温度. txt' s = '天不教人客梦安,昨夜春寒,\ 今夜春寒.'

:(冒号)	(1) 在行尾时表示下行缩进
	(2) 分隔字典中的"键-值"
	(3) 切片时分隔索引号
	(4) 打印输出的格式分隔
	(5) 匿名函数中的变量分隔
	(6) 说明函数中形参的数据类型
		for n in range(1, 11):
		d = {'宝玉': 16}
		my_list[1:10:2]
		print(f'计算值为{x:.2f}')
		key = lambda x: x[1]
		def data(x: int):

续表

英 文 符 号	语 法 功 能	示　　例
%（百分号）	（1）格式化输出（也称占位符） （2）模运算（也称求余运算）	print('值＝%.2f' %y[2]) time ＝ 14 % 12
_（下画线）	（1）单下画线表示临时变量 （2）双下画线为系统特殊属性	for _ in range(10)： if __name__ ＝＝ "__main__"：
->（箭头）	说明函数返回值的数据类型	def tree(name：str) -> str：
@	定义装饰器	@classmethod

附 录

Python规定运算符号

Python 规定运算符号如表 C-1 所示。

表 C-1　Python 规定运算符号

运 算 类 型	运算符说明
算术运算符	＋(加)、－(减)、*(乘)、/(除)、//(整除)、**(指数运算)、％(模运算)
赋值运算符	＝(赋值)、:＝(海象赋值)、＋＝(加法赋值)、－＝(减法赋值)、*＝(乘法赋值)、/＝(除法赋值)、//＝(整除赋值)、％＝(模运算赋值) 注意：＝号在右，双符号之间不能有空格 例：k ＋＝ 1　　　　　　　＃ 自加运算，与 k ＝ k ＋ 1 等效 k *＋＝ 2　　　　　　　＃ 自乘运算，与 k ＝ k * 2 等效 a ＝ 14 // 5　　　　　　＃ 整除运算，14 整除 5 值为 2(不四舍五入) if (n := 10) > 5:　　　　　＃ 海象运算，等效于"n＝10"和"if n > 5:"两个语句
关系运算符	＝＝(等于)、!＝(不等于)、>(大于)、<(小于)、<＝(小于或等于)、>＝(大于或等于) 注意：＝号在右，双符号之间不能有空格
逻辑运算符	(1) and(与运算，全真为真，其他为假) 例：if a < b and b < c　　＃ 如果 a 小于 b 而且 b 小于 c (2) or(或运算，全假为假，其他为真) 例：if a > b or b > c　　　＃ 如果 a 大于 b 或者 b 大于 c (3) not(非运算，变量取反) 例：print(not c > b)　　　＃ c 取反后大于 b
位运算符	&(按位与运算)、|(按位或运算)、~(按位取反运算)、^(按位异或运算)、<<(左移位运算)、>>(右移位运算)

续表

运 算 类 型	运算符说明
括号运算符	(1) 圆括号( )用于定义元组,分隔函数,分隔表达式(必须成对使用) 例: t1 = (1,2,3,4,5)　　　　　　　　# 定义元组 num1 = content. count('春')　　　　　# 指明函数 x = ((12+8) * 3 ** 2) / (25 * 6+6)　　# 分隔表达式 (2) 方括号[ ]用于定义列表,分隔索引号,列表推导式(必须成对使用) 例: lst = ['圆周率', 3.14159]　　　　　# 定义列表 s. split( )[1]　　　　　　　　　　　　# 分隔索引号 s = temp[4:8]　　　　　　　　　　　# 分隔索引号 lst = [i * i for i in lst]　　　　　　　# 定义列表推导式 (3) 花括号{ }用于定义字典,定义集合,分隔变量(必须成对使用) 例: dict2 = {'宝玉':82, '黛玉':85}　　　# 定义字典 s = {'苹果', '香蕉', '橘子'}　　　　　　# 定义集合 print(f'{j}×{i}={i * j}\t', end='')　　# 在字符串中区分变量、表达式等
其他运算符	in(成员属于)、not in(成员不属于)、is(对象属于)、is not(对象不属于)

附 录

Python常用标准函数

表 D-1 为 Python 常用标准函数。

表 D-1　Python 常用标准函数

abs()返回对象绝对值,参见例 18-5	all()所有对象为 True,参见例 6-11
bin()返回整数的二进制数	bool()对象转换为布尔值,参见例 3-23
del()删除列表连续元素,参见例 12-7	dict()对象转换为字典,参见例 16-2
dir()返回当前的变量或属性	enumerate()返回枚举对象,参见例 9-12
eval()返回表达式计算结果,参见例 4-13	exec()字符串转为执行语句,参见例 7-2
exit()退出程序,参见例 18-4	float()对象转换为浮点数,参见例 4-12
hash()返回对象的哈希值(用于数据加密)	help()返回对象帮助信息
id()返回对象内存地址	input()返回键盘输入的字符串,参见例 4-12
int()对象转换为整数,参见例 4-12	items()以列表返回字典键-值,参见例 8-14
len()计算字符串长度,参见例 3-14	list()对象转换为列表,参见例 7-5
next()返回迭代器下一个对象,参见例 9-21	open()打开或创建文件,参见例 9-3
ord()对象转换为 ASCII 值,参见例 16-5	pop()删除列表最后一个元素,参见例 3-26
pow()返回 x 的 y 次方值,参见例 8-32	print()对象输出到到屏幕,参见例 4-14
range()生成顺序整数序列,参见例 6-2	sorted()对象转换为字符串,参见例 12-10
str()对象转换为字符串,参见例 15-8	zip()序列打包和解包,参见例 7-5
s. count()统计某字符的个数,参见例 6-12	s. format()字符串格式化,参见例 4-16
s. index()查找对象索引号,参见例 3-24	s. join()连接生成新字符串,参见例 3-12
s. replace()字符串替换,参见例 12-7	s. split()对指定字符串切片,参见例 3-11
s. splitlines()删除字符串换行符,参见例 9-6	s. strip()删除字符串前后空格,参见例 3-13
lst. append()序列末尾添加元素,参见例 3-18	lst. copy()浅拷贝列表
lst. count()统计元素出现次数,参见例 6-12	lst. extend()序列末尾添加元素,参见例 3-19
lst. index()返回元素索引号,参见例 3-24	lst. insert()元素插入指定位置,参见例 3-20
lst. pop()按索引号删除元素,参见例 3-26	lst. remove()删除序列中指定元素
lst. reverse()列表元素顺序反转	lst. sort()对列表元素排序,参见例 12-10

　　说明:s 为字符串变量名;lst 为列表变量名。

Python编程环境汉化

Python安装好后,编程环境为英文界面,读者也可以按以下方法进行汉化。

1. Python编程环境汉化方法一

(1) 打开浏览器,在地址栏输入 https://www.cnblogs.com/jairoguo/p/12481957. html,下载 Python 汉化软件 py_zh.exe(大小为 9.04MB)。

(2) 找到下载好的文件 py_zh.exe,双击该文件即可汉化 Python。

(3) 运行 Python,汉化效果如图 E-1、图 E-2 所示。

动画演示

图 E-1　Python shell 窗口汉化

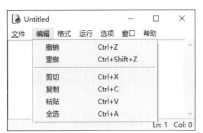

图 E-2　Python IDLE 窗口汉化

2. Python编程环境汉化方法二

(1) 打开浏览器,在地址栏输入 https://www.xitongzhijia.net/soft/216845.html,找到"Python 汉化包 V2021 免费版"网页(见图 E-3)。

(2) 单击"前往下载"(见图 E-3),单击"江苏移动下载"(见图 E-4)。

图 E-3　汉化包下载网页

图 E-4　下载汉化包文件

（3）找到下载的 PythonHHB_V2021_XiTongZhiJia. zip 文件（大小为 599KB），并解压缩。

（4）打开解压缩后的 PythonHHB_V2021_XiTongZhiJia 文件夹；按 Ctrl＋A 选中所有文件；按 Ctrl＋C 复制选中的所有文件。

（5）打开本机 Python 安装目录（如 D:\Python\Lib\idlelib），按 Ctrl＋V 进行文件粘贴，替换 idlelib 目录中的原文件（注意，先备份原 idlelib 文件夹）。

（6）重新运行 Python，Python shell 和 Python IDLE 已更换为中文界面。

动画演示　　　　　　动画演示

Python程序运行过程

Python Tutor 是菲利普·郭(Philip Guo)开发的免费程序教学网站,它可以帮助初学者理解 Python、Java、C 等简单程序代码的运行过程。Python Tutor 使用方法如下。

(1) 打开浏览器,在浏览器地址栏输入 https://pythontutor.com/,网站登录页面如图 F-1 所示。单击页面中的 Python 超链接。

视频讲解

Online Compiler, Visual Debugger, and AI Tutor for Python, Java, C, C++, and JavaScript

Python Tutor helps you do programming homework assignments in Python, Java, C, C++, and JavaScript. It contains a unique step-by-step visual debugger and AI tutor to help you understand and debug code.

Start coding online now in **Python**, **Java**, **C**, **C++**, and **JavaScript**

图 F-1　Python Tutor 网站首页

(2) 在打开页面的窗口中(见图 F-2),将程序代码复制到窗口中。单击 Visualize Execution 按钮。

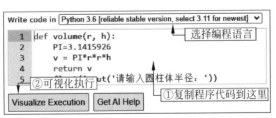

图 F-2　复制 Python 程序代码

(3) 打开页面如图 F-3 所示,单击 Next 按钮,程序就运行一行。窗口右侧上方为程序运行输出内容,窗口右侧下方为程序中变量和对象的变化过程。

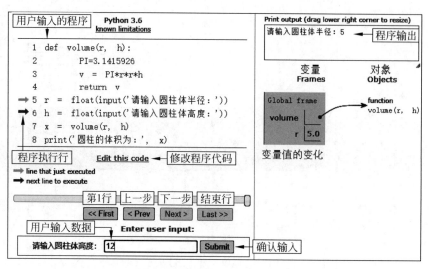

图 F-3　逐步执行 Python 程序

案例程序代码行数

表 G-1 为案例程序代码行数。

表 G-1　案例程序代码行数

典型程序案例	代码行数	案例学习重点
案例 1：程序基本结构和缩进	22	程序编写、语句缩进
案例 2：符号计算—代数式计算	25	表达式、包导入、程序调试
案例 3：应用—图形二维码生成	55[*]	图形界面、图片插入
案例 4：双条件选择——一元二次方程求根	29	条件选择、表达式
案例 5：多条件选择—BMI 健康指数计算	18	多条件选择
案例 6：序列循环—表格数据的计算	9	序列循环
案例 7：循环嵌套—打印九九乘法表	7	循环嵌套
案例 8：循环嵌套—打印杨辉三角数	18	循环嵌套
案例 9：永真循环—囚徒困境的博弈	13	数学建模（表格）、永真循环
案例 10：转换函数—字符串转程序	13	字符串转程序
案例 11：序列打包—计算销售利润	11	序列打包
案例 12：随机数—用唐诗生成姓名	7	随机数
案例 13：随机数—蒙特卡洛法求 π 值	12	数学建模、算法、随机数
案例 14：定义函数—计算圆柱体积	8	自定义函数设计、形参和实参
案例 15：可变参数—多个数据累加	12	函数参数传递、可变参数
案例 16：递归函数—阶乘递归计算	33	递归函数
案例 17：创建软件包—模块的调用	24	创建软件包、调用软件包
案例 18：异常处理—预防程序出错	28	异常处理程序设计
案例 19：程序优化—精确计算圆周率	22	程序优化调试
案例 20：TXT 文件内容读取	41[*]	文本读取
案例 21：TXT 文件内容写入	26	文本写入
案例 22：CSV 文件内容读写	39[*]	CSV 文件读写
案例 23：文件内容打印输出	13[*]	图文打印输出、系统功能调用
【必做基本练习：504 行】		
案例 24：圆和多边形绘制	22	图形绘制、模运算
案例 25：太极图的绘制	20	图形绘制
案例 26：爱心和花绘制	43	图形绘制

续表

典型程序案例	代码行数	案例学习重点
案例 27：动态文字绘制	53	文字动态显示
案例 28：绘制科赫雪花	21	分形图、递归
案例 29：《全唐诗》字数和行数统计	11*	文本统计
案例 30：《红楼梦》人物出场数统计	40*	文本处理、匿名函数
案例 31：《全宋词》关键字提取	15*	关键词提取、中文分词
案例 32：汉字拼音和笔画排序	32	文本处理
案例 33：古代诗歌的平仄标注	26	文本处理
案例 34：登录窗口的布局	46	GUI 程序设计、组件布局
案例 35：健康指数的计算	50	GUI 程序设计、数据接收、异常处理
案例 36：石头剪刀布游戏	86	永真循环、随机数、回调函数
案例 37：简单计算器设计	66	字符串转表达式、匿名函数、异常处理
案例 38：网页简单爬取方法	53	简单爬虫程序
案例 39：网页复杂爬取方法	49	复杂爬虫程序、列表推导式、序列打包
案例 40：艺术签名网页爬取	39	爬虫程序应用
案例 41：文本语音朗读	33*	文本朗读
案例 42：语音天气预报	72	文本朗读和爬虫程序
案例 43：判断古诗的作者	44*	机器学习、列表推导式
案例 44：人脸识别和跟踪	36	机器学习、分类器
案例 45：气温变化图	23*	可视化程序设计、列表推导式
案例 46：饼图的绘制	14	可视化程序设计
案例 47：遮罩词云图	39*	学习词云图程序设计
案例 48：动态条形图	49*	动态图形、匿名函数
案例 49：贪吃蛇	87	综合程序设计、永真循环、随机数
案例 50：河塘抓鱼	90*	综合程序设计、永真循环

【选做强化练习：1115 行】

【总计程序代码：1619 行】

说明："代码行数"列中，有 * 标记的说明其中部分案例程序需要数据或图片资源。

Python编程常用网站

表 H-1 为 Python 编程常用网站。

表 H-1　Python 编程常用网站

网 站 说 明	网　址
Python 软件包安装官方网站	https://www.python.org/
Python 第三方软件包官方网站	https://pypi.org/
Python 软件包安装清华大学镜像网站	https://pypi.tuna.tsinghua.edu.cn/simple
Python 离线软件包下载网站	https://www.lfd.uci.edu/~gohlke/pythonlibs/
Python 用户指南官方文档(中文)	https://docs.python.org/zh-cn/3/tutorial/
Python 程序运行过程演示网站 Python Tutor	https://pythontutor.com/
Python 中文开发者社区	https://www.pythontab.com/
Kaggle 机器学习和数据科学竞赛平台	https://www.kaggle.com/

附 录

Python学习资源说明

本书附带了表I-1所示的学习资源,读者如果希望获取这些资源,请登录清华大学出版社官网下载。

表 I-1   Python 学习资源说明

软件压缩包名称	资 源 说 明
课程:程序单词.rar	pdf 文件,本书程序中用到的英语单词说明
课程:动画视频.rar	gif、mp4 文件,Python 基本操作演示和说明
课程:例题素材.rar	txt、csv、png、jpg、mp3 文件,本书例题中用到的素材
课程:习题代码.rar	py 文件,本书案例 27~50 中,程序行大于 20 的代码
资源:Python 程序运行演示.rar	Python Tutor 文件,演示 Python 程序的运行过程,共享软件
资源:Python 汉化包.rar	exe 文件,Python IDLE 运行界面汉化软件,共享软件
资源:Python 软件包.rar	exe 文件,Python 3.12 64 位和 32 位版,官网下载
资源:程序 280 例.rar	pdf 文件,Python 学习参考程序,共享代码
资源:共享代码.rar	py 文件,"程序 280 例"中的部分共享代码
资源:官方指南.rar	pdf 文件,Python 3.12 官方中文使用指南,PEP8 中文版等
资源:数据资源.rar	csv、txt 文件,程序设计中用到的一些数据集
资源:图片资源.rar	gif、png、jpg 文件,程序设计中用到的一些图片
资源:文本编码.rar	txt 文件,程序设计中用到的编码数据集,如汉字笔画编码
资源:音频资源.rar	mp3、wav 文件,游戏程序中用到的音频资源
资源:游戏代码.rar	py 文件,网络共享代码
资源:暂未分类.rar	Python 颜色名称表、Python 常用第三方软件包名称等

编程原则：Python之禅

　　程序设计的目的是解决问题。解决问题首先需要系统地、清晰地描述问题；其次是思考解决问题的方法，并且正确地表达解决问题的方法。实践证明，学习程序设计的过程就是掌握解决问题的过程。

　　蒂姆·彼得斯（Tim Peters）所写的《Python 之禅》是 Python 官方推荐的程序设计原则（PEP20），在 Python shell 中输入以下命令，就可以输出 Python 之禅（英文）。

```
>>>  import this              # 打印 Python 之禅（输出略）
```

Python 之禅的中文含义大致如下：

（1）优美胜于丑陋。缩进格式的代码很优美，Python 以编写优美代码为目标。

（2）明了胜于晦涩。程序应当简单明了，风格一致，遵循行业惯例。

（3）简洁胜于复杂。程序应当简洁，不要有复杂的结构和实现方法。

（4）复杂胜于凌乱。如果复杂不可避免，代码就要整齐规范、接口明确。

（5）扁平胜于嵌套。程序不要有太多的循环嵌套、条件嵌套、函数嵌套等。

（6）间隔胜于紧凑。程序块之间要留有空行，不要指望一行代码解决问题。

（7）可读性很重要。代码阅读比编写更加频繁，要努力提升代码的可读性。

（8）特例不足以违反规则。再怎么特殊，也不能特殊到无视上述规则的程度。

（9）实践胜于理论。实践是编程最好的秘诀，"尽信书，则不如无书。"

（10）错误永远不会悄然而去。你永远不知道黑客会如何利用你程序中的错误。

（11）除非必要，否则不要无故忽视异常。越早暴露问题，错误修复的成本越低。

（12）面对歧义，拒绝猜测的诱惑。脚踏实地地做程序测试比猜测程序含义好。

（13）最好只用一种方法来实现程序功能。如果算法不确定，就用穷举法。

（14）不要给出多种解决方案，因为你没有 Python 之父那么牛。

（15）现在胜于一切。尽量避免不重要的程序优化，程序不要做过度设计。

（16）做也许好过不做。拖延和计划过度详细的结果是什么都做不了。

（17）如果你无法向别人描述你的方案，那肯定不是一个好方案。

（18）如果实现方案容易解释，它可能是个好方案。好方案应当条理清晰。

（19）命名空间是一种绝妙的理念。多人共同开发软件时，它可以避免变量重名。

编程学习：问与答

1	问：学习 Python 编程需要什么样的数学基础？ 答：初中水平即可，或者了解数学方程式的基本概念就行。
2	问：学习 Python 编程需要什么样的英语基础？ 答：有英语基础就行，书中程序有 660 多个英语单词，本书配套资源包含这些单词的中文说明。
3	问：可以在手机或平板电脑上进行 Python 编程吗？ 答：不行！在手机或平板电脑中编辑和调试程序非常不方便，而且安装软件包非常困难。
4	问：本书需要按章节顺序学习吗？ 答：第 1 章～第 9 章是程序设计基础，内容有很强的顺序性，写作上按从浅到深的原则编写。第 10 章～第 18 章按应用领域编写，内容基本没有顺序性，可以选择性学习。
5	问：对程序设计中的一些名词、概念、程序算法等不理解，有什么好的解决方法？ 答：上网查询是最好的问题解决方法，或许很多人都遇到过同样的问题。
6	问：Python 程序可以制作（打包）成独立运行的执行文件吗？ 答：可以，但不推荐。 （1）可以将以一些小型和简单的 Python 程序，打包成可以独立执行的 exe 文件。 （2）不推荐。Python 是开源软件，遵循 GPL 开源协议，这个协议具有"传染性"。通俗的说，将 Python 程序打包成 exe 文件后，这个 exe 文件也被"传染"了，也必须遵循 GPL 开源协议。而程序在打包过程中，可能会加入第三方函数库文件，而这些函数库不一定是开源的（如 Windows 函数库）。因此，打包需谨慎，不要惹纠纷。
7	问：修改和发布他人的 Python 程序会侵犯他人的知识产权吗？ 答：不会。因为 Python 是一种开源软件，开发的程序也遵循开源协议。但是需要注意，别人源程序中的版权信息（如作者署名、软件许可证等）应予保留。
8	问：可以用 Python 开发收费的商业软件吗？ 答：可以，但是很少，因为开源代码很容易被模仿。
9	问：可以用 Python 开发手机软件吗？ 答：理论上可以，但实际中很少。如性能、安全、软件包支持等问题有待解决。
10	问：现在人工智能可以自动编程，读者还需要学习编程吗？ 答：需要。这个问题相当于现在有了计算器，但我们仍然需要学习四则运算；有了计算机打字，但我们仍然需要练习手写字一样。编程是学习计算机的思维形式，了解和掌握这种思维形式，有利于我们更好地解决工作和学习中遇到的问题。

图 书 资 源 支 持

感谢您一直以来对清华版图书的支持和爱护。为了配合本书的使用,本书提供配套的资源,有需求的读者请扫描下方的"书圈"微信公众号二维码,在图书专区下载,也可以拨打电话或发送电子邮件咨询。

如果您在使用本书的过程中遇到了什么问题,或者有相关图书出版计划,也请您发邮件告诉我们,以便我们更好地为您服务。

我们的联系方式:

清华大学出版社计算机与信息分社网站: https://www.shuimushuhui.com/

地　　址: 北京市海淀区双清路学研大厦 A 座 714

邮　　编: 100084

电　　话: 010-83470236　010-83470237

客服邮箱: 2301891038@qq.com

QQ: 2301891038(请写明您的单位和姓名)

资源下载: 关注公众号"书圈"下载配套资源。

资源下载、样书申请

书圈

图书案例

清华计算机学堂

观看课程直播